国家出版基金项目 NATIONAL PUBLICATION FOUNDATION

国家出版基金资助项目·“十二五”国家重点图书
航天科学与工程专著系列

DIGITAL ASSEMBLY TECHNOLOGY FOR MECHATRONICS PRODUCTS

机电产品数字化装配技术

付宜利 孙建勋 代勇 封海波 著

哈爾濱工業大學出版社
HARBIN INSTITUTE OF TECHNOLOGY PRESS

内 容 简 介

本书共7章，分别为机电产品数字化装配技术概述、机电产品数字化装配建模、机电产品数字化装配序列评价、机电产品数字化装配序列规划、机电产品装配路径规划、机电产品管线自动敷设规划、装配规划分析系统和管线敷设设计系统。

本书适合先进制造、虚拟制造、装配自动化等相关领域的研究人员、工程技术人员、教师、研究生、高年级本科生作为产品数字装配技术研究学习用书。

图书在版编目(CIP)数据

机电产品数字化装配技术/付宜利等著.
—哈尔滨：哈尔滨工业大学出版社，2012.12
ISBN 978-7-5603-3405-9

Ⅰ.①机… Ⅱ.①付… Ⅲ.①机电设备-装配(机械)-数字化 Ⅳ.①TM05-39

中国版本图书馆 CIP 数据核字(2012)第283289号

责任编辑 田 秋 范业婷
封面设计 高永利
出版发行 哈尔滨工业大学出版社
社 址 哈尔滨市南岗区复华四道街10号 邮编150006
传 真 0451-86414749
网 址 http://hitpress.hit.edu.cn
印 刷 哈尔滨市工大节能印刷厂
开 本 787mm×1092mm 1/16 印张14.5 字数297千字
版 次 2012年12月第1版 2012年12月第1次印刷
书 号 ISBN 978-7-5603-3405-9
定 价 68.00元

序

数字化技术和制造技术相融合，以虚拟现实、计算机网络、快速原型、数据库和多媒体等技术为支撑，根据用户的需求，对机电产品信息、工艺信息和资源信息进行分析、规划和重组，可实现机电产品设计和功能的仿真以及原型制造，进而快速生产出满足用户要求的机电产品。因此，机电产品制造领域的数字化是制造技术、计算机技术、网络技术与管理科学的交叉、融合、发展与应用的结果，也是制造企业、制造系统与生产过程、生产系统不断实现数字化的必然趋势。机电产品数字化装配技术作为机电产品虚拟设计与制造技术中的重要内容，一直以来受到了广泛的关注与研究。

作为国内较早研究机电产品数字化装配技术的单位之一，哈尔滨工业大学付宜利教授（著者）所在的课题组与航天院所合作，于 20 世纪 90 年代初开始相关研究工作，对于机电产品数字化装配中的装配建模，装配序列规划，装配评价，装配路径规划以及装配体内管线自动敷设设计等关键技术进行了较为深入的理论分析和实例验证研究。近年来该课题组取得了一系列的研究成果，得到该领域专家的广泛认可。

该书是著者在机电产品数字化装配技术领域研究的总结和提炼。著者从机电产品数字化装配的 5 个关键技术出发，详细地研究了数字化装配建模，装配序列规划，装配评价模型，装配路径规划和装配体内管线自动敷设等相关技术，提出了一系列原创方法、算法。每一章中的关键技术都展现了著者研究思路不断深入的过程。

该书对机电产品数字化装配技术方法和技术的详细介绍便于从事先进制造、虚拟制造、装配自动化等相关领域的教师与科研人员参考借鉴。该书的出版必将推动机电产品数字化装配技术在我国机电制造业的发展和应用。

2012 年 10 月

于哈尔滨工业大学

前　言

目前,作为我国国民经济的支柱产业,制造业是我国经济增长的主导部门和经济转型的基础;作为经济社会发展的重要依托,制造业带动了一批相关产业的发展,同时促进了一系列高新技术的提升。

随着科学技术的发展,全球市场竞争日趋激烈,装配技术作为制造业领域中核心技术之一,得到不断的发展。装配技术从最初的人工装配开始,经历了众多的变化。在人工装配工作中,由于人的智能和经验的参与,使得装配活动具有柔性,且成本相对低廉,但是需要装配操作人员具有必要的素质,人员成为影响装配质量和效率的关键因素。但是这种装配方式难以保证装配质量的一致性和稳定性,而且难以胜任装配体结构复杂、环境恶劣等情况下的装配工作。在以人工为主的装配方式之后,出现了自动化装配,其类型按装配对象是否可变换,是否在一定范围内可调,可以分为刚性自动装配和柔性自动装配。如果产品是大批量生产类型,需选择刚性自动化装配,如果是单件小批量生产类型,要选择柔性自动化装配。以刚性自动化装配机、装配线为代表的自动装配方式多以机械结构或者利用逻辑电路等设备控制装配动作,实现装配任务的自动化。这类装配系统本身的成本高,设计和加工周期长,产品换代时需要改造系统的机械结构、电路等硬件,适合批量大、产品更新频率低的生产企业。在这种情况下,以自动化装配中心、流水线和装配机器人为代表的柔性装配系统应运而生。目前,装配技术与数字化技术、人工智能技术相结合,形成了数字化装配这一自动化装配技术的新领域。

作为较早研究数字化装配技术的单位之一,哈尔滨工业大学付宜利教授所在课题组于20世纪90年代开始展开相关研究,指导多名研究生在该领域从事研究工作,在机电产品数字化装配建模、机电产品数字化装配序列评价、机电产品数字化装配序列规划、机电产品数字化装配路径规划和机电产品管线自动敷设规划等方面取得了一系列的研究成果。本书内容是课题组多年研究成果的总结。

本书在“2011国家出版基金项目”支持下,在总结课题组多年理论研究与工程实践的基础上,以机电产品数字化装配技术为中心,叙述了数字化装配技术研究过程中涉及的相关方法,内容涵盖了装配建模、装配序列规划、装配路径规划、装配评价、管线自动敷设、装配自动化软件开发等技术。本书希望能够为有志于开展数字化装配技术研究的学生、教师与工程技术人员提供有益的参考。

本书主要有以下特点：

1. 技术全面，内容充实

本书所讲述的内容基于机电产品装配实例，详细介绍了数字装配技术各个方面的知识；同时结合实例介绍了数字装配技术进行装配自动化程序开发的相关知识。

2. 分析深入，步骤清晰

本书注意把握各个知识点的原理和基本研究方法，总结方案实现的思路和步骤，将理论与实践相结合。

3. 结合应用，注重实践

本书结合实例详细介绍了数字化装配规化分析系统和三维管线敷设系统的实现过程，拓展读者视野，提高读者的实际应用能力。

本书共分为7章。各章的主要内容如下。

第1章：介绍了机电产品数字化装配技术研究的对象、技术范围、主要技术路线、主要研究方法。

第2章：阐述了机电产品数字化装配建模技术，分析了建模的对象和要求，介绍了建模技术的发展过程和主要研究方法，并结合机电产品实例对建模步骤、数据结构、建模方法进行了详细介绍。

第3章：阐述了机电产品数字化装配评价技术，分析了装配评价技术的主要研究对象、方法和成果，并结合科研实例对装配评价的研究方法、步骤进行了详细介绍。

第4章：阐述了机电产品数字化装配序列规划技术，分析了装配序列规划技术的主要研究方法和成果经验，并结合机电产品序列规划实例对序列规划技术涉及的割集方法、数据处理、研究步骤进行了详细介绍。

第5章：阐述了机电产品数字化装配路径规划技术，分析了装配路径规划技术的主要研究方法和成果经验，并结合机电产品路径规划实例对路径规划技术涉及的路径寻优方法、研究步骤进行了详细介绍。

第6章：阐述了机电产品管线自动敷设规划技术，分析了如何应用路径规划技术进行机电产品内部管线自动敷设研究，对管线自动敷设规划技术涉及的数据预处理方法、优化方法、研究步骤进行了详细介绍。

第7章：结合二次开发实例，介绍了基于 Unigraphics NX 环境，利用 UG/Open 结合 C++，在 VC6.0 开发工具环境下应用优化方法实现装配规划分析系统和三维管线自动敷设系统。

付宜利、孙建勋、代勇和封海波撰写本书，其中第1章由付宜利、孙建勋撰写，第2～4章由付宜利、代勇、封海波撰写，第5～7章由付宜利、封海波，孙建勋撰写。本书内容是著者所在课题组的集体研究成果的结晶，吸收了本人指导的博士研究生代勇、封海波、谢龙、李荣、田立中、储林波等以及硕士研究生的研究成果。卢泽生教授、任秉银教授审校了全书。在此对他们的辛勤劳动表示感谢！

感谢中国航天科工集团公司第三研究院在课题组进行数字化装配技术研究过程中给予的资助！

由于数字化装配技术还在不断的发展，同时也因作者知识水平的局限，书中难免出现错误或不当之处，诚挚欢迎读者批评指正。

付宜利
2012 年 11 月
于哈尔滨工业大学

目　　录

第1章 机电产品数字化装配技术概述

1.1 机电产品数字化装配技术研究的目的与意义

随着科学技术的发展,全球市场竞争日趋激烈。对于制造业而言,成本和生产效率对企业的生存能力以及竞争力都有着极大的影响。一方面,无论其产品的批量、生产周期如何,生产成本的降低意味着企业在市场竞争力和占有率等方面都将占据优势。另一方面,高效率的新品研发能力可以为企业在市场竞争中获得战略性的优势。为此,一系列先进的理论、技术以及新思想、新模式,在制造业中获得了飞速的发展和广泛的应用,如工业机器人(Robot),机床数字控制(NC),计算机数字控制(CNC),计算机辅助设计(CAD),计算机辅助制造(CAM),敏捷制造(AM),柔性制造系统(FMS),计算机集成制造系统(CIMS)等[1-4]。

对于机械制造业等行业,装配是其产品生命周期的一个重要环节,是实现产品功能的主要过程[5-6]。装配技术的发展从最初的人工装配开始,经历了众多的变化。在人工装配工作中,由于人的智能和经验的参与,使得装配活动极具柔性,且成本相对低廉,但是需要装配操作人员具有必要的素质,人员成为影响装配质量和效率的关键因素。这种装配方式难以保证工作的一致性和稳定性,而且难以胜任大型装配体、环境恶劣等情况下的装配工作[7]。在以人工为主装配的方式的出现之后,又出现了以刚性自动化装配机、装配线为代表的自动装配的方式。这种方式多以机械结构或者利用逻辑电路等设备控制装配动作,实现装配任务的自动化。这类装配系统本身的成本高,设计和加工周期长,产品换代时需要改造系统的机械结构、电路等硬件,适合批量大、产品更新频率低的生产企业。目前,市场逐渐向需求方倾斜,企业需要围绕不断变化的市场需求进行产品的设计与生产。批量、周期不固定,产品品种更换频繁是这种生产模式的特点[8]。在这种情况下,以自动化装配中心(流水线)和装配机器人为代表的柔性装配系统应运而生。如果不考虑自动供料系统等辅助系统的影响,柔性装配系统的任务调整几乎不需要硬件改动,主要依靠控制软件的更新就可以完成装配任务的调整[9,10]。

除了快速灵活的装配设备以外,合理的装配规划是加快新产品上市周期、降低产品的装配难度以及提高装配效率的另一条重要途径。

相对于装配环节,设计环节是产品开发过程中至关重要的一环,而且处于产品生命周期的较早阶段,它决定了产品总成本的大约70%[11]。设计阶段决定了产品如何加工,如何装配,甚至决定了产品将来在市场竞争中的地位。另一方面,装配是制造过程中的后置关键工序,产品的装配性能是影响生产效率的一个关键因素。如果出现了关于装配的设计错误,导致产品不可装配或者难以装配,则需要修改产品的设计、重新加工样机并再次试装配,这个过程将耗费大量的人力、物力和时间,降低样机的研发效率、增大研发成本以及延长新产品的定型周期。而如果在设计阶段考虑了产品的可装配性以及经济性等因素,就可以大大提高产品的生产效率并降低生产成本。在产品开发过程中对可装配性问题考虑得越早,所获取的质量、成本和时间效益就越明显。为了完善装配过程、减少装配设计错误,出现了与装配相关的多种理论和设计思想,如面向装配的设计(Design for Assembly,DFA)[12]、计算机辅助装配规划(Computer Aided Assembly Planning,CAAP)[13]以及利用虚拟现实(Virtual Reality,VR)[14,15]、增强现实(Augmented Reality,AR)[16,17]进行装配规划、装配验证等。

1.2 数字化装配技术的研究现状

通常,在装配体中包含的零件数量较多的情况下,装配设计人员多是依靠装配图纸或相关软件生成的三维实体图通过经验来进行装配设计,显然其可靠性较差、效率很低。而数字化装配技术,是以信息化、计算机为辅助工具解决该问题的重要途径。数字化装配技术涉及以下关键问题:

①装配建模。这一步就是从装配体的CAD模型中提取出有用的信息以及装配设计人员需要的一些信息等。如零件之间的几何位置关系、零件之间的连接关系等,构造出能够反映装配中零件间关系的模型[18]。

②装配序列的评价,包括可行性评价和优化性评价。其中可行性评价包括工具的可操作性、装配运动空间无干涉性、装配体稳定性等;而优化性评价包括工具更换次数最少、重复定位次数较少等,主要目的是尽量减少装配过程的时间消耗等。

③序列生成,用来产生装配序列。在这些评价的基础上对生成的序列进行选择,挑出最优的可行序列,并施行进一步的装配工艺规划、装配线配置。显然,装配序列规划很大程度上决定了装配环节的效率和成本,是装配规划中十分重要的一环。

④装配路径规划问题,即忽略装配工具,考虑装配零件从装配起点(传送带等工件运输设备)到装配目标点(产品中最终位置)的空间平移装配运动在障碍约束条件下的路径问题。路径规划一般要考虑运动学约束,包括路径约束和障碍约束两部分。

⑤管线敷设规划问题,即在复杂机电产品装配体内部,针对管线敷设、运行的具体约束条件,进行管线敷设优化设计。

1.2.1　装配模型

装配序列规划的起点是装配模型。通常情况下,装配规划系统基于现有 CAD 系统,构建属于系统自己的模型。其目的一方面是为了减少在规划过程中频繁对 CAD 数据进行查询,提高系统运行效率;另一方面是为了增加、完善规划系统必须的数据。在装配模型的基础上进行问题描述以及装配序列规划。装配模型的不同,会导致不同的序列规划算法。装配模型主要包含两方面内容,即几何信息和非几何信息。文献[19]给出了 6 种表达几何信息的方法。目前几何信息的表达已在商用的 CAD 系统中广泛应用。由于非几何信息包含的内容比较广泛,所以目前没有统一的方法[20]。在装配规划领域里,关注的非几何信息主要包括:零部件之间的层次关系;零部件之间的装配关系(主要指零部件间的位置关系、连接关系、配合关系、运动约束关系、紧固关系和紧固类型等);不同层次装配关系中设计参数的约束和继承关系等。

零件之间的装配关系的表达方式主要有以下几种[21,22]:连接图方法、高级编程语言描述方法、紧固件方法等。常见的是连接图方法和高级编程语言描述方法。

连接图方法(Connection Graph)是由 Bourjault 提出的。它将一个装配体之间的几何连接关系利用无向图表达,图中的节点表示零件,连接节点线段(边)表示零件间的几何连接关系。连接图方法的优点是直观,描述简单,因此获得了广泛的应用。随后 Vagin 和 Jentsch 对连接图进行了改进,增加了紧固关系和紧固类型的表达。文献[23]提出了基于有向装配连接图的方法,利用有向边描述零件之间由于配合关系得出的优先关系,而零件的安装顺序必须符合这种优先关系。有向装配连接图很大程度上缩小了装配序列的求解范围。

高级编程语言(High-level Programming Language, HPL)描述法是在研究机器人高级语言时提出的,其目标是自动产生完成装配所必需的机器人动作。著名的 HPL 有 AUTOPASS,PART,AL 和 LAMA。英国 Edinburgh 大学 Ambler 和 Popplestone 对 PART 语言[24]进行了研究。但 PART 语言不能完整描述装配体的几何信息,只给出零件间空间位置的关系。Taylor[25]引进包含零件空间几何描述的特征图,进一步发展了装配模型的描述,Taylor 的目的是求解装配零件的路径,而非装配顺序,因而,其模型忽视了零件间的配合信息。20 世纪 80 年代,IBM 公司进行了关于 AUTOPASS 语言的研究[26],AUTOPASS 基于树状图结构表示装配模型,每个节点表示零件或子装配,节点的属性中包含零部件的几何信息和空间位置,边是有向的并加以标记,代表节点间的各种关系。

在零件之间的相互关系中,运动约束关系将影响到装配的可行性。为此,Dini G 等人提出了一个基于矩阵的产品装配模型用于装配顺序规划,该模型定义了 3 个矩阵:干涉矩阵、接触矩阵和连接矩阵。该模型描述了在 $+x$、$+y$、$+z$、$-x$、$-y$、$-z$ 6 个方向上,零件之间的接触、连接以及空间阻碍关系。该模型可以用来近似地判断装配序列的运动空间可行性,被很多学者在装配序列规划研究中用于运动可行性的判断[27,28]。

综上所述,装配模型可大致分为原始 CAD 模型、关系模型、层次模型三类[20]。

1. 原始 CAD 模型

目前大多数 CAD 系统所采用的模型,即依据零件的局部坐标来表达它们的空间位置关系,可用于装配体的图形显示,但对于进一步应用,缺乏足够的数据信息支持。一般需要根据原始 CAD 模型进行信息扩充,加入更多规划系统所需的数据,同时减少同 CAD 软件之间的信息交互。在必要的时候仍需调用 CAD 软件的功能对原始 CAD 模型进行查询处理,比如进行装配过程仿真。一般装配规划系统将原始 CAD 模型作为装配模型的基础。

2. 关系模型

关系模型表达装配体中零件之间的关系。零件之间的关系可以从原始 CAD 模型中进行查询、运动仿真、干涉检查等方式来得到,也可以由人工输入、基于知识的推导等方式得出,用连接图、有向装配图、关系矩阵等进行描述。以连接图为例,图的节点表示构成产品的零部件,图的连接边表示零部件之间的关系,所有几何信息和非几何信息都存储于图的节点和连接边中。在大多数的关系模型中,一条边表示相关联的两个零部件间的所有关系;在另外一些装配模型中,一个关系对应一条边。

3. 层次模型

层次模型表达零件之间的层次关系。通常情况下,装配体可以根据其功能或装配关系划分为若干子装配,而子装配又由下一级子装配或多个零件组成,因而零件之间存在着层次关系。通常由装配树来进行表示,树的节点表示零部件,连接边表示零部件之间的从属、聚合以及继承等关系[30],因大部分产品都可按功能划分为子装配,因而层次模型更有利于描述产品的功能,比关系模型更适合于装配应用。一个层次模型往往不能完整地描述产品,从不同的角度可以将产品分成不同的层次模型。对同一产品,面向不同应用的层次模型也存在差异。

装配模型随着装配规划系统对问题的描述以及求解方式的不同而相应改变,但其作用都是为装配序列规划系统提供必要的、完整的、可利用的信息。

1.2.2 装配序列规划

装配序列规划就是设计一个装配顺序,在经济优化的前提下,把分离的零件装配在一起,形成目标产品。反之,也是对目标产品的离散过程[31]。装配序列规划是装配规划众多研究内容中的关键,关系到装配系统配置、装配作业调度和装配工具、夹具的设计等,在一些文献中,常将装配序列规划简称为装配规划[32]。

装配序列规划方法的研究始于 20 世纪 80 年代初期,到了 80 年代后期才引起广泛重视。目前,装配序列规划的研究方法可分为正向方法和逆向方法。正向方法是从零件出发，研究各个零件装配成产品的顺序。逆向方法是在假设组成装配体的零部件都为刚体，拆卸过程不存在破坏性等不可逆操作前提下，以产品为出发点进行拆卸判断，最后以拆卸顺序逆生成装配序列。因为逆向方法用到的装配模型的信息比正向方法多，所以逆向方法可能遇到的组合爆炸问题规模要比正向方法小得多，因而是常用的方法[33]。

装配序列类型可分为线性与非线性、单调与非单调装配序列，如图1.1所示。

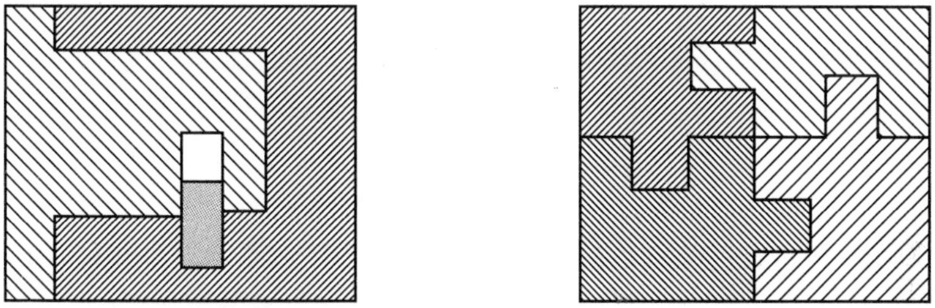

图1.1　装配序列的分类

线性装配序列是指每次装配操作都是对单个零件的装配。非线性装配序列是指在产品的装配操作中存在多于两个零件的同时装配操作，即考虑子装配的装配序列。单调装配序列规划是指两子装配（或零件）之间的所有装配关系都在一次作业中建立，该装配关系在随后的装配过程中不再变动。出于装配效率和经济考虑，实际生产和研究中的研究对象大多为非线性单调装配序列规划。

在20世纪80年代初，Bourjault[13]提出了优先关系集方法。这种方法的关键在于产生优先关系集，用关联图模型描述零件之间的装配关系，通过人机交互的方法产生优先关系集，即提出一系列不少于$2n^2$（n为产品中零件数目）个Yes-No问题，根据规划者的回答结果推导装配关联图连接关系之间的优先关系集，最后依据这些优先关系集生成该产品的合理装配顺序，即采用从零件到产品的正向推理方式。De Fazio和Whitney[34]在此基础上改变提问方式，用装配状态网络描述装配顺序，并把问题数量由大于$2n^2$个减少到$2n$个。这种方法对规划者要求较高，提问方式过多依靠规划者，是一种优先关系集产生的初级方法。Wolter[35]在SUN 3/60工作站上判断产品零件在坐标轴方向上的可拆卸性产生优先关系集，再按一定的判断标准选取满足优先关系集的最佳序列。Delchambre[31]通过对产品连接图的不同分解情况进行可行性判断，产生优先关系集，具有对规划者依赖性小，易于自动实现的优点。文献[36]对产品的几何匹配图（GMG）进行割集分解产生优先关系集。优先约束集是装配序列的隐式表示，具有存储量小以及推理方便的优点。其最大的缺点是当零件数量较多时，需要用户回答大量的问题。

另外一类装配序列的生成方法是直接分解法，一般从产品出发，根据产品中零件的几何拓扑、机械约束等信息直接推导将产品分解成零件的不同情况和不同顺序组合，以产生可行装配序列。1989 年 Mello 和 Sandson 提出了割集法,并证明了与/或图描述装配序列的完备性[37,38]。割集法基于装配信息,利用图论中的割集概念对产品的装配模型进行分解,用与/或图表达装配顺序,并对每个割集进行可行性判断。割集法相当于对所有具有装配关系的零件及其之间的所有组合进行枚举分解,获得所有可能的子装配和可行的装配顺序。该方法利用人工经验较少,可产生完全的可行装配顺序。其缺陷是计算量较大,效率低,计算复杂度为 $\Omega(2^m)$(m 为产品中零件间的装配关联数),受组合爆炸问题影响,进行装配序列规划的产品零件数目受到较大限制,一般小于 20[39]。Wilson Latombe 等人在分析装配关系的基础上,用方向阻碍图求解分解零件和推导可行装配顺序的与/或图[40,41],这种方法由于对装配关系的主动利用,因而受组合爆炸影响要小于割集分解方法,能规划的产品零件数目得以较大提高。但是,随着产品规模的增大,直接分解法所需的时间、结果序列的数量都将呈指数上升,此类方法仍然难以处理规模较大的装配体。

此外运用专家系统进行装配顺序规划的研究也开展得较早,而且还在进一步研究。比较典型的有:Huang、Lee[42,43] 和 Tönshoff [44] 等人利用启发规则生成装配顺序;Heemskerk[45] 等人利用成组技术生成装配顺序;Chang、Wee 和周西苓等[46,47] 使用专家系统进行装配序列规划的方法。张越等[48] 讨论了机器人装配时零部件装配/拆卸知识库的建立,何箐[49] 在 SUN 3/60 工作站上用 COMMON LISP 实现了基于装配工艺知识库的装配序列规划方法。但如何建立完备的装配工艺知识库和专家系统是个关键问题,这一类方法目前基本上只适用于特定结构的产品,如回转类组件、轴类产品或单自由度产品,具有较大的局限性。

装配序列规划一般可分为两步:可行装配序列的产生和优化装配序列的产生。可行装配序列是指满足几何约束、机械约束等“硬”约束条件下产生的装配顺序[50]。优化装配序列是指结合部分经验等“软”约束条件,考虑和满足各种装配因素下,装配成本最低、装配效率最高的装配顺序。

在数目庞大的可行装配序列产生后,传统的产生优化装配序列的方法分为两类:穷举法和启发式方法。

穷举法是对所有的可行的装配序列,根据一定的评价标准逐一判断并选出最优装配序列,如 Mello 和 Sanderson[51], De Fazio 和 Whitney[34],Baldwin[52] 等,这种方法通用性强,但计算复杂度很高,如 Mello 和 Sanderson 提出的基于 AND/OR 图搜索的装配序列生成算法的计算复杂度为 $O(2^N)$,其中 N 为产品中的零件数。

启发式方法是采用一定的启发式信息产生有限可行的装配序列,如 Delchambre[53], Huang 和 Lee[18] 等的研究。启发式方法中 A^* 算法最常用[54,55],但由于搜索空间大,制约因素多,使得搜索速度十分缓慢。文献[56]先通过回答提问方式产生优先约束关系集,再利用 Hopfield 神经网络求解满足优先约束关系集的最佳产品装配序列,该方法能够规划的产品零件数量有限。文献[57~59]利用知识 Petri 网为装配建模的工具获取在环境变化时的最佳装配序列，提高了装配序列规划的智能和适应性。

随着计算机技术的发展，仿生学、计算数学、物理学的交互发展，人们从自然界的很多机理中受到启发，提出了许多用以解决复杂优化问题的新方法[60-62]，如遗传算法[63]、模拟退火算法[64]等。它们的出现为解决 NP 困难问题提供了一条新的途径。有的学者借鉴了这些算法解决其他组合优化问题的思路，将它们应用到装配序列规划之中。

Lazzerini，Marcelloni 等将遗传算法用于装配序列规划[65]，以装配序列所需工具更换次数最少、重定位次数最少以及相似装配操作连续执行作为优化目标，将这些规划目标同装配序列一同编入染色体，然后利用交叉、变异等算子让种群进行随机进化，根据适应值进行优胜劣汰，求取近似最优的装配序列。国内东北大学的丁慧敏、李蓓智、周亚琴[66]，重庆大学的廖小云、陈湘凤[67]也分别对遗传算法进行了研究，并用于装配序列规划。Hong 和 Cho 等利用模拟退火算法进行了装配序列规划的研究[68]，他们以满足装配优先关系、满足装配连通性作为约束条件，以稳定性、最小重定位次数作为优化目标。约束条件和优化目标都被计入能量方程，以一个随机产生的装配序列开始，随机挑选两个零件进行交换作为算法的邻域搜索策略，利用 Boltzmann 分布决定随机搜索结果的取舍。利用这些通用优化算法进行装配序列规划的优点是应用灵活、适应性强，而且适于解决零件数量较多的装配体的序列规划。只要确定了装配序列的可行性要求以及优化目标，并构建出适应函数（或者能量函数）[69]，即可应用这些算法进行序列规划。这类方法存在的问题在于，很难将所有的装配序列可行性要求与优化要求明确地用函数描述出来，所以遗传算法和模拟退火算法对于某种产品可能无法得到合适的解序列。因此，这些算法需要在规划过程中适当地引入人工指导。

1.2.3　装配序列评价

综上所述，无论是人工输入法、割集分解法还是利用通用算法的装配序列规划算法，装配规划系统在给出最终结果之前，都要得到很多不同的装配序列（中间结果）。如何在这些序列中选择一个符合装配工艺以及其他各种约束条件的合理方案，关键在于能够对装配序列的品质进行评判，从而给装配序列的取舍以及优化提供参考意见[70]。

本书将装配序列的评价分为两大类，即可行性评价（Feasibility Evaluation）和优化评价（Optimization Evalution）。其中可行性评价又称为可行性要求（Feasibility Requirement），是装配序列必须满足的一类要求，如果违反了这类约束，产品将无法实现其安装过程。子装配的可行性包括几何可行性、机械可行性和技术可行性。几何可行性（Geomatrical Feasibility）要求每个零件在装配过程中都存在无干涉的插入空间（路径），这也是在可行性要求中被关注最多的一种可行性要求；机械可行性（Mechanical Feasibility）是指能否建立起零部件之间的装配关系，如装配工具、机械手等能否进入到装配位置，是否具有足够的操作空间等；技术可行性（Technical Feasibility）是指由于非几何因素造成的可行性约束,例如贵重、易碎的零件应尽量规划在最后安装等。与前两类要求不同,这一类可行性要求不必一定给予满足。

优化评价又称为优化性要求,主要是针对装配序列实现的成本、效率进行优化,典型的优化目标是减少装配过程的耗时[71]。一般优化性要求包括以下内容[72]:

①最小装配时间:即按照装配序列完成产品安装所需的时间最少,这是对装配效率的优化要求,由于涉及的因素很多,一般被分解为其他和时间相关的约束。

②最少工具更换次数:对于自动生产线,柔性装配中心、机器人更换装配工具、夹具都需要消耗一定的时间,所以减少工具的更换次数,意味着提高产品的装配效率。

③最少重定位次数:产品的重定位往往比更换工具更为耗时,所以减少重定位也是研究中经常考虑的装配优化约束。

④并行操作数量最大化:增加并行的装配操作也是提高装配效率的一条重要途径。

⑤装配插入操作最容易:文献中一般使用零件可插入方向(沿坐标轴)的多少或者可插入角度空间的大小来判断这种难易程度。

在进行装配规划时,不同的产品特点、企业设备等实际情况对装配可行性要求与优化要求也不同,例如在导弹等舱体式装配中,利用沿坐标轴的可行插入方向判断装配过程,可能任何装配序列都是无效的,因为舱内零件的安装往往不是直线插入,而是需要经过一定的路径(曲线)才能进入舱体。这样往往会把有可行路径的装配设计(或者装配序列)评价为错误的设计(或者无效的装配序列)。零件安装路径规划是装配规划的另一个主要研究内容。一方面,零件安装路径规划是实现零件运动规划、装配机器人动作规划的一个重要途径[73-75];另一方面,它可以进一步地判断装配序列的可行性。

1.2.4 装配路径规划

路径规划是运动规划的主要研究内容之一。从功能上讲,路径规划是为了避障及满足作业需要而进行的以安全性为主要指标的路径设置。

路径规划的主要研究内容按环境状态可分为静态结构化环境下的路径规划、动态已知环境下的路径规划和动态不确定环境下的路径规划;按获得环境信息的方式可分为基于模型的路径规划和基于传感器的路径规划[76,77]。路径规划也是一个导航问题,可分为3个层次,即环境的映像及建模、路径选择、路径跟踪及避碰。路径规划在机器人学中研究较多,装配路径规划因装配工作的特点,与机器人路径规划既有联系又有区别,有其特殊性和复杂性,二者的不同表现在于:由于组成产品的零件间空间接触关系的紧凑性和精确性,对空间路径规划的精确性要求也较高;由于零件及接触关系的多样性,对空间路径规划的效率要求也较高;由于产品的确定性,多为静态结构化环境下的路径规划[78]。

路径规划一般要考虑运动学约束,包括路径约束和障碍约束两部分。路径约束来源于某种作业操作的要求,如焊接作业要求沿直线或曲线运动等。障碍约束是在运动空间出现的各种几何障碍。由于几何障碍的复杂性，障碍环境中无碰路径规划问题是计算几何学、计算机图形学和人工智能等多学科关注的课题。空间路径规划一般可分解为两个子问题：寻空间问题，在某个指定区域 R 中，确定物体 A 的安全位置，使它不与已有的其他物体 $B_j(j=1,2,\cdots,m)$ 相碰撞；寻路径问题，在某个指定区域 R 中，确定物体 A 从初始位置移动到目标位置的安全路径，使移动过程中不发生 A 与 B_j 的碰撞。显然，一系列安全位置就可连成安全路径。

路径规划既可以在零件所处的模型坐标系下进行，也可以在变换后的空间中进行，通常是将被规划体变换到位姿空间(Configuration Space)中。常见的方法有：方向多面锥代数推导法，拓扑降维法，J 函数法，人工势场法，可视图法，单元分解法等。下面将分别进行介绍。

(1)方向多面锥方法。由装配关系及产品结构确定的表示装配(拆卸)零件运动方向区域的一个方向多面锥，可映射为一个单位球的球面多边形。图 1.2 所示为装配零件的多面体方向锥，它是由该零件在产品中的装配关系决定的 4 个半空间的交集。文献[79]用方向多面锥方法先判断初始装配/拆卸路径，再利用投影法和几何干涉判断求解零件的装配/拆卸路径。该方法只能推导零件在简单结构产品中的单步平移分解运动下的路径规划，是推导装配/拆卸路径的一种辅助方法。

(2)拓扑降维法。拓扑降维法是由清华大学张钹教授及 Schwartz 等提出的一种路径规划算法[80-83]。拓扑法的基本思想是：将规划空间分割成拓扑特性一致的子空间，并建立拓扑网络，在拓扑网络上寻找起点到终点的拓扑路径，最终由拓扑路径求出几何路径。在障碍较多的情况下，空间的划分算法极其复杂，用解析法很难甚至不可能实现。

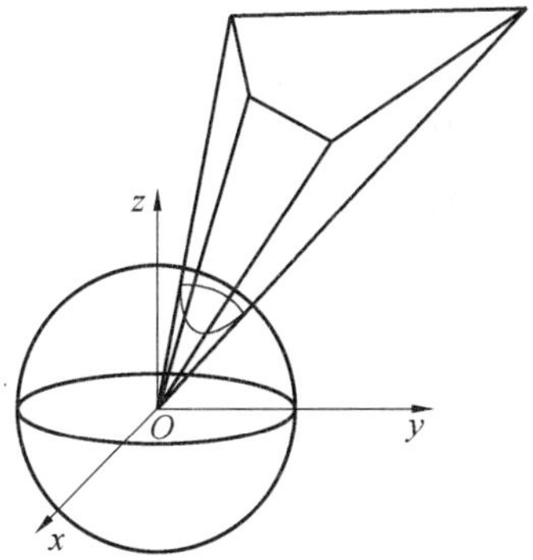

图 1.2 由 4 个半空间交集确定的方向多面锥

拓扑路径规划算法的实现问题还有许多工作要做，特别是在增加障碍物时，如何更有效地修正已经存在的拓扑网络这一问题需要深入研究[84]，如何提高图形显示速度也是一个有待解决的问题。尽管存在许多问题，拓扑法在解决路径规划中所显示出来的灵活性和适应性是很有吸引力的。

(3)J 函数方法。J 函数[85-88]实际上是启发式搜索算法的评价函数。J 函数代表了被规划体和障碍之间的最小距离，它是在多面体障碍物中进行无碰运动规划的统一指标 $\mathrm{Conv}\{H_i\}\cap\mathrm{Conv}\{F_j\}=\varnothing$($H_i$ 表示运动体，F_j 表示障碍体，Conv 表示凸运算)上提出的。因此 J 函数法仅适用于二维和三维空间上凸多面体的运动规划问题。J 函数方法的计算量相对 C-空间计算和广义锥方法较小，能够进行实时的机器人无碰运动规划。

(4)人工势场法。Khatib[89]提出了势能场的机器人路径规划方法。基本思想是:在一个可微的力场中运动,要达到的位置对于规划体是一个引力极,而障碍物则是斥力面,按各个障碍物和目标位姿产生人工势能的总和,取极小值决策运动路径。路径是沿着势场的负梯度方向搜索的。势场法的优点在于无需大量的计算,自动生成较光滑的路径。势场法搜索路径具有启发信息,但却容易陷入局部最小而不能使机器人到达最终位姿。Warren[90]在C-空间中建立势能场,合并相重叠的C-空间障碍为一个障碍物,并建立了如下的线性势能函数,即

$$U_{\text{in}} = U_{\max}\left(1 - \frac{K}{K_{\max}}\right) + U_{\text{offset}} \tag{1.1}$$

$$U_{\text{out}} = 0.5U_{\text{offset}}\left(\frac{1}{1 + R}\right) \tag{1.2}$$

式中的 U_{in} 为障碍内部的势能函数;U_{out} 为障碍外部的势能函数;$U_{\max}$ 为最大势能;R 为运动体到障碍质心的距离;$K_{\max}$ 为障碍质心到障碍边界上最远点的距离;U_{offset} 为补偿量。

Chuang[91]用势场函数来表达自由空间的拓扑结构,具有全局信息。文献[92]对排斥场和引力场的强度引入了一个平衡系数,并利用了模拟退火的思想和一些启发性知识,以避免一些局部优化值的情况。文献[93]应用势场理论,引入距离误差做动态反馈补偿,对自制水下机器人实现全局路径规划。文献[94]将势场法用于三轮AV的路径规划,将AV简化为杆的运动,以由障碍物和目标产生的虚拟势场力作为AV运动的驱动力。文献[95]将遗传算法和人工势场法相结合用于二维结构化环境中的小车路径规划,以人工势场法实现避障,以遗传算法实现路径搜索以避免一些局部值的情况。人工势场法是一种局部规划方法,难以实现全局规划,而且局部最小容易导致规划失败,且难以完全克服局部最小给势场法带来的局限性。

(5)可视图法。在C-空间中运动的物体A映射为一点,障碍物B映射为 $CO_{\text{A}}(\text{B})$。在二维情况下,$CO_{\text{A}}(\text{B})$ 可由多个多边形表示,用直线段连接物体运动的起点 S、所有位姿空间障碍的顶点以及运动终止点 G,并保证这些直线段不与 $CO_{\text{A}}(\text{B})$ 相交,就形成了一张图,称之为可视图(Visibility Graph)[96],因为任意两直线的顶点均是可见的(即不与障碍物多边形相交)。显然从起点 S 沿着这些直线到达目标点 G 的所有路径均是运动物体 A 的无碰路径,对该图进行搜索就可找到A的最短无碰安全运动路径。这种方法虽然能保证在三维以下位姿空间中求出最短安全路径,但是不能推广到更高维的空间中。

用可视图法得到的路径与障碍物有接触的情况,Voronoi 图法[97,98]则不会出现这种情况。二维情况下的Voronoi图是一个曲线集,这些曲线同周围障碍是等距的,它是周围障碍的等距面,路径搜索就是在这些曲线和曲面上进行的。Yun Hui Liu[99,100]提出了T-图(Tangent Graph)算法,T-图的结点是障碍边界的切点,T-图的边是障碍的切线或者是切点间的凸边界段,且相邻两个切点是可见的,与可视图相比,T-图有较少的边数。

(6)单元分解法。把规划空间分解成一系列的单元,并把这些单元用“满”、“空”和“混合”标记。如果一个单元完全在障碍物内则标记为满,而空则意味着不与障碍物相交,否则记为混合。工作空间分解成单元后则使用启发式算法在单元中搜索安全路径。单元分解方法在路径存在的情况下能够确保找到一条路径,但在很复杂的工作空间中为了求一条可行路径,单元的体积就很可能非常小,这就增加了搜索的复杂度。有几种不同的单元分解方法。最简单的单元分解方法是生成等大小单元,此方法虽然具有快速、方便地生成单元的优点,但由于生成的单元数量很大,使得搜索过程费时。较合适的方法是使用四叉树或八叉树表示工作空间[101,102],这种树结构虽然使单元易于表达,但由于一个混合单元往往被分解成其他混合单元,又可能增加单元分解的数量。通过使满或空单元最大化的方法分割混合单元虽然解决了这一问题,但又增加了图的连通复杂性。空间的栅格表达[103-106]是将规划空间表达成均等的栅格网,由于栅格的一致性和规范性较好,栅格空间中的邻接关系表达简单,路径搜索可用 A* 算法或 Dijkstra 动态规划算法来完成。由于搜索空间表达的一致性、规范性和简单性,很容易实现。Hou[107]将自由空间分解成正六边形,并用势场法进行路径搜索。Brooks[103]使用了一组广义锥表达自由空间,首先计算表示自由空间的广义锥,然后再确定广义锥的脊线是否相交,如相交求出交点,把这些交点汇为结点,最后通过跟踪脊线交点搜索从初始点到目标点的路径。

(7)C-空间构造法。C-空间构造是由 S. Udupa 和 T. Lozano-Perez 等人提出[83-87]的,其实质是利用闵科夫斯基(Minkowski)和文献[88]的方法产生位姿空间。在位姿空间中,运动物体位姿的描述简化为C-空间中的一个点。由于环境中障碍物的存在,运动物体在C-空间中就有一个相应的禁区,称为C-空间障碍(C-obstacle),记为 $CO_{\mathrm{A}}(\mathrm{B})$,表示为

$$CO_{\mathrm{A}}(\mathrm{B}) = \{p \in \mathrm{C-space} \mid A(p) \cap B \neq \varnothing\} \tag{1.3}$$

式中的 $A(p)$ 为欧氏空间的一个子集,对应于A在C-空间中的位姿。对于图1.3所示的运动物体A和障碍物B,若A的姿态保持不变,$CO_{\mathrm{A}}(\mathrm{B})$ 可通过沿B简单平移运动物体A的初始姿态(A)。求得。引入C-空间的概念,就将二维或三维空间中刚体的运动表达为三维或六维空间中点的运动,这就将多边形或多面体的无碰路径规划问题表示为高维空间中点的无碰路径规划问题。在C-空间中,可以利用如下方法进行路径规划。

事实上,在C-空间中搜索路径可以适用通用的搜索算法,这些方法包括启发式搜索算法、遗传算法等。文献[108]用遗传算法实现了点在二维空间中的路径规划。文献[109]用遗传算法实现了二维空间汽车式移动机器人的非完整系统路径搜索。文献[110]用遗产算法实现了定姿态三维空间路径搜索,但在计算效率和环境的复杂性上有待提高。

将被规划物体变换到位姿空间,可以避免做大量的干涉检查。但是C-空间本身的构造是一个复杂而具有挑战性的工作。近年来,许多研究者在C-空间法的基础上对路径规

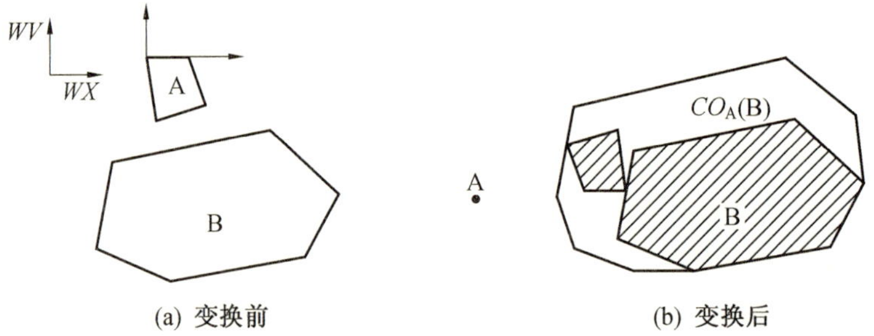

图 1.3 CO_A(B)图解

划进行了深入研究,相继出现了一些新的研究成果。文献[111]提出了一种基于传感信息的 C-空间建模方法,即通过传感器检测局部区域内的障碍物,通过传感信息构成 C-空间障碍物的模型,这是一种局部规划方法。Newman[112]对二维工作环境中障碍形成的 C-空间障碍进行了计算,并对 C-空间进行了定性分析,有助于进行有效的路径搜索及路径优化。通过求多面体之间的距离求 C-空间,利用 FFT 求 C-空间都是求解 C-空间的有益探索。Guibas、Ramshaw 和 Stolfi[113]提出了一种以卷积(Convolution)计算近似 C-空间障碍,可大幅提高求解 C-空间障碍效率。P. K. Pal[114]利用机器人及其附近障碍物的空间关系来计算 C-空间,有效地减小了搜索空间,提高了路径搜索效率。K. Kondo[115]提出了一种基于启发式图搜索的自由空间枚举方法,通过对与路径有关的自由空间的限制,避免了不必要的碰撞测试,对 C-空间进行单元分解,基于图搜索技术,采用双向搜索算法对与路径有关的单元进行枚举,极大地提高了搜索速度,虽然采用双向搜索提高了规划速度,但要达到实时规划要求还需做进一步工作。

本书研究零件的装配路径规划问题,即忽略装配工具,考虑装配零件从装配起点(传送带等工件运输设备)到装配目标点(产品中最终位置)的空间平移装配运动在障碍约束条件下的路径问题,同逆向装配序列规划一样,以装配零件在产品中的目标位置到初始位置的拆卸路径来研究装配路径,具有减小搜索空间,简化搜索过程的特点。

1.2.5 管线敷设规划

随着工业化的不断发展,复杂机电产品(如汽车、舰船、化工、航天、航空等)中广泛应用各种管线,但同时由于这些机电产品复杂、零部件繁多、集成性高和内部装配空间小等特点,管线敷设严重地制约着这些机电产品的研制速度和装配生产周期。长期以来,复杂机电产品中的管线敷设设计(PLD)主要由人工完成,这使管线敷设设计很大程度上依赖人的实践经验。虽然管线人工敷设设计过程简单,但是随着机电设备多样性的增加,管线敷设设计呈现随机性、模糊性以及动态性特点。管线人工敷设设计已经不能适应设计周期短、优化程度高、易于实施等要求。

随着计算机技术的飞速发展,数字化设计方法为机电设备管线敷设提供了有力的支持和新的手段[116-119]。进入 20 世纪 90 年代,数字化虚拟技术发展成一门新兴的技术,一系列先进的理论、技术以及新思想、新模式,在制造业中获得了飞速的发展和广泛的应用,如计算机辅助设计(CAD)、计算机辅助制造(CAM)、敏捷制造(AM)、柔性制造系统(FMS),计算机集成制造系统(CIMS)等。依靠这些数字化虚拟技术,机电设备管线敷设进入了数字化时代。通过在数字化技术中引入人工智能技术,机电设备管线敷设不仅可以避开人工敷设管线的复杂劳动,而且缩短了管线敷设周期,减少开发成本,同时也提高了管线敷设质量。目前,人工智能技术成为各国改造行业技术,提高生产效率的重要手段。在机电领域内,各种智能计算机辅助系统和专家系统的应用对汽车、化工、舰船以及航空航天科学技术的飞速发展起到了至关重要的推动作用。

虽然计算机辅助系统在管线敷设设计过程中提供了很大帮助,但由于机电设备的多样性、复杂性和跨学科性,机电设备管线敷设设计不仅要考虑在二维或三维空间内找到避开障碍物的连接端点的管线轨迹的敷设方案,还要考虑管线敷设和运行的各种相关要求。如液体管线不能在电子设备上方敷设等。因此在机电设备内管线敷设设计往往依靠设计者的个人知识和经验来完成,不可避免地存在以下缺陷:

(1)优化程度低。虽然有经验的设计人员可以根据自己的知识和经验设计出可行的管线敷设轨迹,但设计结果往往不是最好的。这是由于设计者的经验及考虑问题的全面性和正确性受自身知识的局限,因此很难得到最优管线敷设设计。同时由于这种局限性使得设计人员在面对日益更新的机电设备时,往往采用经验知识来进行设计,这就很难保证管线敷设设计方案对新的机电设备而言是优化的。

(2)设计效率低。由于设计人员要进行大量的看图、计算、查表、文件编制等工作,必然耗费大量的时间,影响产品的生产周期,显然更不适合当前小批量、多品种、短周期的产品生产模式。

(3)协同性差。由于机电设备内管线敷设设计常常需要不同专业的知识和不同部门的设计人员共同来完成,而且往往需要反复地修改,对于同一个产品中的管线敷设,往往会得到相互矛盾的方案,缺乏一致性。

(4)实施难度大。由于以上的缺陷,管线敷设设计方案往往以二维图纸表示机电设备内的管线逻辑连接,而并非是真正的管线敷设图。因此在实际敷设过程中,敷设人员往往要和设计人员多次反复协商、修改,大大增加了实施的难度。

因此,利用数字化虚拟技术,研究管线敷设自动设计方法将能在很大程度上弥补上述管线敷设设计中的缺陷。管线自动敷设设计的实现,将大大提高机电设备中管线的敷设效率和质量,实现管线敷设设计方案的优化性、高效性、协同性和易实施性。

1.3 组合优化算法的发展

从组合学观点看,假设一个装配体由 N 个零件组成,每个零件至少有 m 种可能的装配方法,则可能的装配序列为 $m^N N!$,设计中的微小改动也可能引起装配顺序的较大变化。而对所有可行的装配序列要考虑所有装配因素,即需要考虑对应每个产品和企业特点的装配可行性要求和装配优化要求,选择最优装配序列是一类 NP-完全问题(NP-Completeness Problem)[120]。

组合优化问题是人们在工程技术、科学研究和经济管理等众多领域经常遇到的问题,如旅行商问题、0-1 背包问题等,都被证明为 NP 困难问题[121,122]。这类问题吸引了研究者广泛的关注,很多确定性或者近似算法被应用于求解该类问题。其中确定性方法包括线性规划算法、动态规划算法、分支定界法等[123]。由于确定性算法所能求解的问题规模较小,实际中使用的往往都是多项式时间的近似解法或启发式解法,如爬山法(Hill Climbing Algorithm,HCA)[124],局部搜索(Local Search,LS)[125],模拟退火方法(Simulated Annealing,SA)[126,127],遗传算法(Genetic Algorithm,GA)[128-129],禁忌搜索(Tabu Search,TS)[130-132]和蚁群算法(Ant Colony Algorithm)[133-136]等。

近年来,一类基于生物学、物理学和人工智能的具有全局优化性能、鲁棒性强、通用性强的现代启发式(Meta-heuristic)算法得到了发展[137]。因其高效的优化性能、应用灵活等优点,已广泛用于优化调度、运输问题、工程优化设计等领域。其中常见的是模拟退火算法、遗传算法、禁忌搜索、局部搜索以及贪婪算法(Greedy Heuristic,GH)等。

各种现代启发式算法在具体的优化机制方面存在一定的差异,但在优化流程上却具有较大的相似性,大多是基于"邻域搜索"结构[138],即算法都是从一个(一组)初始解出发,通过邻域函数产生若干邻域解,按接受准则(确定性、概率性等方式)更新当前状态,而后按某个关键参数(如模拟退火中的温度等)的修改准则调整该参数。如此重复上述搜索步骤直到满足算法的停止准则,最终得到问题的优化结果。

现代启发式算法可以分为迭代式(Iterative)算法和构造式(Constuctive)算法两种。迭代式启发算法从一个完整的解开始,根据目标函数在迭代过程中不断改变这个解,从而得到更好的结果。迭代式算法的典型代表为局部搜索算法,它在邻域结构内对当前解(往往对应着可行的完整解)进行变化,直到找到一个该邻域内的最优解。构造式启发算法开始时没有解,运行时逐次选择一个解的组成单元(并加入未完成的解),直到构造出一个解,该过程不允许回溯(移去已经加入过的元素)。构造式启发算法的典型代表为贪婪算法,它最终的解是通过无回溯的线性过程逐渐构建起来的。

另外一种分类方法是将算法分为单次运行启发算法和重复式启发算法,其中单次运行算法在解满足一定条件后立刻停止(如局部搜索算法遇到了局部最优解,或者如贪婪算法完成了一次解的构造），重复式算法允许用户控制计算时间，解的质量往往随着投入的时间增加而改善。

根据这两种分类方法，我们可以得到 4 种组合。大部分现代启发式算法只涉及其中 3 种组合，即：① 单次运行迭代式启发算法（如局部搜索算法）；② 单次运行构造式启发算法（如贪婪算法）；③ 重复运行迭代式启发算法（如模拟退火算法或遗传算法）。

对于装配序列规划，在理论研究与实际工作中已经积累了很多宝贵的经验，其中对于装配过程各个环节的指导性经验完全可以借鉴到计算机辅助装配序列规划中。这正是已有的研究中各种专家系统法以及基于规则、知识推理的序列规划方法所具有的优势。而基于模拟退火算法、遗传算法类的装配序列规划策略，虽然取得了很好的效果，但是这些研究往往使用了 2-opt、交叉以及变异等局部搜索算法进行序列的搜索，它们不属于构造类算法，难以在运行过程中利用已有的经验知识去构造一个序列。在这些算法中经验、知识以及优先约束所能起到的作用只可能是消极地对局部搜索的结果进行评价和取舍。

如果利用构造算法进行序列求解，可以将优先约束等很多规则与知识加入装配序列的构造过程，所以可以寻找一种重复运行的迭代式启发算法，来进行装配序列规划算法的研究。

第 2 章　机电产品数字化装配建模

装配模型是数字化装配规划的基础。一般的装配规划系统建立在 CAD 系统的基础之上，如 UG、ProE 等软件工具。通用 CAD 系统的装配模型包含了很多装配序列规划所需的信息，但是这些信息往往需要通过 CAD 系统的 API 接口函数进行查询，查询速度较低，会降低规划系统的运行效率。另外，有些规划需要的信息是 CAD 系统没有的，或者需要利用 CAD 模型的信息经过推导间接获取的。因此，装配规划系统需要基于 CAD 系统建立自己的装配模型。

基于装配连接图的装配序列规划建立在零配件之间的几何关系基础之上，不考虑几何连接的工程含义，因此在规划序列过程中，放弃了一些可以利用的信息。而在实际装配建模的过程中，装配顺序往往隐含其中。本章主要阐述基于有向图的装配模型、基于优先关系图的装配模型以及基于知识 Petri 网的装配模型。

2.1　装配关系表达

装配关系的连接图（Connection Graph of Aseembly，CGA）表达首先是由 Bourjault 提出的[139]。装配关系连接图用顶点表示零配件，用连接顶点之间的边表示零件或部件之间的连接关系。装配关系连接图是一个包含顶点和边的无向图，通常用 $CG=(V,E)$ 表达。图 2.1 所示为一个油泵部分结构图。图 2.2 所示为油泵所对应的 CGA。此外，连接图还可以用邻接矩阵表达。表 2.1 为图 2.2 的邻接矩阵表达。

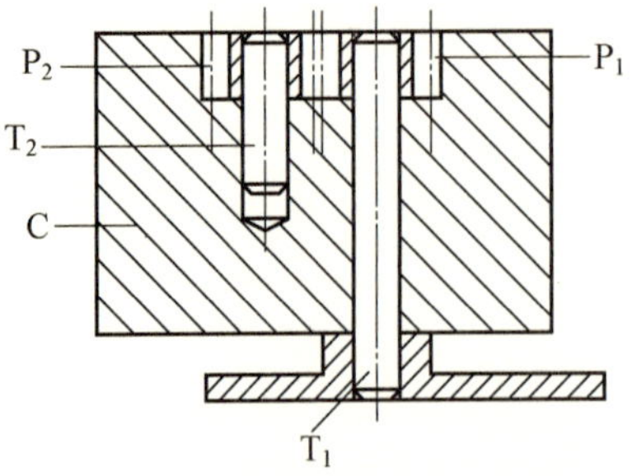

图 2.1　油泵部分结构示意图

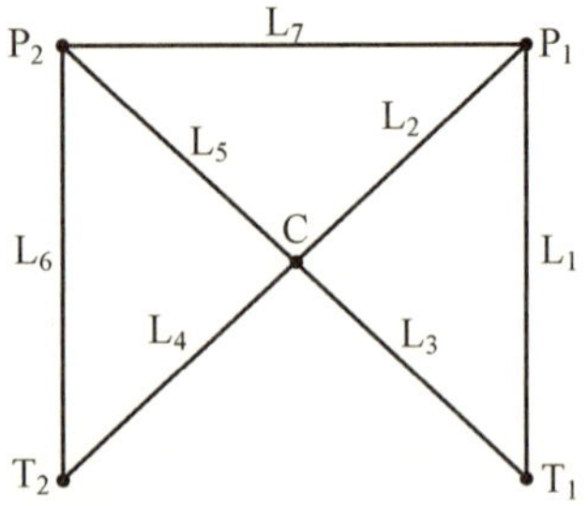

图 2.2　油泵的装配连接图

装配连接图构成了装配序列规划的最基本信息。对于一个有正确装配关系的装配

件,它的装配连接图有如下重要特征:

①CGA 是一个简单图;

②CGA 是一个连通图;

③装配连接图是唯一的。

表 2.1　装配连接图的邻接矩阵表达

节点	C	P_1	P_2	T_1	T_2
C	0	1	1	1	1
P_1	1	0	1	1	0
P_2	1	1	0	0	1
T_1	1	1	0	0	0
T_2	1	0	1	0	0

Vagin 对装配连接图进行了改进,将零配件之间简单的连接关系根据几何特征进行了分类。并把连接关系分成以下 3 种类型[140]:

①两个圆柱面之间的连接关系,用 R_1 表示;

②两个平面之间的连接关系,用 R_2 表示;

③两个零件之间的螺纹连接,用 R_4 表示。

第①和第③个关系是有方向的,用来表示零件的插入和旋紧。图 2.3 所示为一个轴系的轴端结构示意图,图 2.4 是由图 2.3 根据 Vagin 和 Jentsch 规定得到的装配关系图。图 2.4 中零件 8 和零件 7 的 R_1 关系表示零件 8 插入零件 7。

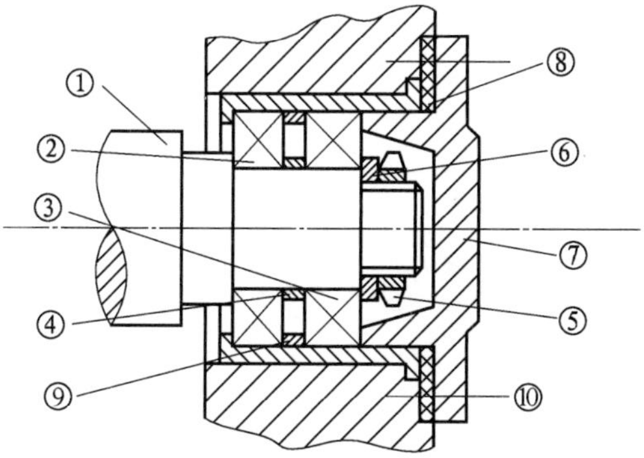

图 2.3　一个轴系的轴端结构示意图

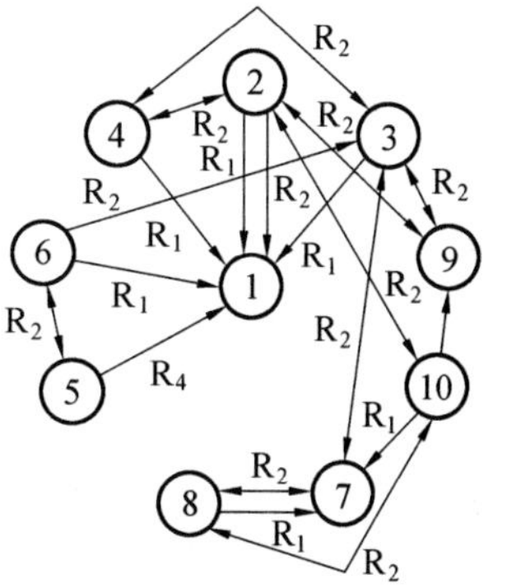

图 2.4　轴系轴端的 Vagin 模型

Jentsch 还提出了另一种类似的表达方法,即根据装配拆卸的方向来区分 3 种接触关

系,它们是[141]:

① A n B 表示零件 A 和零件 B 接触,即两个零件中的一个零件是以面和另一个零件接触,n 是指向零件 A 的法向量。这种接触关系和 Vagin 的 R_2 关系类似。

② A la B 表示零件 A 在零件 B 被移走之前,不能被移走。

③ A ca B 表示零件 A 和零件 B 通过共轴的圆柱面接触。这种关系和 Vagin 的 R_1 关系等同。

Jentsch 改进的装配关系表达中,装配关系图不再是简单图了。如图 2.5 所示是 Jentsch's 的装配连接图。两个零件之间的连接有可能是多种。这种表达的主要缺点是将几何接触关系、在某方向上的阻碍关系和紧固关系混合在一起,缺少严格的分类。事实上,这些装配关系的表达模型仅对各自的领域有效,而不是一个通用的模型。

Mello 提出的结构化模型包含 3 种类型的实体[142],即零件、接触实体和紧固实体。接触实体是纯几何的关系,仅用来描述零件间接触的表面。Mello 的结构化模型所包含的接触关系有:

①两个平面之间的接触;

②两个圆柱面之间的接触;

③两个多面体表面之间的接触;

④两个螺纹面之间的接触。

紧固类型关系包括胶接、夹紧和螺纹紧固。

图 2.6 所示为 Mello 的模型示例。在装配关系图中,矩形代表零件,圆代表接触类型,三角形代表紧固类型。对每一个平面接触,系统保存接触平面的法向量和两个接触零件。对于圆柱面接触、多面体接触和螺纹面接触,系统仅保留对称轴。这种模型的优点在于能够区别接触关系和紧固关系。Mello 提出的结构化模型所对应的装配关系图不是简单图。

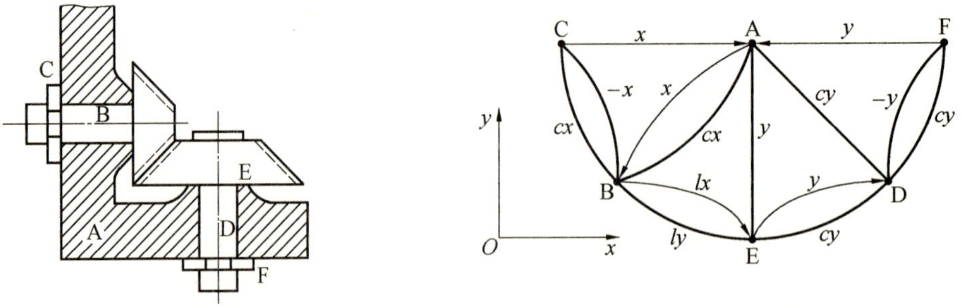

(a) 结构示意图　　(b) 装配连接图

图 2.5　Jentsch's 的装配连接图

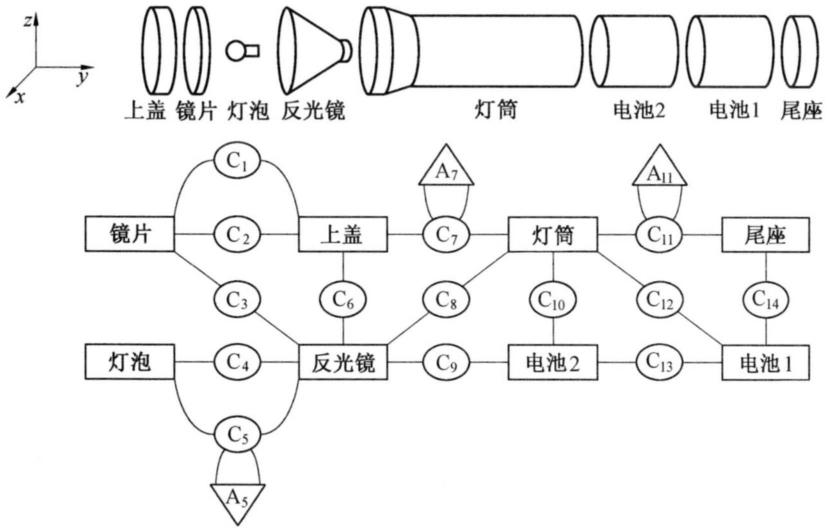

图 2.6　Mello 的模型示例

2.2　基于有向图的装配模型

2.1 节阐述的装配关系表达方法虽然能描述零件间的装配关系，但是除装配连接图之外，都不是简单图，因此图论中的很多方法都不能应用。对于装配连接图，由于其仅表达了零件的几何连接关系，放弃了太多信息，不利于装配规划。另外，这些表达方法也没有保留装配建模时的过程信息。如当零件 A 被建模人员配合到零件 B，通常意义下，在拆卸时，需要将零件 A 先于零件 B 拆卸。类似这样的过程信息可以用有向图的有向边表示。

2.2.1　有向装配连接图的定义

零件间的装配关系通常是由一个或多个几何关系构成的，如对齐、相对、同心等。图 2.7 详细描述了这些几何关系。这些几何关系确定了零件之间的相互位置关系。装配建模的过程中一个重要任务就是确定零件之间的相互位置关系。因此，记录零件间相互位置关系对于装配序列规划有重要意义。

定义 2.1　建立两个零件之间的几何关系的动作称为 MT 操作，用 MT 表示。

当一个零件 A 以对齐配合到另外一个零件 B 上时，即为 A MT B，表达的意思是主动零件 A 经过坐标变换放置到与不动零件 B 成一定几何关系的位置上。

每做一次 MT 操作，就在两个零件之间形成一个固定的几何关系。对每次 MT 的操

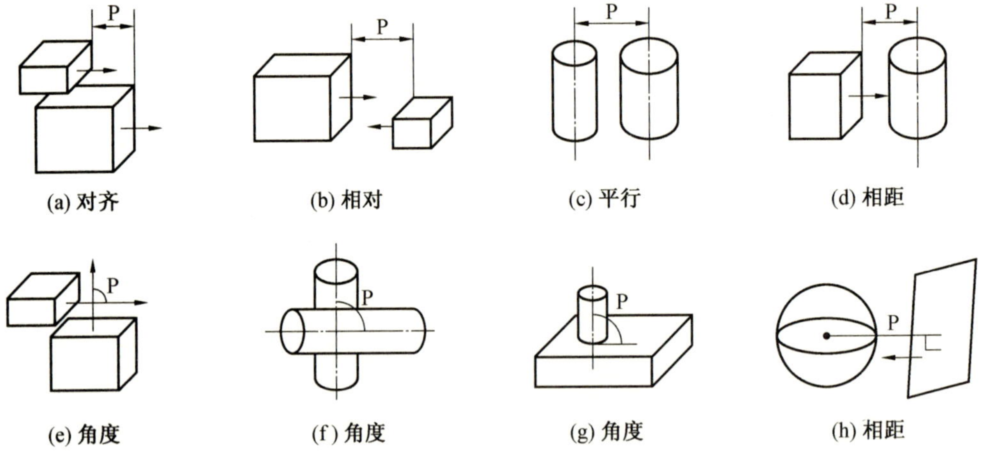

图 2.7　几何约束关系图示

作有如下要求：

(1) MT 左右两端只能各有一个零件；

(2) 如果存在 A MT B，则不能存在 B MT A；

(3) 不允许 A MT A；

(4) 不允许 A MT B，B MT C，C MT A；

(5) 后续的 MT 操作所定义的零件间的几何关系不能和已经存在的 MT 操作所定义的几何关系冲突。

从上面的要求可知，每个 MT 操作不仅建立了一条从零件 A 到零件 B 的有向弧，而且确定了零件 A 和零件 B 之间的相互位置关系。MT 操作所确定的几何关系主要有对齐、相对、平行、角度和相距，如图 2.7 所示。

定义 2.2　配合图 M 由 p 个顶点的非空有限集合 $V=V(M)$ 和给定由 V 中不同顶点的 q 个有序对构成的集合 $E=E(M)$ 组成，其中 E 中的每个元素都是根据 MT 操作构成的，记作 $M=(V,E)$。图 2.8 所示是手电筒的配合图。由图可见，配合图不是一个简单图。

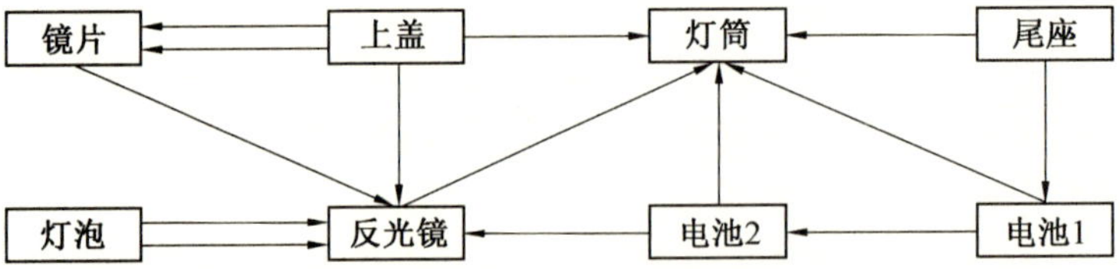

图 2.8　手电筒的配合图

将配合图 M 中起点和终点相同的有向边合并的操作称为边的合并，记作 UE。对配合图 M 进行 UE 操作，得到有向装配连接图，记作 $D=\mathrm{UE}(M)$。实际上，$D=(V,E')$，其中

$E' \subseteq E$。图 2.9 是图 2.8 的 UE 操作的结果。可以看出经过 UE 操作的配合图 M 不再存在具有相同起点和终点的有向边。根据有向装配连接图的构造过程,给出有向装配连接图的定义。

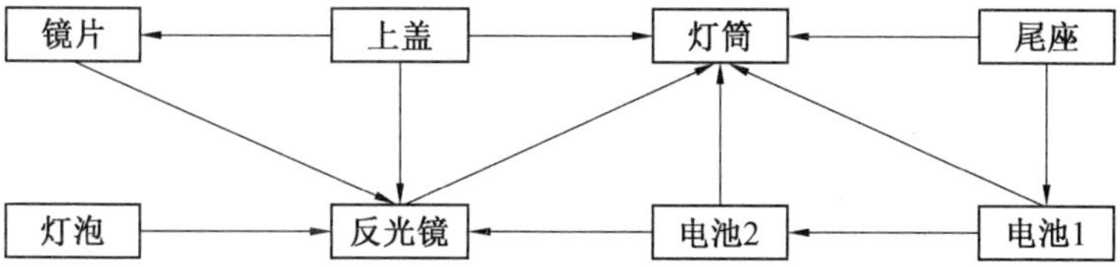

图 2.9　手电筒的有向装配连接图

定义 2.3　有向装配连接图是经过 UE 操作的配合图。

可以看出有向装配连接图本质上是一个有向图,只是将有向边赋予了一个装配语意。有向装配连接图可以用矩阵表达。

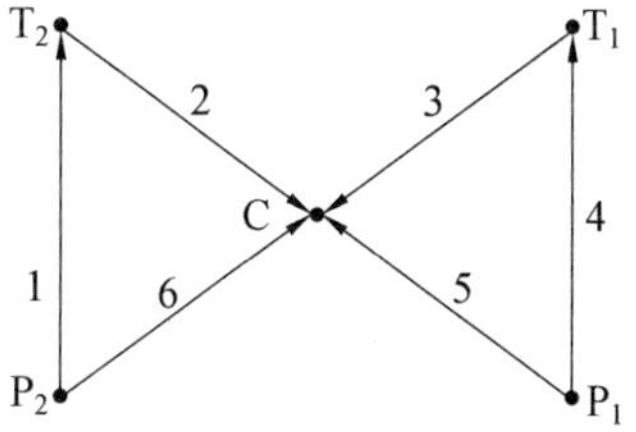

图 2.10　油泵的有向图表达

一个有 n 个点,e 条边,没有自环的有向图的完全关联矩阵 $\boldsymbol{A}_a$ 是一个 $n \times e$ 矩阵,其中行对应于点,列对应于边,定义为 $\boldsymbol{A}_a = [a_{ij}]$。其中 $a_{ij} = 1$,如果边 j 关联出点 i;$a_{ij} = -1$,如果边 j 关联入点 i;$a_{ij} = 0$。图 2.10 所示为油泵的有向装配连接图。表 2.2 是该图对应的完全关联矩阵。

表 2.2　有向图的完全关联矩阵表达

节点＼边	1	2	3	4	5	6
C	0	−1	−1	0	−1	−1
P_1	0	0	0	1	1	0
P_2	1	0	0	0	0	1
T_1	0	0	1	−1	0	0
T_2	−1	1	0	0	0	0

设有向图 D 是一个具有 n 个点无平行边的有向图,D 的邻接矩阵 $\boldsymbol{X}$ 是一个 n 阶(0,1)方阵,则定义 $\boldsymbol{X} = [x_{ij}]$,式中 $x_{ij} = 1$,如果有一边关联出 v_i,关联入 v_j;则 $x_{ij} = 0$。表 2.3 为图 2.10 的邻接矩阵表达。在以后的算法中,常用的是有向图的邻接矩阵。

表 2.3 有向图的邻接矩阵表达

节点	C	P_1	P_2	T_1	T_2
C	0	0	0	0	0
P_1	1	0	0	1	0
P_2	1	0	0	0	1
T_1	1	0	0	0	0
T_2	1	0	0	0	0

2.2.2 有向装配连接图的性质

在讨论有向装配连接图之前,先介绍有向图的一些概念。

① 有向图 D 中,以顶点 v 为起点的弧的数目叫 v 的出度(Outdegree),记作 $\deg^+(v)$;以顶点 v 为终点的弧的数目,称为 v 的入度(Indegree),记作 $\deg^-(v)$。

② 有限非空序列 $M=v_0a_1v_1\cdots v_{k-1}a_kv_k$,它的项交替是顶点和弧,弧 a_i 的起点是 v_{i-1},终点是 $v_i(i=1,2,\cdots,k)$,且同一条弧不用两次,则称 M 是一条有向链(Directed Chain)。v_0 和 v_k 分别称为这条有向链的起点和终点,k 称为链长。

③ 本身是一条道路的有向链,称为有向道路(Directed Path)。

④ 如果在有向图 D 中,有一条 (u,v) 有向道路,则 v 称为是从 u 可达的,或者说,从 u 可达 v。

⑤ 如果有向图 D 的任何两顶点都是相互可达的,则称 D 是强连通的(Strongly connected)。

⑥ 如果有向图 D 的任何两顶点由一条半道路联结,则称 D 是弱连通的(Weahly connected)。

定义 2.4 在有向图 D 中,如果 $\exists v_i\in V(D)$,使得 $\forall v_j\in V(D),v_i\neq v_j,\deg^-(v_j)<\deg^-(v_i)$,且 $\deg^+(v)=0$,定义顶点 v_i 为基顶点。

定义 2.5 装配关系是完备的,当装配关系所对应的有向图满足如下条件时:

(1) 有向图是弱连通的;

(2) 有向图不含有有向圈。

根据上面的定义,有向装配连接图具有以下性质。

定理 2.1 有向装配连接图的基础图是一个简单图。

证明 从 M 图的定义可知,M 图中不包含有向圈,M 图中存在重边。根据 UE 操作,去除 M 中重边,故 $D=UE(M)$ 是一个简单图。

定理 2.2 利用 MT 操作建立的装配体所对应的有向装配连接图一定是完备装配连

接图。

证明　设用MT操作建立的装配体所对应的有向装配连接图为A,假设A不是完备装配连接图,则A或者不是弱连通的,或者A包含有向圈。根据MT操作的定义,可知A不包含有向圈。下面证明A是弱连通的。根据弱连通的定义,若A不是弱连通的,则A含有多个独立的成分。若将每个成分缩并成为一个平凡图,得到仅含多个独立点的图。如果将图中每个点看成子装配,则这些子装配之间没有装配关系,从而说明不是通过MT操作建立的,与命题矛盾。命题得证。

对于一个有效的装配体,它所对应的有向装配连接图应该是完备装配连接图。如果有向装配连接图是不完备的,那么装配体中一定缺少装配关系。

本书所有针对有向装配连接图衍生的算法都是建立在完备装配连接图的基础上的。图2.9就是一个完备的有向装配连接图。

定理2.3　如果完备装配连接图$A=G(V,E)$中存在$n(n>1,n$是自然数$)$个基顶点,则一定存在一个边集S,去掉这些边集之后,使得完备装配连接图被分解成n个各自连通的成分,且每个成分包含不同的基顶点。

证明　当$n=2$时,即A中含有2个基顶点,分别设为o_1,o_2。那么必然$\exists V_1 \subset V$,使得$\forall v_1 \in V_1$,有$P(v_1,o_1)$存在。那么需证明$\forall v \in V_1$,有$P(v,o_2)$存在。

假设如果不存在这样的v,则$G_1(V_1,E_1)$是G中的孤立子图,其中E_1是有V_1中所有到o_1的有向道路中的边。这与装配连接图是弱连通的说法矛盾。

令$V_d=\{v \mid P(v,o_2),v \in V_1\}$,则$V_d$中的所有点既和$o_1$连通,又和$o_2$连通。

令$S=\{e \mid e \in P(v,o_2)\}$,且$e$和$v$关联,$v \in V_d$,则$S$就是要找的边集,即从$G$中去掉$S$,把$G$分成两个包含不同基点的不连通的成分。

假设$n=m$时,定理成立,要使$n=m+1$时,定理也成立,则$\exists V_{m+1} \subset V$,使得$\forall v_{m+1} \in V_{m+1}$,有$P(v_{m+1},o_{m+1})$存在。

则需证明存在$V'_{m+1} \subset V_{m+1}$,使得$\forall v \in V'_{m+1}$,有$P(v,o_i)$存在,其中$i \in (1,2,\cdots,m)$。

假设不存在这样的集合,也就是说不存在v,那么$G_{m+1}(V_{m+1},E_{m+1})$是G中的孤立子图,其中E_{m+1}是有V_{m+1}中所有到o_{m+1}的有向道路中的边。这与装配连接图是弱连通的矛盾。

令$V_d=\{v \mid P(v,o_i),v \in V_{m+1},i \in (1,2,\cdots,m)\}$,则$V_d$中的所有点既和$o_i(i \in (1,2,\cdots,m))$连通,又和$o_{m+1}$连通。

令$S=\{e \mid e \in P(v,o_i)$且$e$和$v$关联,$v \in V_d,i \in (1,2,\cdots,m)\}$,则$S$就是要找的边集,即从$G$中去掉$S$,把$G$分成两个包含不连通的成分,其中一个成分包含了$m$个基顶点。

根据定理2.3,对于存在多个基顶点的完备装配连接图,可以分解成两个子装配,从这个角度讲,定理2.3也是划分子装配的一个准则。在本书今后的讨论当中,仅讨论完备装配连接图只包含一个基顶点的情况。

2.2.3 Unigraphics 系统的装配模型

Unigraphics 是 Unigraphics Solution 公司的高端 CAD/CAM 软件,包含了建模、装配、运动学分析和数控加工仿真等内容。Unigraphics 的装配模块可以实现三维环境下的虚拟装配。能够通过定义零件之间的配合关系进行装配定位。产生的装配模型包含了零配件之间的连接关系和配合关系等信息。但是这些信息间接地隐含在模型中,在做装配序列规划之前,需要进行过滤和提取。在阐述提取算法之前,首先阐述一下 Unigraphics 的装配模型结构。

Unigraphics 的装配模型中零配件是按照树型结构组织的。每个装配模型有一个根,通过在根上添加零件和子装配,形成了装配树结构。如图 2.11 所示。

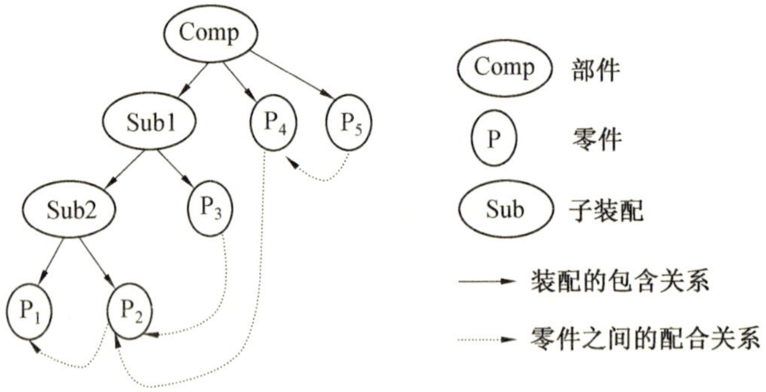

图 2.11 UG 装配模型的树型结构

零件在被加入到根中后,通过 mate to 操作,定义零件和子装配间的装配关系。A mate to B 操作是指将一个零件 A 配合到零件 B 上。根据零件 A 和零件 B 的配合类型,系统自动计算转换矩阵。随后,根据转换矩阵,零件 A 被变换到指定位置上。在整个操作中,只有零件 A 在坐标系中的位置发生了改变。

当一个子装配被加入到根中时,子装配中的零件和部件之间的相互位置关系不发生改变。在定义装配关系时,mate to 操作仍然是发生在两个零件之间的,即子装配中的一个零件和根中的一个零件或者子装配中的一个零件和根中的一个子装配中的零件之间。对于 mate to 操作,没有零件和子装配的界限。

图 2.11 是一个装配模型装配关系的抽象模型图。从图中可以看出,部件 Comp 包含了两个零件 P_4、P_5 和一个子装配 Sub1。Sub1 包含一个子装配 Sub2 和一个零件 P_3。Sub2 包含两个零件 P_1 和 P_2。整个模型先是从 Sub2 开始构建的。将 P_1 和 P_2 引入 Sub2 中后,再定义 P_2 和 P_1 的配合关系。图中是将 P_2 配合到 P_1 上。接下来构造 Sub1,然后将 P_3 和 Sub2 引入到 Sub1 中,并定义 P_3 和 Sub2 的配合关系。图中是将 P_3 配合到 Sub2 中的 P_2 上。最

后构造 Comp,然后将 Sub1、P_4和 P_5引入,并定义 P_4到 P_2、P_5到 P_4的配合关系。

在定义配合关系时,要遵守下面的规则:

(1)不能定义自身的配合关系。如不能定义 P_1到 P_1的配合关系。

(2)不能相互定义配合关系。如在定义了 P_2到 P_1的配合关系之后,不能定义 P_1到 P_2的配合关系。

(3)不能形成引用环,即定义了 P_1到 P_2的配合关系,P_2到 P_3的配合关系后,不能定义 P_3到 P_1的配合关系。

Unigraphics 提供了 8 种零件间配合类型,具体见表 2.4。其中最常用的是面面相对和面面同心。

表 2.4　Unigraphics 中的零件配合种类

配合类型	含义
相对(Mate)	面可以是曲面,但是曲面必须具有相同的参数
对齐(Align)	对于平面,使两个平面共面;对于轴对称物体,将两个物体的轴对齐
角度(Angle)	定义角度尺寸
平行(Parallel)	定义两个物体相互平行
垂直(Perpendicular)	定义两个物体相互垂直
同心(Center)	将一个物体放置到另外一个物体之内
相距(Distance)	设置两个物体之间在空间中的最小距离

2.2.4　基于 Unigraphics 系统的有向装配连接图提取算法

虽然 Unigraphics 的装配模型是树状结构,但是在生成有向装配连接图时,可仅计算装配树的第一层的有向装配邻接矩阵。原因是在做装配序列规划时,子装配可以作为一个独立的零件加以处理。至于子装配中零件或部件的有向装配邻接矩阵,可以在子装配中完成。

由于配合关系仅保存在零件上,所以零件和子装配件之间的配合关系的求解是算法的难点。算法的具体过程如下:算法的输入是 Unigraphics 的装配模型 M,算法的输出是有向装配连接图的邻接矩阵 $\boldsymbol{m}$。

BEGIN PROCSolveAdjMatrix(M)

获取 M 装配树中的第一层中所有的零件和子装配集合 $C=\{c_1,\cdots,c_n\}$

根据集合 C 的数目 n 生成一个 $n\times n$ 的矩阵 $\boldsymbol{m}$

将 $\boldsymbol{m}$ 的对角线的元素都设置为 0

```
取 C 中的第一个元素 c1
DO WHILE(ci不是最后一个元素)
    IF ci不是子装配
        获得与 ci配合的零件集合 Pi={p1,p2,…,pm}
        取 P 中的第一个元素 pi
        DO WHILE(pi不是最后一个元素)
            IF pi不是子装配
                将 pi加入到 ci的邻接零件集合 A 中
            ELSE
                获得 pi对应的 C 中的元素 c
                将 c 加入到 ci的邻接零件集合 A 中
            END IF
            根据集合 A 设置 m
            取 P 中的下一个元素 pi
        END WHILE
    ELSE
        取得 ci包含的所有零件,得到集合 Si={s1,s2,…,sk}
        取 S 中的第一个元素 si
        DO WHILE(si不是最后一个元素)
            获得与 si配合的零件集合 Wi={w1,w2,…,wm}
            去除 Wi中所有属于 S 中的元素得到集合 Q
            L=LU(Q-C)
            获取 S 中的下一个元素 si
        END WHILE
        根据集合 L 设置矩阵 m
    END IF
    获取 C 中的下一个元素 ci
    END WHILE
END PROC
```

算法的时间复杂度和装配体的复杂性有关,它与集合 P_i、S_i、W_i 中元素的数量有关。集合 P_i 中元素的数量是配合到元素 c_i 的零件数量。设集合 C 中有 q 个零件,则计算所有集合 P_i 的时间复杂性是 $O(\sum_{i=1}^{q} P_i)$。设配合到 c_i 的零件数为 b_i,则 $O(\sum_{i=1}^{q} P_i)=$

$O(\sum_{i=1}^{q} b_i)$。如果集合 S_i 中有 k 个元素，而与每个 s_i 有 m 个配合的元素，则计算 C 中子装配的时间复杂性是 $\sum_{i=1}^{p} O(k_i \times m_i)$。其中 p 是 C 中子装配的数量。那么计算一个装配体的有向装配邻接矩阵的时间复杂性是 $O(\sum_{i=1}^{q} b_i) + \sum_{i=1}^{p} O(k_i \times m_i)$。

2.2.5　应用实例

图 2.12 所示为一个阀门装配体的三维实体图，图 2.13 所示为阀门装配体的装配树结构。阀门装配体包含 29 个零部件，在第一层装配上包含 19 个零部件，分别是手柄(Rodend)、摇臂(Arm)、导管 2(Pipe 2)、导管 1(Pipe 1)、子装配 1(Sub_ass1)、轴螺母(shaft_nut)、7 个阀体螺母(Housing_nut)和手柄螺栓(Tierod_bolt)。它们之间是通过指定配合关系装配到一起的，不需要设计人员指定每个零部件的空间位置和姿态。Unigraphics 系统根据设计人员指定的配合关系自动生成转换矩阵，并确定相互位置关系。部件 Sub_ass1 包含 9 个零件，是在 Sub_ass1 部件中装配完成的，对于装配体(valve_assembly)来说，可以按照一个零件处理。阀门装配体一共包含 39 个配合关系，其有向装配连接图如图 2.14 所示。为了表达方便，图中仅画出了 4 对 Housing_nut 和 Housing_bolt 的配合。可以看出，图 2.14 是一个简单图，没有有向环，只有一个基零件 Sub_ass1，其装配邻接矩阵是一个 19×19 的方阵。表 2.5 是针对装配树第一层计算后得到的有向装配邻接矩阵(仅列出重要零件)。表 2.5 中的第一列代表装配邻接矩阵的行，表 2.5 中的第二列代表装配邻接矩阵中的列。

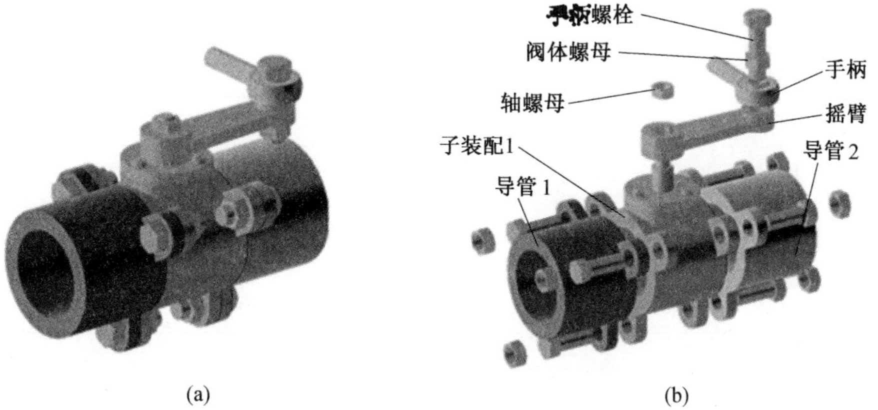

图 2.12　一个阀门装配体的三维实体图

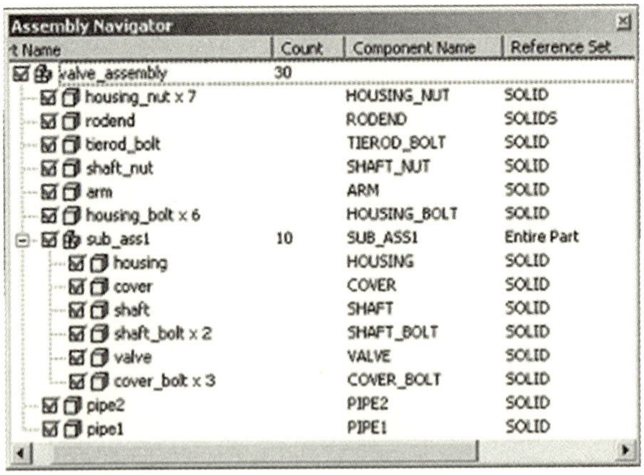

图 2.13 阀门装配体的装配树结构

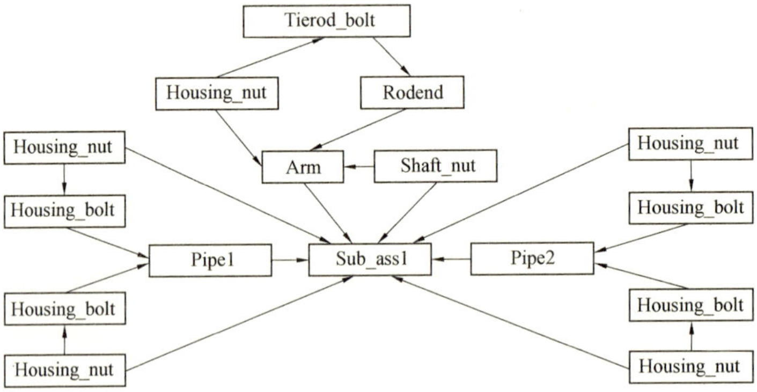

图 2.14 阀体的有向装配连接图

表 2.5 阀门的有向装配连接图的邻接矩阵

零件名称	与之配合的零配件名称
Rodend	Tierod_bolt
Tierod_bolt	Housing_nut
Arm	Housing_nut, Tierod_bolt
Sub_ass1	Pipe2, Pipe1, Arm, Shaft_nut, Housing_nut×6
Pipe 1	Housing_bolt×3
Pipe 2	Housing_bolt×3

2.3　基于优先关系图的装配模型

优先关系是一种非常重要的装配顺序信息，它可以大大缩小装配序列规划的解空间规模。最早的装配序列规划研究中，就是通过人工回答的方式确定很多优先约束，然后根据优先约束推导进行序列的求解[13,24]。之后又出现了很多自动推导装配优先关系的方法。这些优先关系需要一个合适的工具进行描述，并要有对应的检查机制，以避免优先关系中的冗余和矛盾。

2.3.1　优先关系图

利用有向装配连接图中的有向边来表示配合连接关系，它代替了无向边的连接关系，增加了连接图中所表示的信息量，减小了序列规划的搜索空间。有向装配连接图与无向装配连接图之间的本质区别，就是前者利用有向边表示了配合关系中暗含的优先关系，安装过程必须遵守这种优先关系（即被定位的零件必须迟于定位零件安装）。但是该方法也存在一些不足，即该模型的创建完全基于 UG 的配合信息，它仅仅包含了配合信息，对于其他优先关系（人工输入）则另外使用约束矩阵进行保存。由于约束矩阵和有向装配连接图都记录了同一个零件集合内的优先信息，这样很难保证众多优先关系之间的一致性，也容易出现信息冗余的情况。

为此，作者基于有向图，赋予有向边新的工程含义，创建优先关系图（Precedence Graph，PG），用来描述装配体零件之间的所有优先关系。优先关系图定义为 $PG=(P,A)$，其中 P 是节点集合，$p_i \in V$ 表示装配体中一个第一层的零件（或者子装配）；A 是有向边集合，$arc_{ij} \in A$ 表示其起点 p_i 和终点 p_j 之间的一个二元有序关系：零件 p_i 要先于零件 p_j 安装（或者记为 $p_i \to p_j$）。从集合论[143,144]的观点看，PG 是一个二元组 $\{P,A\}$，其中 P 代表零件的节点集合，而 A 是定义在 P 之内的非自反、非对称的二元关系（优先关系）。

① 非自反性：不存在一个节点同它自身的优先关系，即 PG 之中不包含形如 $p_A \to p_A$（一个有向自环）的优先关系。这种优先关系是没有工程意义的，并且会导致图中的逻辑混乱，所以本书中的优先关系是非自反的。

② 非对称性：$p_A \to p_B$ 和 $p_B \to p_A$ 是互斥（矛盾）的，即有向边 arc_{AB} 和 arc_{BA} 不可同时出现在同一个优先关系图中。

另外，PG 中的优先关系还具有一种“工程意义上”的可传递性，如果已知 $p_1 \to p_2$ 和 $p_2 \to p_3$，则可得 $p_1 \to p_3$。依此类推，如存在一系列优先关系 $p_1 \to p_2, p_2 \to p_3, p_3 \to p_4, \cdots, p_{m-1} \to p_m$，则可推出优先关系 $p_1 \to p_m$。即在优先关系图中，如果节点 p_1、p_m 分别为一条有向道路的起点和终点，则无论是否存在有向边 arc_{p_1,p_m}，都可得出零件 p_1 优先于零件 p_m。本书将这种由于其他优先关系的传递而获得的优先关系称为“导出优先关系”。如果按照集合论中的定义,只有当所有“导出优先关系”都以有向边的形式存在于 PG 之中,A 才可以称作可传递的。而在 PG 中,一个导出优先关系未必对应着一条有向边,即不是传递的。为了同集合论的定义相区别,本书将优先关系的这种“工程意义上”的传递性称为“内容传递性”。

无论何种方法生成的优先关系,都可以作为有向边加入图中,包括从配合信息推出的优先关系以及人工输入的优先信息等。本书假设在装配体建模时,所有的零件都是直接或者间接通过配合关系定位至基础件上的,然后遍历装配体之间的配合关系,可以获得由于配合操作而产生的优先关系。

基于配合关系以及人工输入的优先关系列表等各种优先关系,可以获得装配体对应的优先关系图,图 2.15 所示为一个装配体示例及其有向装配连接图。图 2.16 所示为针对图 2.15 中的装配体,根据其配合信息产生的优先关系图。

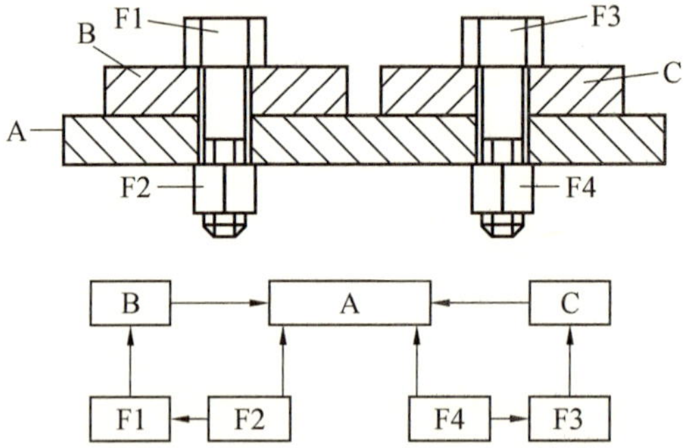

图 2.15　装配体示例及其有向装配连接图

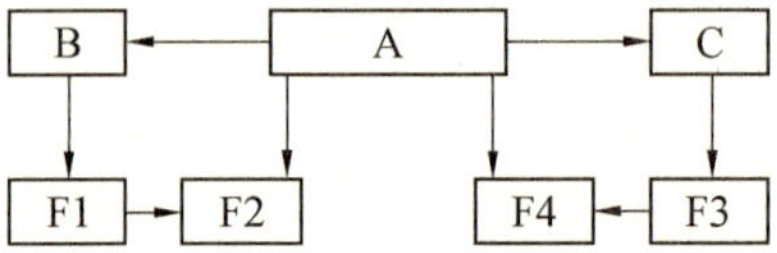

图 2.16　装配体示例的优先关系图

在优先关系的作用下,PG 中的节点之间的关系发生了相应的改变,表现为以下的关系:

① 父节点/子节点:如果 $p_A \to p_B$,则 p_A 是 p_B 的父节点(父零件);而 p_B 是 p_A 的子节点(子零件)。子零件必须迟于其所有的父零件安装。

② 优先节点/滞后节点:如果存在有向道路从零件 p_A 通向零件 p_B,则称 p_A 是 p_B 的优先节点(零件);反之,p_B 是 p_A 的滞后零件。父节点是一种特殊的优先节点。根据递推性可导出优先关系 $p_A \to p_B$。显然,一个零件必须迟于它的所有优先零件并且先于它的所有滞后零件安装。

③ 外围节点:出度为0的节点称为外围节点(零件),最后安装的零件一定是一个外围节点/零件。

④ 基础节点(根节点):PG 中入度为0的点——对应着基础件或者最先安装的零件,如机座或者支架等。

2.3.1.1　**优先关系图的性质**

一个优先关系图容纳了众多零件间的局部优先关系。其中优先关系 $p_A \to p_B$ 可被看作一条信息,它告诉规划人员或者规划系统,零件 p_A 必须先于 p_B 安装。因此,PG 是指导序列规划的重要依据之一,为了能够满足装配序列规划的要求,除了上述的非自反性、非对称性之外,PG 还需满足以下条件:

①PG 中不包含重边,是一个简单图;

②PG 中不包含有向圈;

③ 在 PG 中,只有一个基础节点(单根),且从基础节点到其他任意节点单向可达;

④PG 弱连通,不包含独立的子图。

条件 ① 是基于优先关系的工程含义提出的,即在节点 p_A、p_B 之间如果存在多个相同的优先关系 $p_A \to p_B$(即多个平行边 arc_{AB}),则只需要保留其中一条边。因此,本书中 PG 是一个简单图。

条件 ② 同样是为了满足一致性要求提出的,有向圈的存在意味着 PG 中出现了优先关系的不一致。由条件 ① 可知,PG 是一个简单图,所以可以使用节点的排列来表示有向路径(有向圈)。假设存在有向圈 $p_1 \to p_2 \to \cdots \to p_m \to p_1$,根据"内容传递性"可得"导出优先关系"$p_1 \to p_m$,显然它同已有优先关系 $p_m \to p_1$ 相矛盾,不应该同时出现。所以有向圈的存在扰乱了优先关系之间的一致性;同理,有向圈也会导致形如 $p_1 \to p_1$ 的逻辑混乱。显然,有向圈的存在会给装配序列规划过程提供不一致的优先信息,所以必须禁止在 PG 中出现有向圈。

条件 ③ 和条件 ④ 保证了在优先关系的约束下,从 PG 中唯一的基础节点出发沿着有向边的方向,规划过程能够找到任意一个零件,从而方便实现规划过程。当然,对于实际的产品模型,这两个性质不是必须的,例如在装配体的CAD建模时遗漏了某些配合操作,使得一些零件组成了孤立且未定位的部分,这样 PG 便由多个分离的单根子图组成,对此可以生成一个虚拟的基础节点,使得两个子图的根分别成为该虚拟节点的子节点,从而满足性质 ③ 和 ④。针对这些性质,本书给出关于 PG 的如下定义:

定义2.6　如果 PG 中的优先关系满足非自反性和非对称性,且 PG 满足条件 ① 和条件 ②,则称该 PG 为一致的。

定义2.7　如果 PG 满足条件 ③ 和条件 ④,则称该 PG 为完整的。

2.3.1.2　**优先关系图的一致完整性检验**

针对定义2.6和定义2.7,本节利用邻接矩阵和可达性矩阵,给出检查 PG 的一致性与完整性的方法。

邻接矩阵是表达有向图的一个重要方式,而 PG 本质上就是一个有向图,可以利用邻接矩阵[145]进行表达。

已知优先关系图 $PG=(P, A)$,其邻接矩阵 $\boldsymbol{PM}=[x_{ij}]$ 是一个 N(N 为 P 中的节点数)阶(0,1)方阵,其元素 $x_{ij}=1$(根据优先关系的非自反性,此时必有 $x_{ji}=0$)表示存在有向边从 p_i 发出,止于 p_j;否则 $x_{ij}=0$。表 2.6 所示的是图 2.16 中 PG 对应的邻接矩阵。

表 2.6　优先关系图的邻接矩阵

节点	A	B	C	F1	F2	F3	F4
A	0	1	1	0	1	0	1
B	0	0	0	1	0	0	0
C	0	0	0	0	0	1	0
F1	0	0	0	0	1	0	0
F2	0	0	0	0	0	0	0
F3	0	0	0	0	0	0	1
F4	0	0	0	0	0	0	0

矩阵中的每个为 1 的元素对应着一个优先关系,所以 PG 的邻接矩阵也称优先关系矩阵。基于优先关系矩阵可以对 PG 的可达性等性质进行分析。

基于邻接矩阵,可以保证优先关系的非自反性和非对称性,并且能够确保对应的 PG 是一个简单图。根据非自反性要求,不存在一个节点同它自身的优先关系(即 PG 中不允许出现自环),对应的,禁止优先关系矩阵的对角线元素等于 1;根据非对称性要求,不存在有向边 arc_{AB} 和 arc_{BA} 同时出现在同一个优先关系中,即两个优先关系 $p_{\mathrm{A}} \rightarrow p_{\mathrm{B}}$ 和 $p_{\mathrm{B}} \rightarrow p_{\mathrm{A}}$ 互斥,则在优先关系矩阵中禁止对称的元素 x_{ij} 和 x_{ji} 同时等于 1。

至于要求 PG 是一个简单图(条件④),除了没有自环以外,PG 中还不应出现平行边,显然邻接矩阵的一个元素只能表示一条有向边,所以不需要特别地检查即可保证 PG 中没有平行边。

由图论知识可知,简单有向图的邻接矩阵 $\boldsymbol{PM}$ 的 m 次幂 $\boldsymbol{PM}^m$($m=1,2,\cdots$)中元素 $a_{ij}^{(m)}$ 的值等于该图中从 p_i 到 p_j 长度为 m 的有向途径(Directed Way)数目[146]。

例如,对表2.6中的邻接矩阵分别求平方和立方,得到的结果分别见表2.7和表2.8。从表2.7和表2.8可以看出,从基础节点A到零件F1和F3之间存在长度为2的途径各一条,到零件F2和F4存在长度为3的途径各一条。邻接矩阵的这个特点对于判断零件的可达性等性质具有非常重要的作用。

表 2.7　邻接矩阵的平方

节点	A	B	C	F1	F2	F3	F4
A	0	0	0	1	0	1	0
B	0	0	0	0	1	0	0
C	0	0	0	0	0	0	1
F1	0	0	0	0	0	0	0
F2	0	0	0	0	0	0	0
F3	0	0	0	0	0	0	0
F4	0	0	0	0	0	0	0

表 2.8　邻接矩阵的立方

节点	A	B	C	F1	F2	F3	F4
A	0	0	0	0	1	0	1
B	0	0	0	0	0	0	0
C	0	0	0	0	0	0	0
F1	0	0	0	0	0	0	0
F2	0	0	0	0	0	0	0
F3	0	0	0	0	0	0	0
F4	0	0	0	0	0	0	0

可达性矩阵正是基于邻接矩阵的这个特点，通过对其幂求和进行计算[146]。优先关系图的可达性矩阵计算步骤如下：

① 求出 PG 的邻接矩阵的各次幂 $\boldsymbol{PM},\boldsymbol{PM}^2,\cdots,\boldsymbol{PM}^N$，$N$ 是 PG 中的节点个数。

② 令 $\boldsymbol{Q}=\boldsymbol{PM}+\boldsymbol{PM}^2+\cdots+\boldsymbol{PM}^N$，其中 $q_{ij}=x_{ij}+x_{ij}^{(2)}+\cdots+x_{ij}^{(N)}$。

③ 对 $\boldsymbol{Q}$ 进行改造：如果 $q_{ij}>0$，则 $q_{ij}=1$；如果 $q_{ij}=0$，则保持不变。

如此，得到的矩阵 $\boldsymbol{Q}$ 就是优先关系图 PG 所对应的可达性矩阵，表 2.9 所示为图 2.16 中的 PG 所对应的可达性矩阵。

表 2.9　优先关系图的可达性矩阵

节点	A	B	C	F1	F2	F3	F4
A	0	1	1	1	1	1	1
B	0	0	0	1	1	0	0
C	0	0	0	0	0	1	1
F1	0	0	0	0	1	0	0
F2	0	0	0	0	0	0	0
F3	0	0	0	0	0	0	1
F4	0	0	0	0	0	0	0

由 2.3 节可知,优先关系图中不允许出现有向圈。如果 *PG* 中存在有向圈,则圈中的任意一个节点必然“自身可达”,可达性矩阵中的某个对角线元素为 1 恰好揭示了这种自身可达性,由于在利用邻接矩阵表示 *PG* 时已经禁止了自环的出现,则可达性矩阵对角线元素为 1 的情况就意味着图中存在有向圈。显然,有向圈中的所有节点都具有相同的自身可达性,所以在可达性矩阵中,它们对应的对角线元素全部为 1。

这样,当发现了有向圈之后,就将所有值为 1 的对角线元素对应的节点遍历出来,提交给用户进行修改。

另外,为了检查 *PG* 的基础节点是否到其他任意节点有向可达,只需要对可达性矩阵中基础节点对应的行进行检查。该行元素应该只有一个是 0(对应基础零件的自身可达性),而其余全部为 1,如果不符合这种情况,则说明出现了错误,将不可达的节点提交用户处理。

显然,利用 *PG* 的邻接矩阵和可达性矩阵,可以避免 *PG* 中出现自反、对称关系,确保了优先关系的正确性。

但是上述计算可达性矩阵的方法在 *PG* 中节点数很多的情况下较为烦琐。为了省时,可以采用 Warshall 算法[147,148],直接基于 *PG* 的邻接矩阵计算可达性矩阵,其算法如下:

① 令新矩阵 $\boldsymbol{Q} = \boldsymbol{PM}$

② 令 $i = 1$

③ 对所有的 j,如果 $q_{ji} = 1$,则对 $k = 1, 2, \cdots, N$,

令 $q_{jk} = q_{jk} \vee q_{ik}$

④$i = i + 1$

⑤ 如 $i < N + 1$ 转到步骤(3),否则停止。

2.3.1.3 优先信息的增删操作与检验

在利用配合关系、优先约束链表建立了 *PG* 并且利用可达性矩阵对其进行检测之后，仍然有可能加入新的有向边。为避免新的有向边造成优先关系的不一致，需要针对新增有向边进行有向圈的检测。设新增的优先关系为 $p_A \to p_B$，则在原 *PG* 的邻接矩阵 ***PM*** 中令 $p_A \to p_B$ 对应的元素 $x_{AB}=1$，当然，这个操作的前提是原 *PG* 中 $x_{AB}=0$，且 A、B 不是同一个零件（不会出现自环）。

由于新增有向边的操作发生之前，*PG* 是一致、完整的（因为它经历了可达性矩阵检测），所以新增的有向边不会改变原有 *PG* 的连通性以及根节点的可达性，所以只需考虑它对 *PG* 的一致性的影响。因此，没有必要再次计算 *PG* 的可达性矩阵进行一致性判断（有向圈），可以利用宽度优先搜索（Wide First Search，WFS）算法进行快速检查是否出现了有向圈。

假设新增的优先关系为 $p_x \to p_y$（用有向边 arc_{xy}），则在 *PG* 中从 p_x 出发，遍历它的所有优先节点。如果在这些优先节点中出现了 p_y，则说明原来的 *PG* 中某些优先关系可以导出 $p_y \to p_x$，恰好和新增优先关系相矛盾，即 $p_x \to p_y$ 在 *PG* 中形成了有向圈。

有向圈的 WFS 检查算法如下（设新增的优先关系为 $p_x \to p_y$）：

```
PROC 有向圈检查
  将节点 p_x 加入 checking-list;
  WHILE(checking-list 不空) DO
    设 checking-list 中的第一个节点为 current-vertex;
    查找 current-vertex 的所有父节点;
    IF(p_y 是 current-vertex 的一个父节点)
    THEN 形成了有向圈，报警，退出。
    END IF
    将 current-vertex 的所有父节点加入 checking-list;
    将 current-vertex 从 checking-list 中删除;
  END
END PROC
```

假设在图 2.16 中，我们指定一个优先约束 B→C，相应的优先关系图如图 2.17 所示。如果我们指定一个错误的优先约束 F4→C，则在 *PG* 中形成了一个有向圈，如图 2.18 所示。

在应用中，可能需要删除优先关系图中某条有向边。如在发现了有向圈之后删除某条边，则可能影响 *PG* 的一致性，例如去掉图 2.18 中的优先关系 F4→C 使得该图少了一个有向圈。

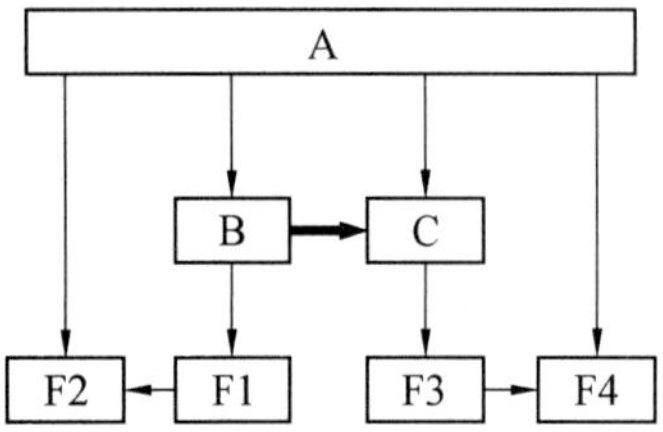

图 2.17 新增了有向边的优先关系图

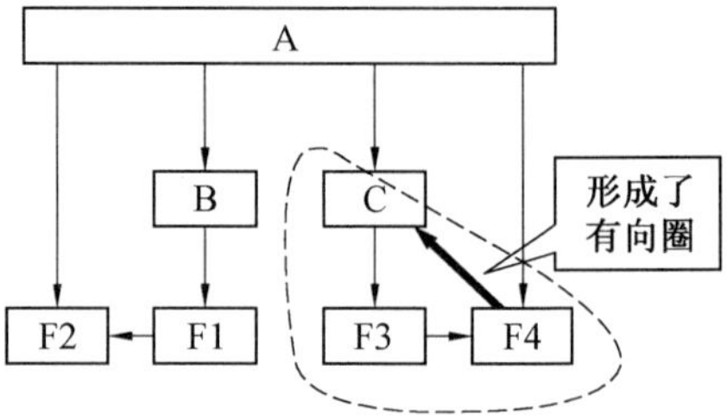

图 2.18 出现有向圈的优先关系图

另外删除一条边可能影响到 *PG* 的完整性，例如在图 2.18 中如果删除 A→B，则从基础节点 A 到节点 B 和 F1 是不可达的。

因此，在删除了一条有向边之后，需要调用 Warshall 算法计算 *PG* 的可达性矩阵，重新判断优先关系图的一致性与完整性。

2.3.1.4 紧固件的简化

在一个装配体中，通常含有数量很多的紧固件。在调研工作中，作者发现较复杂的机电产品中，紧固件的数量常常占产品零件总数的一半甚至更多。在使用规划系统时，用户常常希望重点考查普通零件（如对其输入优先约束），不必理会大量的紧固件；另外，只针对普通零件进行装配序列规划，然后插入紧固件，可大大降低解空间的规模，提高规划效率。因此本书对紧固件进行特殊处理：

①将相互配合的紧固件视为一组，如螺栓、螺母、垫片等组成的一套紧固件。将所有紧固件以组为单位加入"紧固件组"链表。单独使用（无其他紧固件相配合）的紧固件自成一组。

②在每个组中可能存在多个紧固件，根据配合信息，它们之间也存在优先关系。因此为每个组生成一个局部优先关系图来描述其成员间优先关系。值得注意的是，这个局部的优先关系图可能不满足上面描述的完整性，如可能不存在一个唯一的根节点。

③对于每个组，根据配合信息记下其所有成员紧固件连接的普通零件。

④将所有紧固件对应的节点、相关边从有向图中删除。

生成紧固件组的流程见附录 1。如在图 2.17 中指定 F1 ~ F4 为紧固件，修改后的优先关系图和紧固件组如图 2.19 所示。

紧固件的简化处理对于优先关系图而言类似于一系列的删除节点的操作，同时与这些节点相关联的所有边也一起从 *PG* 中删除。所以，在经历上述处理之后，需要进行 *PG* 的完整性检查。

2.3.1.5 优先关系的约简

在 *PG* 的基础上进行装配序列规划，其结果必须满足其中的所有优先关系。显然，如果在 *PG* 中存在了信息的冗余，必然会导致规划效率的降低。尽管通过删除紧固件可以大大减小 *PG* 的规模，冗余信息带给规划效率的负面影响仍不可忽视，应该进行有效的删

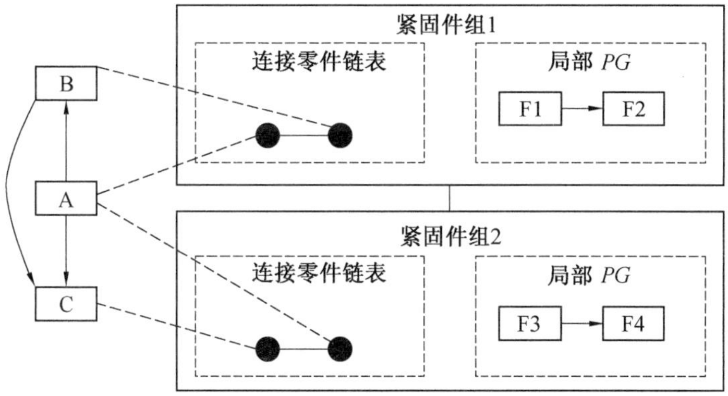

图 2. 19　定义紧固件后的紧固件组和优先关系图

除,进行优先关系的约简(Reduction)。

优先关系的冗余包括两种形式,一种是重复冗余,另外一种是传递冗余。

重复冗余是指相同的两个零件之间多次指定了同一个优先关系,在 *PG* 中表现为两个节点之间的同向重边。从 2. 4. 1. 2 中的描述可知,利用 *PG* 以及优先关系矩阵记录优先关系,可以有效地避免重复优先关系(重边)的存在,无需对这一类优先关系进行约简。所以只需要考虑避免传递冗余的发生。

如果 *PG* 中存在一个有向道路 $p_1 \to p_2 \to \cdots \to p_{m-1} \to p_m$(不包括 arc_{p_1,p_m}),根据有向边的工程含义可知,p_1 必须先于 p_2 安装,p_{m-1} 必须先于 p_m 安装。显然,如果装配规划系统按照该有向道路中的所有优先关系进行规划,p_m 必然要迟于 p_1 安装,即根据该有向道路可得“导出优先关系”$p_1 \to p_m$。如果在 *PG* 中还包括有向边 arc_{p_1,p_m},则该边可由这条有向道路代替,即它是冗余优先关系,应该予以删除。简言之,*PG* 中存在传递冗余的原因在于两个节点之间同时存在一条有向边以及一条与该边同向的有向道路。

在这种情况下,如果对 *PG* 对应的优先关系矩阵进行求幂(表 2. 7 和表 2. 8),从求幂的结果中可以得出由 p_1 到 p_m 之间存在一个长度大于 1 的途径(不是道路,途径中存在重复的边或点),同时在优先关系矩阵中 $x_{p_1,p_m} = 1$。

定理 2. 4　在一致完整的 *PG* 之中,如果两点之间存在一个长度大于 1 的途径 Way_{p_1,p_m},则二者之间一定存在长度大于 1 的道路 Path_{p_1,p_m}。

证明　有向路径同有向道路的区别在于有向路径允许重复经过相同的边或点。显然,如果 Way_{p_1,p_m} 包括重复的点,则 Way_{p_1,p_m} 中一定包含有向圈[146]。由于本书中的 *PG* 是一致完整的,其中不包括任何有向圈和自环,所以 Way_{p_1,p_m} 中不能重复经过相同的点。

如果 Way_{p_1,p_m} 中包括重复的边,则该边的起始点一定都重复出现在 Way_{p_1,p_m} 之中,同样可以在 *PG* 中引出有向圈,所以,Way_{p_1,p_m} 也不可能包括重复的边。因此在一致完整的 *PG* 中,Way_{p_1,p_m} 不经过重复的边和重复的点,它就是一条道路,其长度大于 1。定理证明完毕。

定理 2.5　在一致完整的 PG 之中，如果两点 p_1、p_m 之间存在一个长度大于 1 的道路 Path_{p_1,p_m}，且存在有向边 arc_{p_1,p_m}，则 arc_{p_1,p_m} 一定不属于 Path_{p_1,p_m}。

证明　用反证法，如果 arc_{p_1,p_m} 属于 Path_{p_1,p_m}，且后者的长度大于 1，则 Path_{p_1,p_m} 可以为以下形式：

①$p_1 \to p_2 \to \cdots \to \mathrm{arc}_{p_1,p_m} \to \cdots \to p_{m-1} \to p_m$ 或者

②$p_1 \to p_2 \to \cdots \to \mathrm{arc}_{p_1,p_m}$ 或者

③$\mathrm{arc}_{p_1,p_m} \to \cdots \to p_{m-1} \to p_m$

显然，无论 Path_{p_1,p_m} 的结构如何，arc_{p_1,p_m} 必然在其中构成了一个有向圈，由于 PG 是一致的，其中不包括有向圈和自环，因此，arc_{p_1,p_m} 一定不属于 Path_{p_1,p_m}。证明完毕。

根据定理 2.4 和定理 2.5 可知，对于一致完整的 PG，可以利用邻接矩阵及其幂，判断出在 PG 的任意两个节点 p_i、p_j 之间是否同时存在一条长度大于 1 的有向道路 Path_{p_i,p_j} 和一个同方向的有向边 arc_{p_i,p_j}。如果是，则 arc_{p_i,p_j} 是多余的，可以将其删除，以此实现优先关系的约简。

首先求出 $\boldsymbol{PM}$ 的各次幂 $\boldsymbol{PM}^2, \boldsymbol{PM}^3, \cdots$，然后计算

$$\boldsymbol{Q}^* = \sum_{i=2}^{\infty} \boldsymbol{PM}^i \tag{2.1}$$

其中 $\boldsymbol{Q}^*$ 的一个元素 $q^*_{p_i,p_j}$ 表示在 PG 中从节点 p_i 发出止于节点 p_j 的长度大于 1 的有向道路的数量。如果 $q^*_{p_i,p_j} > 0$，且在 $\boldsymbol{PM}$ 中的 $x_{p_i,p_j} = 1$，则说明 PG 中的有向边 arc_{p_i,p_j} 或者优先关系 $p_i \to p_j$ 可以由其他的优先关系推出，则可以将它作为冗余优先关系（有向边）进行删除。在具有 N 个节点的有向图中，任何有向道路的长度小于等于 $N-1$，所以在计算 $\boldsymbol{Q}^*$ 时，只需计算到 $\boldsymbol{PM}$ 的 $N-1$ 幂即可。

由于在计算 $\boldsymbol{Q}^*$ 时只需要得出两点之间是否存在长度大于 1 的道路，而不必考虑有多少条这样的道路，因此，本书使用矩阵的布尔运算来简化 $\boldsymbol{Q}^*$ 的计算。为此，先介绍布尔乘与布尔和的概念[146]。

用符号“$\wedge$”表示布尔乘：$0 \wedge 0 = 0, 0 \wedge 1 = 0, 1 \wedge 0 = 0, 1 \wedge 1 = 1$；用符号“$\vee$”表示布尔和：$0 \vee 0 = 0, 0 \vee 1 = 1, 1 \vee 0 = 1, 1 \vee 1 = 1$。

布尔矩阵 $\boldsymbol{A}$ 与 $\boldsymbol{B}$ 的和，记作布尔矩阵 $\boldsymbol{C} = \boldsymbol{A} \vee \boldsymbol{B} = (c_{ij})$，其中 $c_{ij} = a_{ij} \vee b_{ij}$。

布尔矩阵 $\boldsymbol{A}$ 与 $\boldsymbol{B}$ 的乘积记作 $\boldsymbol{A} \otimes \boldsymbol{B}$，结果为布尔矩阵 $\boldsymbol{D} = \boldsymbol{A} \otimes \boldsymbol{B} = (d_{ij})$，其中

$$d_{ij} = \bigvee_{k=1}^{N} (a_{ik} \wedge b_{ki})$$

有了上面的定义，布尔矩阵的幂运算为

$$\boldsymbol{A}^{(2)} = \boldsymbol{A} \otimes \boldsymbol{A}, \boldsymbol{A}^{(3)} = \boldsymbol{A}^{(2)} \otimes \boldsymbol{A}, \cdots, \boldsymbol{A}^{(N)} = \boldsymbol{A}^{(N-1)} \otimes \boldsymbol{A}$$

可以计算布尔矩阵 $\boldsymbol{QB}^*$ 代替 $\boldsymbol{Q}^*$，$\boldsymbol{QB}^* = \bigvee_{k=2}^{N-1} \boldsymbol{PM}^{(k)}$。

从计算 $\boldsymbol{QB}^*$ 的过程可以看出，它是一个关于 PG 的特殊的可达性矩阵，其中元素 $qb_{ij}^* = 1$ 表示在 PG 中从节点 i 通过长度大于1的有向道路可达节点 j。本书将其称为道路可达性矩阵(Path Accessibility Matrix)。如果一个 PG 的道路可达性矩阵和优先关系矩阵中相同位置的元素同时为1，则将该位置对应的优先关系作为冗余关系进行删除。以图2.16中的 PG 为例，利用道路可达性矩阵进行优先关系的约简，对应的 $\boldsymbol{QB}^*$ 见表2.10。

表2.10　道路可达性矩阵

节点	A	B	C	F1	F2	F3	F4
A	0	0	0	1	1	1	1
B	0	0	0	0	1	0	0
C	0	0	0	0	0	0	1
F1	0	0	0	0	0	0	0
F2	0	0	0	0	0	0	0
F3	0	0	0	0	0	0	0
F4	0	0	0	0	0	0	0

检查表2.10和表2.6中相同位置的元素是否同时为1，可知在节点A和F2之间、A和F4之间出现了传递冗余，应该将优先关系 A→F2，A→F4(即它们对应的有向边)进行删除，实现优先关系的约简，如图2.20所示。

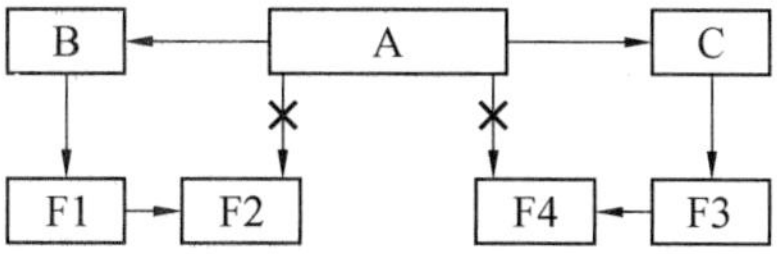

图2.20　优先关系的约简

可以看出，在约简之前，零件A存在4个子零件(B、C、F2、F4)，序列规划时，安装完A之后就需要逐个分析这4个零件；而删除了冗余边之后，只需要分析两个子零件(B、C)。显然，优先关系的约简过程可以提高规划系统的工作效率，这对于大型装配体而言是非常必要的。

2.3.1.6　优先关系图的应用流程

综上所述，给出建立和应用优先关系图的步骤：

① 根据装配体配合关系和各种优先约束信息，生成优先关系图 PG 及其邻接关系矩

阵(即优先关系矩阵),检查有无矛盾优先关系和自环的出现;

② 调用 Warshall 算法,基于优先关系矩阵计算 PG 的可达性矩阵,检查 PG 的一致完整性;

③ 如果 PG 中存在紧固件,生成紧固件组,对 PG 进行简化;

④ 如果增加优先关系,调用有向圈的 WFS 检查算法,确保增加的优先关系不破坏 PG 的一致性;

⑤ 如果删除有向边,基于 Warshall 算法检查 PG 的一致完整性;

⑥ 利用布尔矩阵运算,计算 PG 的道路可达性矩阵,结合 PG 的邻接矩阵,对 PG 中的优先关系进行约简。

2.3.2 装配关系矩阵

作为装配序列规划的基础,仅有有向关系图和优先关系矩阵是不够的。本书基于优先关系图(矩阵),建立了装配关系矩阵(Assembly Relation Matrix,ARM)对装配体进行描述。一方面,它是对图中所有优先关系的一个完整描述;另一方面,它可以非常容易地进行扩展,从而容纳更多装配序列规划所需的信息。

装配关系矩阵 $\boldsymbol{ARM}$ 的定义为

$$\boldsymbol{ARM} = \{m_{ij}\},1 \leqslant i \leqslant N,1 \leqslant j \leqslant N \tag{2.2}$$

式中 N —— 优先关系图中零件的数量;

$\boldsymbol{m}_{ij}$—— 矩阵元素,表示零件 i 和零件 j 之间的装配关系。

m_{ij} 被设计为一个可以扩展的多元组,即

$$\boldsymbol{m}_{ij} = \{d_{ij},\eta_{ij},\tau_{ij},\cdots\}$$

式中 d_{ij}—— 优先关系,$d_{ij} = 1$ 就代表 PG 中存在一条有向边 arc_{ij};

τ_{ij}—— 信息素浓度,是蚁群算法中人工蚂蚁进行信息交流的载体,τ_{ij} 值越高,运行时 $\boldsymbol{m}_{ij}$ 被选择的可能性越大;

η_{ij}—— 启发信息,结合信息素浓度,在进行序列优化时指导蚁群的随机搜索。

除了优先关系 d_{ij} 之外,其余的信息设置方法将在后面的章节进行详细介绍。另外,该矩阵元素还可以包括很多其他信息,比如零件之间的相互空间干涉信息等,这也将在后面章节进行详细介绍。

至于该矩阵元素的可变长度,鉴于目前的计算机技术,可以通过指针以及动态分配存储空间等方式来实现,在此不作详细的介绍。

一个有 N 个组件的装配体,基于其优先关系图进行线性装配序列规划就是求出这些组件的安装顺序 $\boldsymbol{S} = p_{i_1},p_{i_2},...,p_{i_N}$,其中 $i_1,i_2,\cdots,i_N$ 为这些零件在矩阵中的索引。这个顺序必须遵守 PG 中的所有优先关系;另外,该顺序还应该满足装配可行性要求,同时力争装配代价最小。

在 ***ARM*** 中一个元素 m_{ij} 对应着零件 i 和零件 j，我们给一个元素 m_{ij} 赋予一个装配含义：假如 $\boldsymbol{m}_{ij}$ 选入装配序列 $\boldsymbol{S}_m$，则表示在 $\boldsymbol{S}_m$ 中零件 i 紧跟在零件 j 之后安装。

在矩阵的第 i 行（$m_{i,1} \sim m_{i,N}$）中选择一个元素，意味着要在所有零件之中选择一个零件紧跟在第 i 个零件之后安装；假设选中了元素 $m_{i,l}$（即零件 l 紧跟在零件 i 之后安装），则下一步的选择在第 l 行元素中进行。按照这种方式选择 $N-1$ 个矩阵元素 $m_{i_1 i_2}, m_{i_2 i_3}, \cdots, m_{i_{N-1} i_N}$，即选择 N 个零件 $p_{i_1}, p_{i_2}, \cdots, p_{i_N}$，形成一个完整的装配序列。这就是本书所采取的装配序列的规划方式，这同直接选择零件本质上是一样的。

另外，该搜索过程还有以下的特点：

① 为了不重复选择零件（类似于在邻接矩阵中选择元素构造 Hamilton 回路[149]），本书中所选择的矩阵元素中，任意两个元素不属于同一行、列。

② 根据 *PG* 中的优先关系，一个零件必须在它所有的优先零件之后、所有的滞后零件之前安装。所以第一个安装的零件必须是没有父零件的基础件。因此，搜索过程从基础零件（根节点）对应的一行元素 $m_{\text{base},1} \sim m_{\text{base},N}$ 开始，这也意味着一个从基础件开始的装配过程。

③ 由于只有 $N-1$ 个元素，所以必须有一行、一列没有出现在序列之中。由于列元素 $m_{1,\text{base}} \sim m_{N,\text{base}}$ 表示基础零件在某个零件之后安装，显然它们是没有实际意义的，所以这一列元素必然不会出现在序列之中。

④ 除了优先关系，该搜索的结果还需满足装配可行性、装配优化的要求，这些要求将在下章作进一步的介绍。

另外，如上所述，不论优先关系的来源如何，其作用是指导装配序列规划，这样，优先关系的详尽与否也就成为影响装配序列规划过程的一个重要因素。假如 *PG* 中只有 $N-1$ 个优先关系，则图 2.21 中所示的为 *PG* 含有信息量最少的情况，除了图中标出的优先关系之外，无法导出其他任何优先关系。该装配体的可能装配顺序是零件 $p_1 \sim p_n$ 的全排列，即仍然存在 $n!$ 种可能的装配顺序。这种情况下，对于考验规划算法的耗时、收敛性、有效性等特性而言是最恶劣的运行条件。

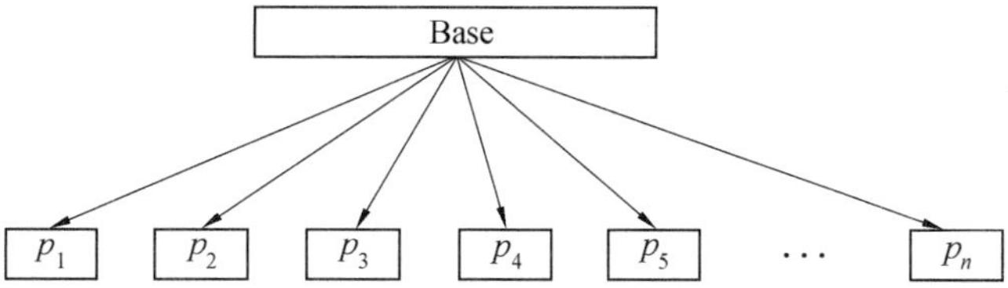

图 2.21　包含信息量最少的优先关系图

同图 2.21 相反，图 2.22 所示的又是另外一个极端情况，尽管拥有相同的有向边数量，该图中的零件却完全被优先关系确定了相互的先后顺序。这是由于在这个图中存在了一条连接所有节点的有向道路，根据优先关系的内容传递性可知，由 *PG* 中的有向道路可以获得隐含的“导出优先关系”。

图 2. 22　包含信息量最多的优先关系图

例如,在图 2. 22 中,由 Base $\rightarrow p_1$ 和 $p_1 \rightarrow p_2$,可以得出 Base $\rightarrow p_2$。同理,在图 2. 21 中还可以导出 Base $\rightarrow p_3$、…、Base $\rightarrow p_n$、…、$p_{n-2} \rightarrow p_n$ 等。正是这些隐含的导出优先关系,使得图 2. 22 中的有向边完全确定了其中各零件的先后次序。

可以定性地得出,在 *PG* 中存在越多的有向道路以及有向道路的长度越长,对于装配序列规划的帮助就越大。这也说明基于 *PG* 可以很好地描述和利用各种优先关系,对于序列规划具有较高的实用价值。另一方面,考虑到实际情况的千差万别,在考查、研究规划算法时,就需要根据以图 2. 7 中的情况作为对象,来考查算法的运行效果及效率。

2.3.3　应用实例

本节针对单缸全自动洗衣机的缸体组件,进行优先关系图的建立、紧固件简化以及优先关系的约简。该装配体由 16 个普通零件和 37 个紧固件构成(不包括电线、水管等柔性零件)。首先在 UG 中为该装配体的各个零件建立模型,然后建立缸体的装配模型。在缸体模型中首先引入缸体的外桶作为基础件,然后引入其他零件并通过配合关系直接或者间接定位到外桶上(如传动架通过面面配合等操作定位到外桶上,然后离合器定位到传动架上),完成一个完整的装配体三维模型,如图 2. 23 所示。

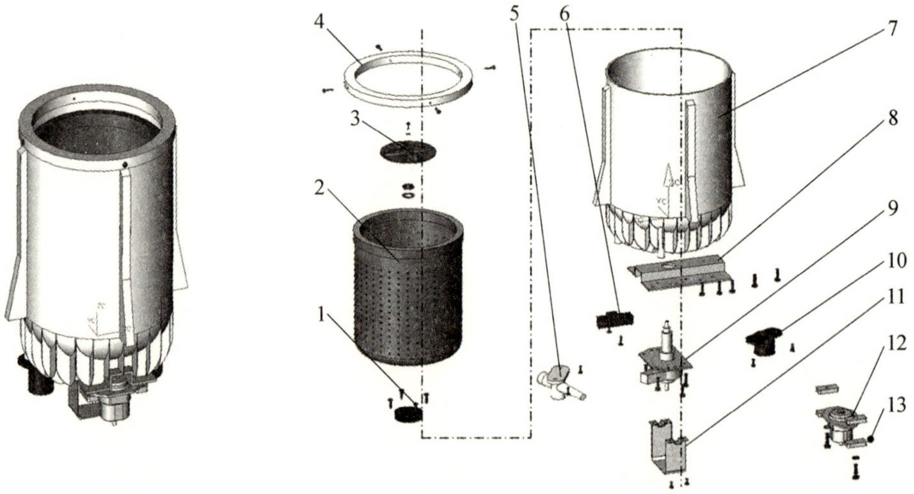

(a) 三维装配模型　　(b) 爆炸视图

图 2. 23　洗衣机缸体装配模型

图中所示的零件对应的序号、零件名及安装该零件的紧固件见表 2. 11。

表 2. 11　洗衣机缸体零件列表

序号	零件名	紧固件
1	油封	自攻螺钉 1 × 4
2	脱水桶	垫片 1,螺母 1
3	波轮	垫片 2,螺钉 1
4	外桶盖	自攻螺钉 2 × 4
5	排水阀	螺栓 2 × 2
6	电容	螺钉 3 × 2
7	外桶	—
8	传动架	螺栓 3 × 5
9	离合器	螺栓 3 × 6
10	电磁阀	螺栓 2 × 2
11	挡板	螺钉 3 × 4
12	电机	垫片 3 × 2,螺栓 3 × 2
13	缓冲块(× 4)	垫片 3 × 2,螺栓 3 × 2

基于洗衣机缸体的 CAD 装配模型(UG 的装配模型文件),遍历其中的零件定位信息,建立优先关系图(图中只包含由配合信息导出的优先关系,没有人工输入及其他优先信息)如图 2. 24 所示。

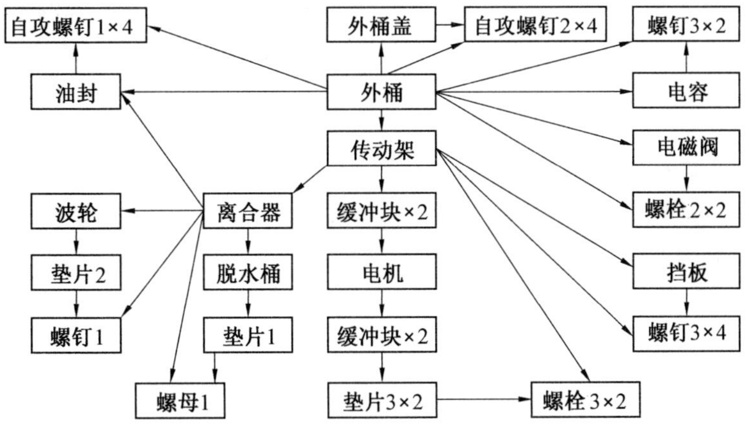

图 2. 24　洗衣机缸体的优先关系图

然后对该图进行紧固件的简化以及优先关系的约简，得到了一个更为整洁简约的优先关系图，如图 2.25 所示。

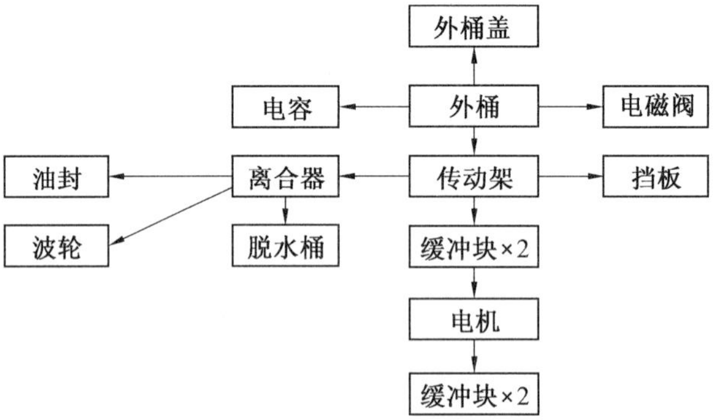

图 2.25　约简后的优先关系图

从该例可以看出，通过紧固件简化和优先关系简约，可以获得更为简洁的优先关系图。这给后续的序列规划提供了良好的模型基础。

2.4　基于知识 Petri 网的装配模型

Petri 网是一种广泛应用于描述异步并发现象的跨越通信科学、计算机科学、控制科学和系统科学交叉研究领域的图形化建模和分析工具，它既有严格的数学定义，又有直观的图形表示，既有丰富的系统描述手段和系统行为分析技术，又为计算机科学提供坚实的概念基础。Petri 网具有很好的模型描述特性，已经被广泛地应用于计算机科学技术和其他很多领域。近年来，petri 网由于其表达直观、易于理解、所建立系统的分析相对简单、可进行模块化设计等特点逐渐引起人们的注意，开始应用于柔性制造系统领域中。

2.4.1　Petri 网表示

2.4.1.1　基本网系统

根据不同的应用，Petri 网的构成和构成元素的意义均不相同，但是有 3 种元素是基本的，即库所（Place）、变迁（Transition）和托肯（Token）。记 $N_0 = \{0,1,2,\cdots\}$，$N = \{1,2,3,\cdots\}$，并以 ω 表示无穷：$\omega = \omega + 1 = \omega - 1 = \omega + \omega$。则 Petri 网的定义[150]为：

六元组 $\Sigma = (P, T; F, K, W, M_0)$

其中：

$P = \{p_1, p_2, \cdots, p_m\}$ $(m \geqslant 0)$ 称为有限库所集合；

$T = \{t_1, t_2, \cdots, t_n\}$ $(n \geqslant 0)$ 称为有限变迁集合；

$P \cap T = \varnothing$, $P \cup T \neq \varnothing$；$F \subseteq P \times T \cup T \times P$，$F$ 称为流关系；

$DN = \{P, T; F\}$ 构成有向网,称为 Σ 的基网;

$K: P \to N \cup \{\omega\}$ 称为 DN 的容量函数;

$W: F \to N$ 称为 DN 上的权函数,对于 $(x, y) \in F$,$W(x, y)$ 称为 (x, y) 上的权;

M_0 称为 Σ 的初始标识(Initial Marking)。

其变迁发生的规则如下:

(1) 对 $t \in T$,若 $\forall p \in t: M(p) \geqslant W(p,t)$, $\wedge$ $\forall p \in t: M(p) + W(t,p) \leqslant K(p)$,称为 t 在 M 有发生权,记为 $M[t >$;

(2) 变迁发生后果:若 $M[t >$,则 t 在 M 可以发生,将产生新标志 M'(称为 M 的后继标志),M' 的定义是,任给 $p \in P$,有

$$M'(p) = \begin{cases} M(p) - W(p) & p \in t' - 't \\ M(p) + W(p) & p \in 't - t' \\ M(p) - W(p) + W(p) & p \in 't \cap t' \\ M(p) & p \notin 't' \end{cases} \tag{2.3}$$

一个网系统有一个初始标志,记为 M_0。

如果规定 P/T 系统中各库所的容量为无限大,且权函数为 1 时便得四元组 $\Sigma = (P, T; F, M_0)$。

基本 Petri 网是一个有向网,库所集和变迁集是有向网的基本成分,流关系是由它们构造出来的,如图 2.26 所示。每个库所代表一种资源,资源的流动由流关系规定。通常用一个圆圈表示一个库所,一个方框或一条粗黑线表示一个变迁,用带有箭头的有向线表示流关系。Petri 网的库所可以持有托肯,用一个黑色的点表示一个托肯。

2.4.1.2　**Petri 网的基本性质及分析方法**

以 Petri 网(不含权函数和容量函数的网系统) 为模型,定义和讨论网系统运行过程中的一些性质,并把这些性质统称为动态性质或行为性质。

(1) 可达性。可达性是 Petri 网最基本的动态性质,其余各种性质都要通过可达性来定义。

定义 2.8　设 $\Sigma = (P, T; F, M_0)$ 为一个 Petri 网。如果存在 $t \in T$,使 $M[t > M'$,则称 M' 为从 M 直接可达的。如果存在变迁序列 $t_1, t_2, \cdots, t_k$ 和标识序列 $M_1, M_2, \cdots, M_k$ 使得 $M[t_1 > M_1[t_2 > M_2 \cdots M_{k-1}[t_k > M_k$,则称 M_k 为从 M 可达的。从 M 可达的一切标识的集合记为 $R(M)$。约定 $M \in R(M)$。

(2) 活性。Petri 网的活性问题即检测死锁,实际上就是寻找一个可达的终止标记,在该标记下没有变迁被激活。如果存在这样的一个标记,则说明该 Petri 网有死锁,即它是非活的,否则说明该 Petri 网是活性的。

设 $\Sigma = (P, T; F, M_0)$ 为一个 Petri 网,M_0 为初始标识,$t \in T$,如果对任意 $M \in R(M_0)$,都存在 $M' \in R(M)$,使得 $M'[t >$,则称变迁 t 为活的。如果任意 t 和任意 T 都是

活的,则称 Σ 为活的 Petri 网。

(3) 有界性和安全性。如果对于从 M_0 开始的任何标记,每个库所的托肯数不超过一个有限值 k,也就是说对于任何库所和任何标记向量 $M \in R(N,M_0)$,有 $M(p) \leqslant k$,则称 Petri 网是 k - 有界的。如果一个 Petri 网是 1 - 有界的,则说它是安全的。

有界性和安全性反映系统运行过程中对资源容量的需求。在实际系统的设计中,必须使得网中的每个位置在任何状态下的标识数小于位置的容量,这样才能保证系统的正常运行,不至于产生溢出现象。

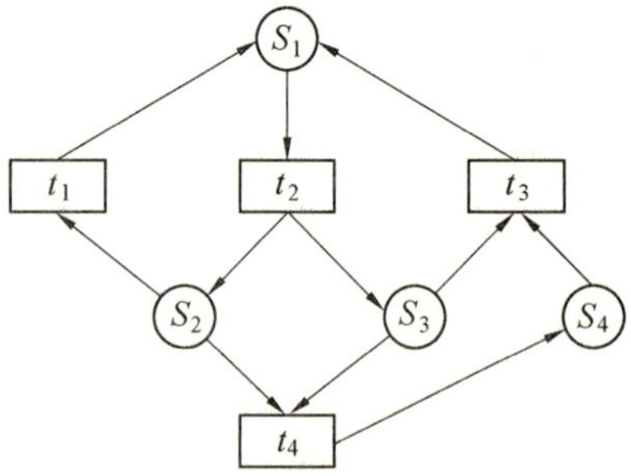

图 2.26 基本 Petri 网有向图

(4) 可逆性。对于 Petri 网中的每个标识 M,如果 $M_0 \in R(N,M)$,则称该 Petri 网是可逆的。

(5) 公平性。$\Sigma=(P,\ T;\ F,\ M_0)$ 为一个 Petri 网,$t_1,t_2 \in T$。如果存在正整数 k,使得对任意 $M \in R(M_0)$ 和任意 $\sigma \in T^*:M[\sigma >$ 都有 $\#(t_i/\sigma)=0 \rightarrow \#(t_j/\sigma)(i,\ j \in \{1,2\},i \neq j)$,称 t_1, t_2 处于公平关系。如果 Σ 中任意两个变迁都处于公平关系,则称 Σ 为公平 Petri 网。

网论对 Petri 网已提出了多种分析方法,主要有可达标识图与可覆盖性树、关联矩阵与状态方程、Petri 网语言与 Petri 网进程等。这些方法都建立在坚实的数学基础之上,各自有其优点和不足之处。其中关联矩阵和状态方程是 Petri 网的重要分析方法,也是最常用的方法。目前大多数系统的分析都借助于这一重要工具。关联矩阵以矩阵的形式来描述 Petri 网的结构,从而 Petri 网可以引用线性代数的方法来分析系统的性质。

设 $\Sigma=(P,T;F,M_0)$ 为一个 Petri 网,$P=\{p_1,\ p_2,\cdots,\ p_m\}$,$T=\{t_1,\ t_2,\ \cdots,t_n\}$,则 Petri 网的结构可用一个 m 行 n 列的矩阵 $\boldsymbol{C}=[c_{ij}]_{m\times n}$ 来表示。

其中 $c_{ij}=c_{ij+}-c_{ij-}$,$i \in \{1,\ 2,\ 3,\cdots,\ m\}$,$j \in \{1,\ 2,\ 3,\cdots,\ n\}$

$$C_{ij+}=\begin{cases}1 & (t_j,p_i) \in F \quad i \in \{1,2,\cdots,m\},j \in \{1,2,\cdots,n\} \\ 0 & 其他\end{cases}$$

$$C_{ij-}=\begin{cases}1 & (p_i,t_j) \in F \quad i \in \{1,2,\cdots,m\},j \in \{1,2,\cdots,n\} \\ 0 & 其他\end{cases}$$

称 $\boldsymbol{C}$ 为 Σ 的关联矩阵。

定义 2.9 设 $\Sigma=(S,T;F,M_0)$ 为一个 Petri 网,其中 M_0 为网的初始标志,$\boldsymbol{C}$ 为 Σ 的关联矩阵,若 $M \in R(M_0)$,则存在非负整数向量 $\boldsymbol{X}$,使得

$$\boldsymbol{M}=\boldsymbol{M}_0+\boldsymbol{C}\times\boldsymbol{X} \tag{2.4}$$

式(2.4) 称为网的状态方程。

2.4.1.3　基于知识的 Petri 网系统

基于知识的 Petri 网是对普通 Petri 网的一种扩展。本书中用一个 8 元组来定义基于知识的 Petri 网（Knowledge-based Petri Net, KBPN）。

定义 2.10　满足下列条件的 8 元组 $\boldsymbol{KBPN}=(\boldsymbol{S},\boldsymbol{T};\ \boldsymbol{C}_{\mathrm{f}},\ \boldsymbol{K},\ \boldsymbol{W},\ \boldsymbol{M}_0,\ \boldsymbol{K}_{\mathrm{S}},\ \boldsymbol{K}_{\mathrm{T}})$称为基于知识的 Petri 网。

其中：$\boldsymbol{S}=\{\boldsymbol{S}_{\mathrm{a}},\ \boldsymbol{S}_{\mathrm{c}}\}=\{\boldsymbol{s}_{\mathrm{a1}},\ \boldsymbol{s}_{\mathrm{a2}},\cdots,\boldsymbol{s}_{am},\ \boldsymbol{s}_{\mathrm{c1}},\ \boldsymbol{s}_{\mathrm{c2}},\cdots,\boldsymbol{s}_{cn}\}$是一个有限的库所集合，$\boldsymbol{S}_{\mathrm{a}}$是同基本 Petri 网中的 $\boldsymbol{P}$ 相似的表示库所集合，$\boldsymbol{S}_{\mathrm{c}}$是一个控制库所集合，$\boldsymbol{S}_{\mathrm{c}}=\{\boldsymbol{s}_{\mathrm{c1}},\ \boldsymbol{s}_{\mathrm{c2}},\cdots,\boldsymbol{s}_{cn}\}$。

$\boldsymbol{T}=\{\boldsymbol{T}_{\mathrm{a}},\ \boldsymbol{T}_{\mathrm{c}}\}=\{\boldsymbol{t}_{\mathrm{a1}},\ \boldsymbol{t}_{\mathrm{a2}},\cdots,\boldsymbol{t}_{aq},\ \boldsymbol{t}_{\mathrm{c1}},\ \boldsymbol{t}_{\mathrm{c2}},\cdots,\boldsymbol{t}_{cz}\}$是一个有限的变迁集合，其中 $\boldsymbol{T}_{\mathrm{a}}$是同基本 Petri 网中 T 相似的变迁集合，当满足某一发生条件时变迁发生。$\boldsymbol{T}_{\mathrm{c}}$是控制变迁集合。

$\boldsymbol{S}\cap\boldsymbol{T}=\varnothing,\ \boldsymbol{S}\cup\boldsymbol{T}\neq\varnothing$；$\boldsymbol{C}_{\mathrm{f}}\subseteq\boldsymbol{P}\times\boldsymbol{T}\cup\boldsymbol{T}\times\boldsymbol{S}$，$\boldsymbol{C}_{\mathrm{f}}$是包含流控制弧的有向弧的集合，$\boldsymbol{C}_{\mathrm{f}}=\{\boldsymbol{F}_{\mathrm{p}},\ \boldsymbol{F}_{\mathrm{h}}\}$，其中 $\boldsymbol{F}_{\mathrm{p}}$同普通 Petri 网中的流控制弧相似，称为允许发生弧，$\boldsymbol{F}_{\mathrm{h}}$为禁止弧，表示用该弧指向的变迁在该弧连接的库所条件下不可发生。

W：$W\to\{1,2,3,\cdots\}$是弧上的权重函数。

K_{S}：$S\to P_{\mathrm{S}}$ 是从库所集合 S 到知识库中库所知识集合 P_{S}的一一映射。

K_{T}：$T\to P_{\mathrm{R}}$ 是从变迁集合 T 到知识库中变迁规则集合 P_{R}的一一映射。

M_0：$S\to\{0,1,2,\cdots\}$是初始标识。

K_{S}，K_{T}是装配知识集合，这些知识存储在装配知识库中。变迁发生规则同基本 Petri 网中的变迁发生规则相似。

基于知识的 Petri 网也是一个有向图，同普通 Petri 网类似。其普通库所和变迁节点分别用圆圈和粗横线表示，流关系用带箭头的线表示，知识库所用双圆圈表示，知识变迁用小矩形表示。基于知识的 Petri 网中的知识由库所知识和变迁知识组成。

对于装配模型，K_{S}表示同零件属性相关的知识，如图 2.27(a)所示，零件 p_3既可以和零件 p_1配合，也可以和零件 p_2配合，这样就产生了资源冲突，为了解决这一冲突，图 2.27(b)中引入了控制库所 p_{c1}，而变迁 t_2到库所 p_4的弧变为禁止弧，即表示如果控制库所 p_{c1}中有托肯，t_2可以发生，否则 t_1发生，这样就解决了资源冲突的问题。例如零件 p_1的体积和质量最大，那么零件 p_1应该是基础零件，根据通常基础件最先安装的原则，那么 p_{c1}中应该有托肯，即 t_1可以发生，而 t_2不可以发生。

K_{T}表示同变迁相关的知识，例如装配操作的规则的知识。基于知识 Petri 网可以看作是一个网图和其知识内容的结合。如图 2.28(a)所示，零件 p_1和零件 p_2有配合关系，t_1表示零件 p_1配合到零件 p_2上，而 t_2表示零件 p_2配合到零件 p_1上，变迁 t_1和 t_2处于自由选择冲突，为了解决冲突，引入了控制变迁 t_{c1}和 t_{c2}，如图 2.28(b)所示，变迁 t_{c1}和变迁 t_{c2}互补，即他们中间有且仅有一个可以发生。如果零件 p_1和零件 p_2为螺纹配合，且零件 p_2为螺钉，通常的装配操作是将螺钉拧到被连接件上，而不是将被连接件拧到螺钉上，因此 t_{c1}可发生，t_{c2}不可发生。

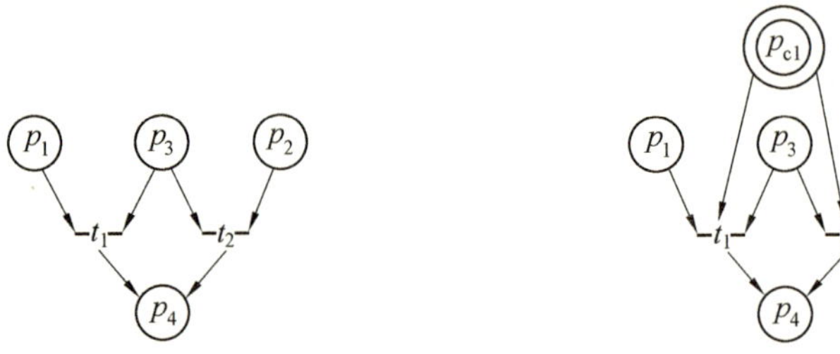

(a) 普通Petri网模型　　(b) 引入库所知识的Petri网模型

图 2.27　实例图

(a) 具有变迁冲突的Petri网图　　(b) 引入变迁知识Petri网图

图 2.28　实例 2 图

一般情况下,通过 KBPN 进行模拟系统时,将带有禁止弧的变迁和库所直接从 Petri 网模型中删除,这样使得模型简洁,易于分析,且大大减少了模型节点。

2.4.2　装配建模

装配建模是装配序列规划的基础。目前,产品的装配模型主要有 3 种表达方式:语义模型;基于图结构的装配模型;高级数据结构表示。柔性装配系统是一种典型的离散事件系统,Petri 网具有直观的图形表示和严密的数学基础,因此在离散事件系统的建模与仿真中得到了广泛的应用。

本书的装配操作要满足如下假设条件:

①在一次装配操作过程中有且仅有两个零部件被操作;

②零部件被装配好后,它们将保持现有的装配状态直到该机电产品完全装配好;

③一个装配操作和其相应的拆卸操作是互逆的;

④一对互逆的装配和拆分操作不能同时出现在一个装配序列里;

⑤只要两个零部件被装配到了一起,它们之间所有的联系就被建立。

2.4.2.1　基于 Petri 网的装配模型的建立

随着 Petri 网理论的不断完善和充实,已经成为一种图形化的数学建模工具,本书采用 Petri 网来建立装配体的装配模型。Petri 网中的库所表示一个零件或子装配体；变迁表示零部件之间的装配操作；流控制弧将库所节点和变迁节点连接起来，表示零部件和零部件装配操作之间的关系。装配体 Petri 网模型（Assembly Petri Net Model，APNM）可以表示如下：

$$APNM=\{S_{\mathrm{p}},\ T_{\mathrm{op}},\ F,\ M\}$$

其中：$S_{\mathrm{p}}=\{s_{\mathrm{ps},1},\ s_{\mathrm{ps},2},\cdots,\ s_{\mathrm{ps},n}\}$ 是零部件的集合，每个库所里包含 0 个或 1 个托肯。

$t_{\mathrm{op}}=\{t_{\mathrm{op},1},\ t_{\mathrm{op},2},\cdots,\ t_{\mathrm{op},m}\}$ 是零部件之间的装配操作集合。

F 称为流关系有向弧（流控制弧），表示库所和变迁之间的连接关系，也就是零部件和装配操作之间的连接关系。

M 表示 $APNM$ 的状态，即表示装配体的装配状态。

APNM 的运行规则：在 Petri 网中，常以变迁表示一事件，用变迁的使能（Enaling）来表示事件因为前提条件得到了满足而能够发生。同理，该运行规则在 APNM 网中依然成立，即当零部件的状态满足某装配操作要求时，该装配操作发生，同时产生新的装配部件。

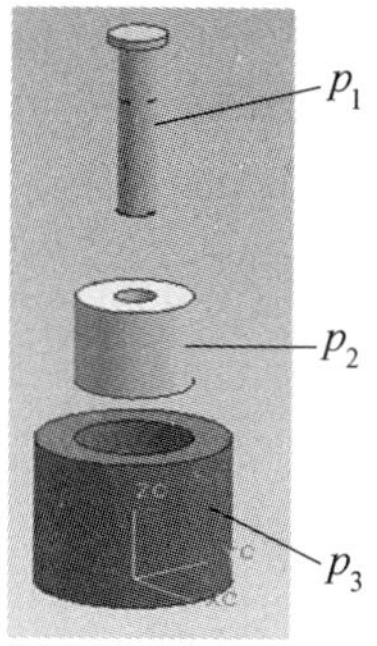

图 2.29　简单装配体的 UG 爆炸图

图 2.29 所示为一个简单装配体的 UG 爆炸图，其中 p_1p_2，p_2p_3 以及 $p_1p_2p_3$ 表示子装配体和装配体。APNM 中通常用圆圈表示库所，横线表示变迁。

用库所集合 $S=\{s_1,\ s_2,\ s_3,\ s_4,\ s_5,\ s_6\}$ 表示零件和子装配体，每个库所对应的零件或子装配体见表 2.12。变迁集合 $T=\{t_1,\ t_2,\ t_3,\ t_4\}$ 表示对零件及子装配体的装配操作。则该简单装配体对应的 Petri 网如图 2.30 所示。

表 2.12　库所和零部件对应表

库所	s_1	s_2	s_3	s_4	s_5	s_6
零部件	p_1	p_2	p_3	p_1p_2	p_2p_3	$p_1p_2p_3$

假定在装配 Petri 网中，所有变迁都可以发生，那么通过激活装配 Petri 网就可以生成所有可行的装配序列。对于图 2.29 所示简单装配体，通过激活其 Petri 网图，当 s_1，s_2 中有托肯，t_1 满足发生条件时，生成 s_4，且 s_3 中有托肯，t_3 满足发生条件时，则产品装配完成且生成 s_6，即装配序列为 $p_1p_2p_3$，$p_2p_1p_3$，$p_3p_2p_1$。当 s_2，s_3 中有托肯，且 t_2 满足发生条件时，生成 s_5，且 s_1 中有托肯，t_4 满足发生条件时，则产品装配完成且生成 s_6，则所有可行装配序列为

$p_1p_2p_3$，$p_2p_3p_1$，$p_3p_2p_1$，则该装配体的所有可行装配序列为：$p_1p_2p_3$，$p_2p_1p_3$，$p_3p_2p_1$，$p_2p_3p_1$。

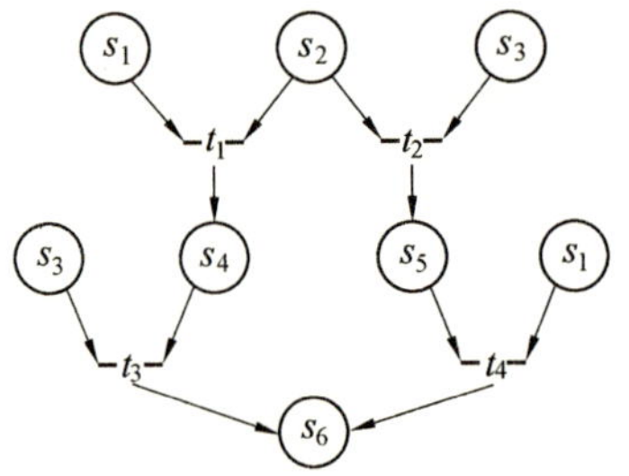

图 2.30 简单装配体的 Petri 网图

2.4.2.2 基于知识 Petri 网装配模型的建立

基于知识 Petri 网是将普通的 Petri 网和专家系统进行综合而形成的。装配系统作为一个离散动态系统，可以通过基于知识的 Petri 网进行建模和规划。基于知识的 Petri 网图同普通 Petri 网图类似，区别在于：某一层上的一个库所，如果同 N 个变迁相连，则在这些变迁之间插入 $N-1$ 个控制库所，且在这个网图中有 $2(N-1)$ 条流控制弧，而且为了满足一定的规则，这些流控制弧有些是可发生弧，有些是禁止弧。通过将知识引入 *Petri* 网模型中，增加了 *Petri* 网模型表示的信息量，减小了序列规划的搜索空间。基于知识 *Petri* 网模型同普通 *Petri* 网模型的本质区别就是，前者利用扩展的库所、变迁和弧将安装过程中必须遵守的一些装配规则包含进去。

定义 2.11 基于知识装配 Petri 网模型（Assembly's Knowledge-based Petri Net Model，AKBPNM）为

$$AKBPNM=\{S_p, T_{op}, F_c, K_S, K_T, M\}$$

其中：$S_p=\{S_{pa}, S_{pc}\}=\{s_{p1}, s_{p2}, \cdots, s_{pm}, s_{pc1}, s_{pc2}, \cdots s_{pcn}\}$ 是一个有限的库所集合，S_{pa} 表示零部件集合，而 S_{pc} 表示零部件的属性知识的集合，这些属性知识存储于知识库的标准件库和零部件库中。

$T_{op}=\{T_{opa}, T_{opc}\}=\{t_{op1}, t_{op2}, \cdots t_{opq}, t_{opc1}, t_{opc2}, \cdots t_{opcz}\}$ 是一个有限的变迁集合，T_{opa} 表示装配操作集合，T_{opc} 表示装配操作规则的集合，这些操作规则知识存储于知识库的装配规则库中。

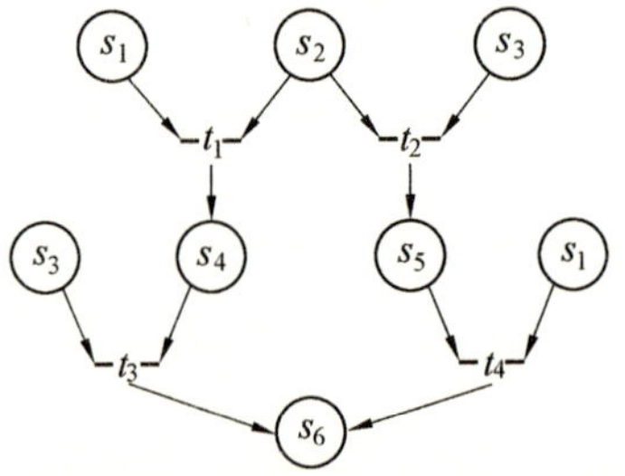

图 2.31 简单装配体的基于知识的 Petri 网图

有向弧（流控制弧）F_c 称为流关系。F_c 表示库所和变迁之间的连接关系，也就是零部件和装配操作之间的连接关系。$F_c=\{F_{cp}, F_{ch}\}$，其中 F_{cp} 表示发生弧集合，即装配操作可以对零部件进行操作，而 F_{ch} 表示禁止弧集合，即表示装配操作不可以对相应零部件进行操作。

K_S 同 S_{pc} 一一对应，是对零件属性知识的解释。

K_T 同 T_{opc} 一一对应，是对装配操作规则知识的解释。

M 表示 *AKBPNM* 的状态，即表示装配体的装配状态。

图 2.31 所示为简单装配体的基于知识的 Petri 网图。

图 2.32 所示为知识 *Petri* 网图生成的流程图。

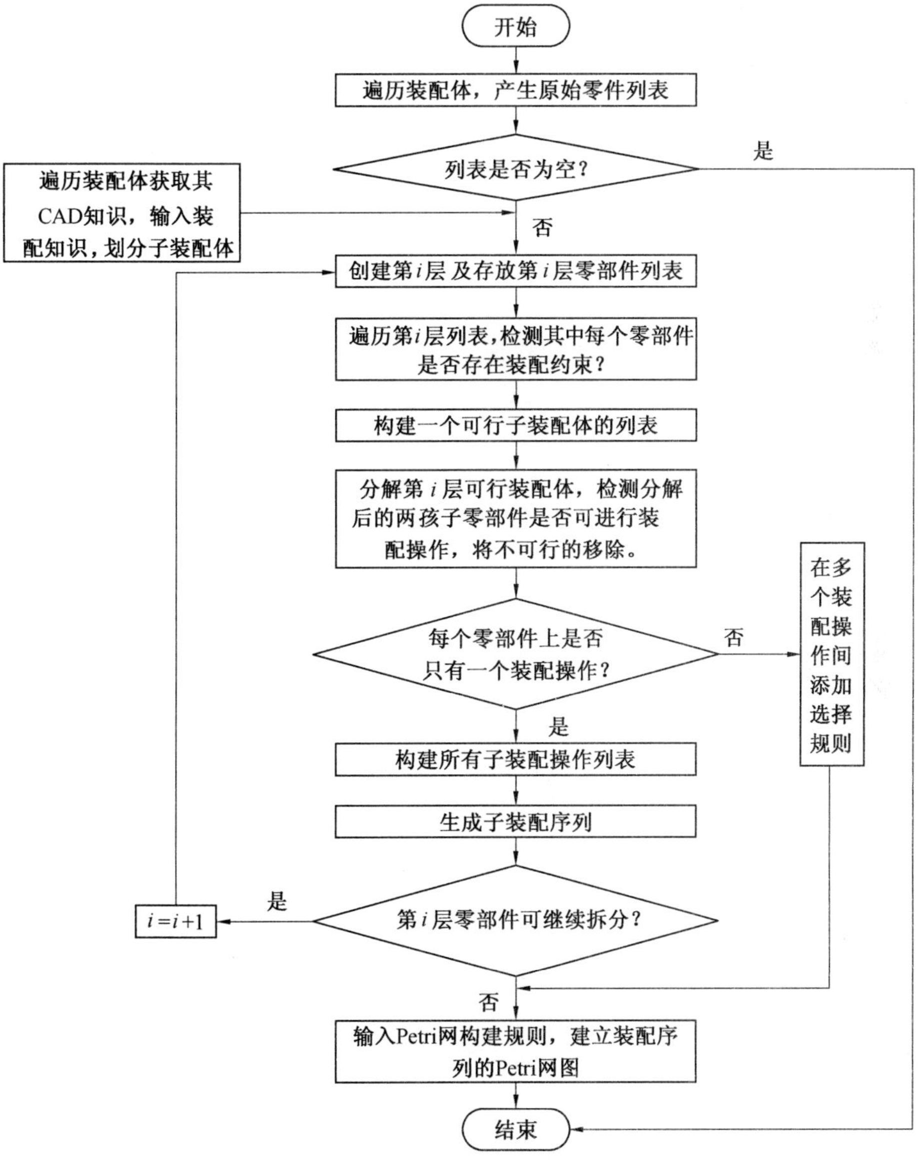

图 2.32　知识 Petri 网图生成的流程图

通过装配操作 $t_j(I,O)(j=1,\ 2,\ \cdots,n)$ 来建立 Petri 网的装配进程。例如 $t_1([s_1,s_2],[s_4])$ 表示子装配体 $s_4(p_1p_2)$ 是通过装配操作 t_1 将零件 p_1 和零件 p_2 进行装配而得到的。当一个变迁的发生条件满足时，该变迁发生，即执行该装配操作。然而通常会出现在同时有几个变迁都可以发生,但只有一个可以发生,因此产生冲突。冲突的实质就是竞争资源。变迁 t_1 和 t_2 之间竞争信息资源 s_2,而变迁 t_3 和 t_4 之间竞争空间资源 s_6。为了解决这些冲突,我们引入了有控制库所 s_c,s_c 中存放一个托肯用来描述一些装配知识来解决这些冲突。

AKBPNM 具有如下的结构性质:

性质 2.1　AKBPNM 是一个有向图,其每个库所节点表示一个零部件,每个变迁节点表示一个装配操作。

性质 2.2　每个变迁有两个基本输入库所(即零部件)和一个基本输出库所。

性质 2.3　两个基本输入库所(即零部件)不能重复。

性质 2.4　AKBPNM 只有一个根节点,且从根节点到其他任意节点单向可达。

性质 2.5　AKBPNM 弱连通,不包含独立的子图。

其中性质 2.1、2.2 和性质 2.3 满足装配的实际工程意义。即每次装配操作只能对两个零部件进行装配,且操作结果有且仅有一个新的装配部件产生。零件自身不能和自身进行装配。性质 2.4、2.5 保证一个装配序列从基础节点出发(即根节点)沿流方向,规划过程能找到任意一个零件,从而方便序列规划。当然,对于实际的产品模型,这两个性质不是必需的,例如在装配体的 CAD 模型中,有时会遗漏某些配合操作,使得一些零部件组成了孤立且未定位的部分,这样形成的 AKBPNM 模型可能就会出现独立子图。

2.4.3　基于连接结构知识的 AKBPNM 的简化

Petri 网简化技术是一个把 Petri 网模型变为另一个更为简单 Petri 网模型而保持原 Petri 网一些性质不变的过程。这个过程减少 Petri 网模型的复杂性,同时减少系统的状态空间,从而更便于系统的分析。简化技术主要采用"分而治之"的思想,这一思想的引入解决了由机电产品组成零部件数量的增加而造成的组合爆炸问题。

连接结构知识在机电产品的装配过程中起着很重要的指导作用。在传统的装配过程中,通常采用类比或经验对新产品进行装配。例如对于一个螺栓-螺母连接结构,通常的装配序列是:被联接件、螺栓、螺母。因此在新机电产品的装配过程中如果碰到类似这种结构,会采用相似的装配顺序。

基于连接结构知识的装配 Petri 网模型(Connecter Structure Assembly's Knowledge-based Petri Net Model,CS-AKBPNM)中,零件以及连接结构都作为组成装配体的不可再分的原子,即一个连接结构可看作一个超零件,其他同上述的 AKBPNM 建模相同。图 2.33 所示为一个连接结构实例。

图 2.33 所示连接结构的 AKBPNM 模型如图 2.34 所示。对图 2.34 进行分析,根据装配规则,连接件应该装配到被连接件上,因此变迁 t_{c2},t_{c4},t_{c6},t_{c8},t_{c10} 均不可发生,则将同这些变迁相连的弧都删除。根据 AKBPNM 的结构性质 4,从根节点,也就是总装配体到任

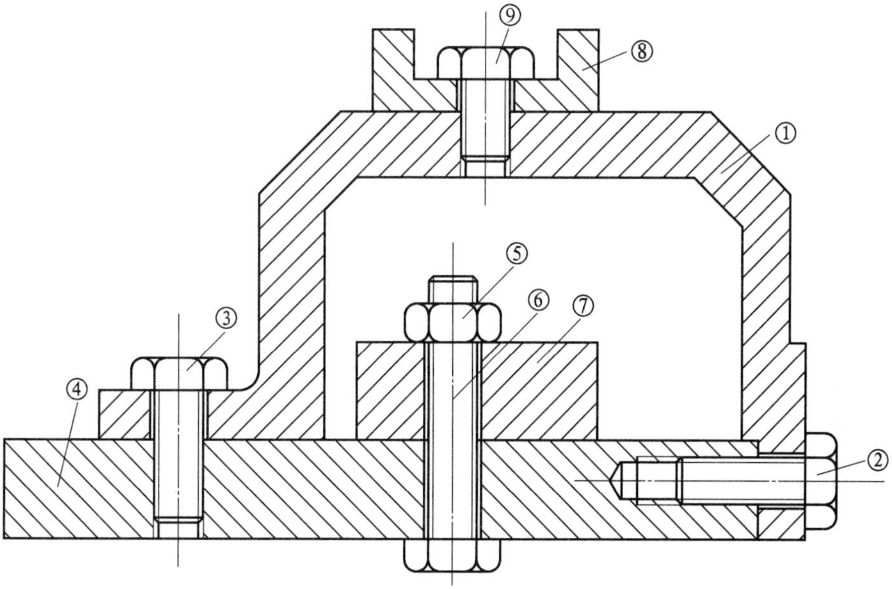

图 2.33　连接结构实例

意子节点(零部件)都存在可达路径,而图 2.34 中节点 p_{81943},p_{81942},p_{8194},p_{143},p_{142},p_{1423} 到根节点都不可达,因此这些节点也都应删除,且同其相连的弧以及形成这些节点的输入节点也都应删除(即图 2.34 中由非实线所连接的变迁和库所以及这些弧线都应从图中删去)。简化后的 AKBPNM 图如图 2.35 所示。

2.4.3.1　**基于连接结构知识装配建模**

通过对图 2.33 所示装配体的零件进行遍历,将所获的零件在连接结构实例库中进行检索,可获得 4 个连接结构:$C_{11}-T_1[p_1, p_8]$,$C_{21}-T_2[p_4, p_7]$,$C_{32}-T_1[p_1, p_4]$,$C_{42}-T_1[C_{11}, p_4]$。其中的 C_{ij} 表示第 i 个连接结构,其中连接件共有 j 个。将每个连接结构看作装配体组成的基本单元,则每个连接结构为 KBPN 中的一个库所节点。根据装配知识可知,若先装配连接结构 C_{32},则零件 p_7 便无空间安装,因此该连接结构无效,同理 C_{42} 也无效,即后续分析中图 2.36(c)和图 2.36(d)没用。按 CS-AKBPNM 对其进行装配建模,如图 2.36 所示(其中图 2.36(a)~(d)分别是 4 个连接结构的 AKBPNM 图,图 2.36(e)为图 2.33 装配体基于连接结构简化的 Petri 网图)。可见,通过将连接结构知识引入 Petri 网模型中,可以大大减少装配 Petri 网模型中的节点,简化装配模型,为后续提高装配序列规划效率,做了充分的准备。

2.4.3.2　**CS-AKBPNM 模型的一致性质分析**

Petri 网相对于 AND/OR 图建模工具的一个突出优点是其能够借助数学分析工具分析判断 Petri 网是否具有某种基本性能。Petri 网特性可以分为行为特性和结构特性。行

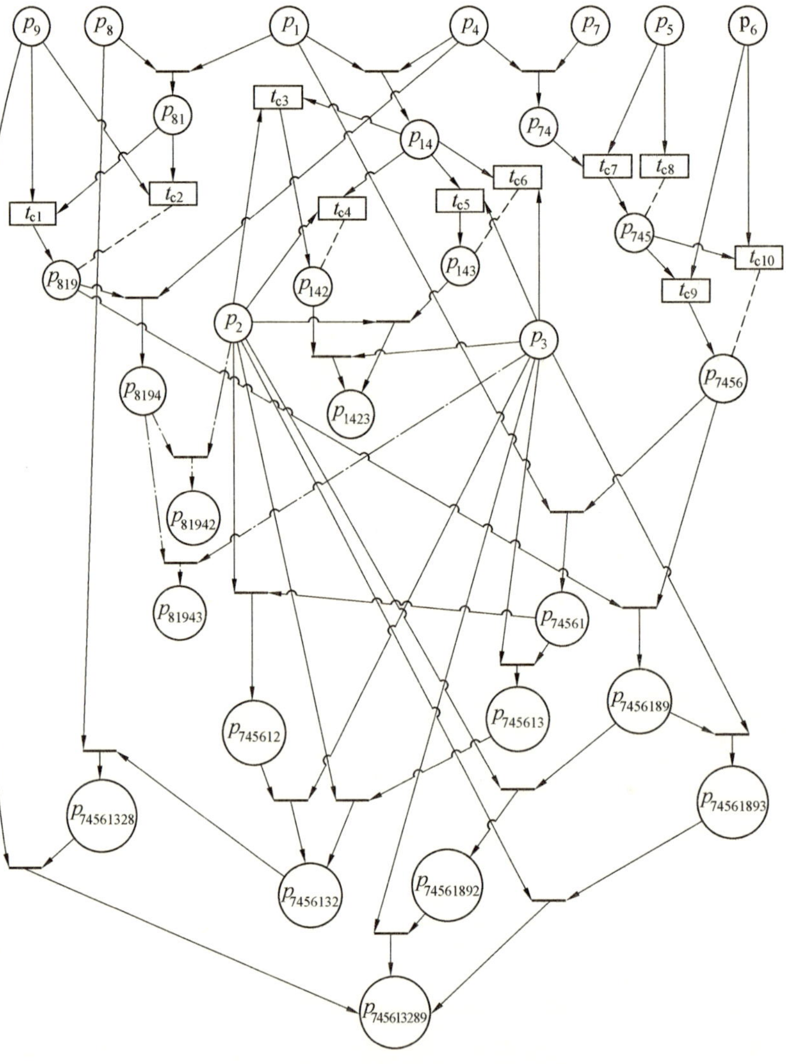

图 2.34　连接结构实例的 AKBPNM 模型

为特性与 Petri 网的初始标识有关，而结构特性与初始标识无关，只与 Petri 网的结构有关。其中行为特性主要有可达性、有界性、安全性、可逆性和活性等。而结构特性分析的手段主要有不变量分析、可达树和覆盖树等方法。

定义 2.12　设有网 $AKBPNM=\{S_p, T_{op}, F_c, K_S, K_T, M\}$ 及网 $AKBPNM_i=\{S_{pi}, T_{opi}, F_{ci}, K_{si}, K_{Ti}, M\}(i=1,2)$，其中 $S_{p1}, S_{p2}\subseteq S_p$，且 $S_{p1}\cup S_{p2}=S_p$，$T_{op1}=S_{p1}\cup S_{p1}$，$T_{op2}=S_{p2}\cup S_{p2}$，$K_{s1}$ 为同 S_{p1} 相关的库所知识集合，K_{s2} 为同 S_{p2} 相关的库所知识集合，K_{T1} 为同 T_{op1} 相关的装配操作规则知识集合，K_{T2} 为同 T_{op2} 相关的装配操作规则知识集合，且 $K_S=K_{S1}\cup K_{S2}$，

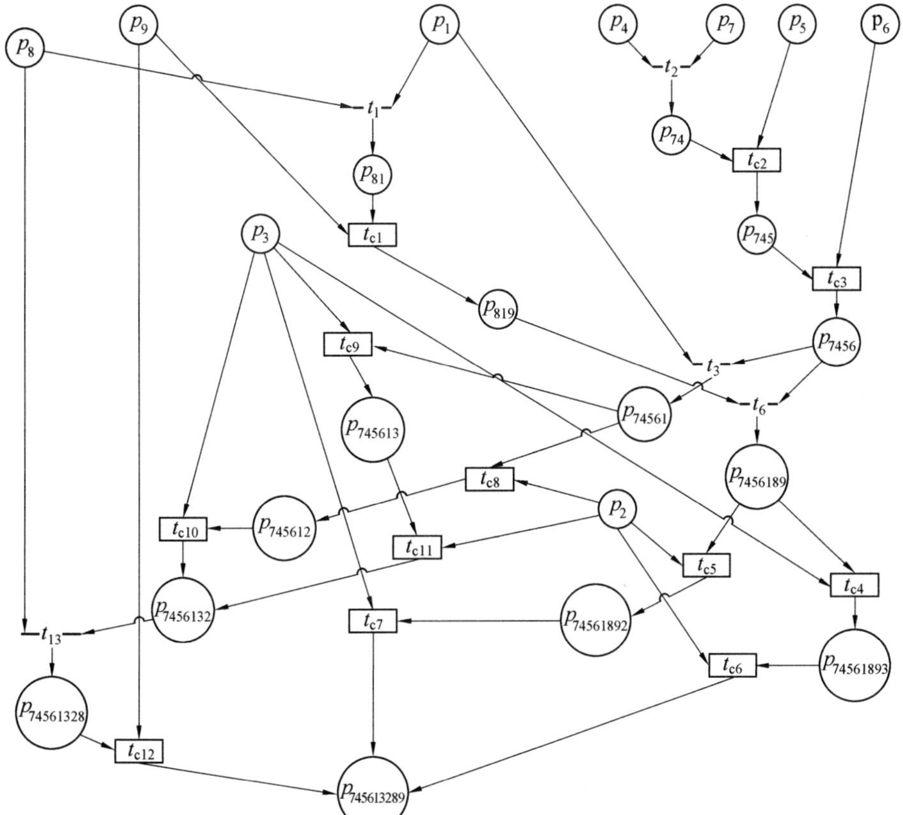

图 2.35　简化后的 AKBPNM 图

$K_T = K_{T1} \cup K_{T2}$，$F_{ci} = F_c \cap ((S_{pi} \times T_{opi}) \cup (T_{opi} \times S_{pi}))$，上述过程称为把两个基于知识装配 Petri 网合并为一个相应的 AKBPNM 网。

性质 2.6　复杂装配体的 CS-AKBPNM 模型可以看作几个子 AKBPNM 的合成，而通过基于连接结构简化得到的 C-KBPN 模型应该同原网具有一致的可达性。

证明　设 C_1，C_2，C_3，C_4分别为图 2.36（a）中连接结构 $C_{11}-T_1[p_1,\ p_8]$，$C_{21}-T_2[p_4,\ p_7]$，图 2.36（e）（基于连接结构简化的装配 Petri 网模型）以及图 2.34（原装配 Petri 网）的关联矩阵。$\boldsymbol{M}_{01}$，$\boldsymbol{M}_{02}$，$\boldsymbol{M}_{03}$，$\boldsymbol{M}_{04}$和 $\boldsymbol{M}_1$，$\boldsymbol{M}_2$，$\boldsymbol{M}_3$，$\boldsymbol{M}_4$分别为各连接结构和装配体的初始装配状态及最终装配状态，且 $\boldsymbol{X}_1$，$\boldsymbol{X}_2$，$\boldsymbol{X}_3$分别为 3 个非负整数向量，存在

$$\begin{cases} \boldsymbol{M}_{01} + \boldsymbol{C}_1 \times \boldsymbol{X}_1 = \boldsymbol{M}_1 \\ \boldsymbol{M}_{02} + \boldsymbol{C}_2 \times \boldsymbol{X}_2 = \boldsymbol{M}_2 \end{cases} \tag{2.5}$$

证明存在非负整数向量 $\boldsymbol{X}_4$，$\boldsymbol{X}_4$由扩充后的向量 $\boldsymbol{X}_1$，$\boldsymbol{X}_2$以及 $\boldsymbol{X}_3$组合而成（向量 $\boldsymbol{X}_i$表示其在相应 Petri 网中的变迁发生向量，对其进行扩充即将其扩展为同表 2.13 中变迁序列

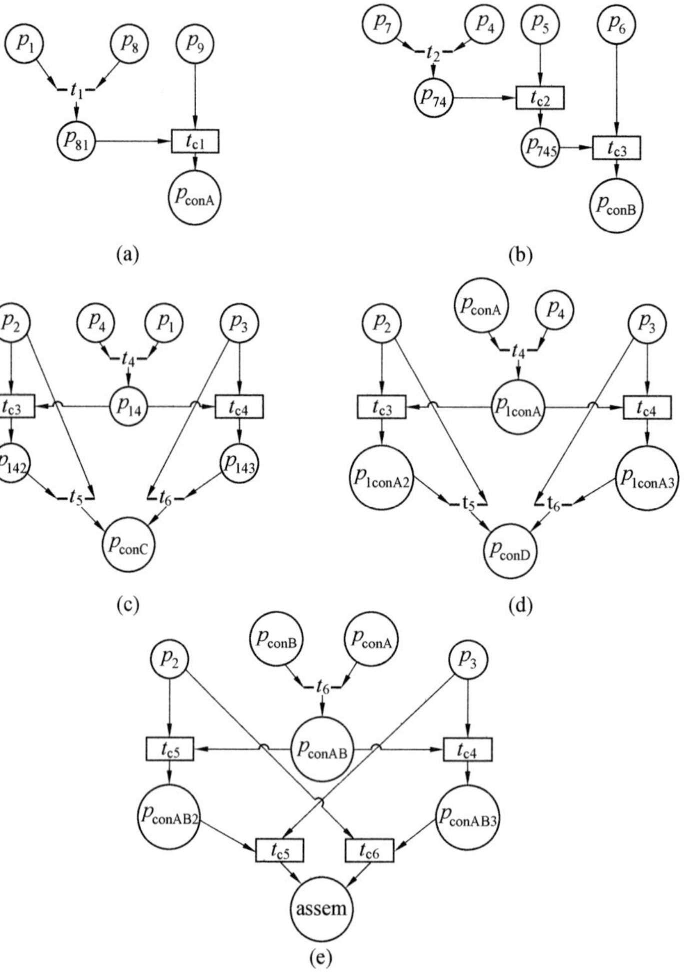

图 2.36　连接结构实例的 *CS-AKBPNM* 图

同维数向量，不过在 $\boldsymbol{X}_i$ 中未出现的变迁对应的元素值为 0)，使得下式成立。

$$\boldsymbol{M}_{04}+\boldsymbol{C}_4\times\boldsymbol{X}_4=\boldsymbol{M}_4 \tag{2.6}$$

表 2.13　图 2.36(e)的关联矩阵

节点	t_6	t_{c5}	t_{c4}	t_{c7}	t_{c6}
p_2	0	−1	0	0	−1
p_{conB}	−1	0	0	0	0
p_3	0	0	−1	−1	0
p_{conA}	−1	0	0	0	0

续表 2.13

节点	t_6	t_{c5}	t_{c4}	t_{c7}	t_{c6}
p_{conAB}	1	−1	−1	0	0
p_{conAB2}	0	1	0	−1	0
p_{conAB3}	0	0	1	0	−1
p_{conAB23}	0	0	0	1	1

$$\boldsymbol{M}_{03}=[1,1,1,1,0,0,0,0]^{\mathrm{T}},\quad \boldsymbol{M}_3=[0,0,0,0,0,0,0,1]^{\mathrm{T}}$$

则
$$\boldsymbol{X}_{11}=[1,1,0,1,0]^{\mathrm{T}},\quad \boldsymbol{X}_{12}=[1,0,1,0,1]^{\mathrm{T}}$$

同理可求得连接结构 $C_{11}-T_1[p_1, p_8]$ 和 $C_{21}-T_2[p_4, p_7]$ 的变迁序列为

$$\boldsymbol{X}_{21}=[1,1]^{\mathrm{T}}$$

$$\boldsymbol{X}_{31}=[1,1,1]^{\mathrm{T}}$$

$$\boldsymbol{M}_{04}=[1,1,1,1,1,1,1,1,1,0,0,0,0,0,0,0,0,0,0,0,0,0,0]^{\mathrm{T}}$$

$$\boldsymbol{M}_4=[0,0,0,0,0,0,0,0,0,0,0,0,0,0,0,0,0,0,0,0,0,0,1]^{\mathrm{T}}$$

扩充后的 $\boldsymbol{X}_1$,$\boldsymbol{X}_2$,$\boldsymbol{X}_3$ 分别为

$$\boldsymbol{X}'_{11}=[0,0,0,0,0,0,0,0,1,0,0,1,0,0,1,0,0]^{\mathrm{T}}$$

$$\boldsymbol{X}'_{21}=[1,0,1,0,0,0,0,0,0,0,0,0,0,0,0,0,0]^{\mathrm{T}}$$

$$\boldsymbol{X}'_{31}=[0,1,0,1,1,0,0,0,0,0,0,0,0,0,0,0,0]^{\mathrm{T}}$$

令 $\boldsymbol{X}_4=\boldsymbol{X}'_{11}+\boldsymbol{X}'_{21}+\boldsymbol{X}'_{31}$,将其代入式 $\boldsymbol{T}=\boldsymbol{M}_{03}+\boldsymbol{C}_4\times\boldsymbol{X}_4$ 解得

$$\boldsymbol{T}=[0,0,0,0,0,0,0,0,0,0,0,0,0,0,0,0,0,0,0,0,0,0,1]^{\mathrm{T}}$$

即
$$\boldsymbol{T}=\boldsymbol{M}_4$$

这一定理说明,经过相同变迁序列的触发,连接结构子网的装配状态同装配体的装配 Petri 网具有相同的装配状态,从而为依据连接结构子网来分析原网的装配状态提供了保障。

表 2.14　图 2.35　AKBPNM 网的关联矩阵

节点	t_1	t_2	t_{c1}	t_{c2}	t_{c3}	t_3	t_{c8}	t_{c9}	t_6	t_{c10}	t_{c11}	t_{c5}	t_{c4}	t_{c6}	t_{c7}	t_{13}	t_{c12}
p_1	−1	0	0	0	0	−1	0	0	0	0	0	0	0	0	0	0	0
p_2	0	0	0	0	0	0	−1	0	0	0	−1	−1	0	−1	0	0	0
p_3	0	0	0	0	0	0	0	−1	0	−1	0	0	1	0	−1	0	0
p_4	0	−1	0	0	0	0	0	0	0	0	0	0	0	0	0	0	0
p_5	0	0	0	−1	0	0	0	0	0	0	0	0	0	0	0	0	0
p_6	0	0	0	0	−1	0	0	0	0	0	0	0	0	0	0	0	0

续表 2.14

节点	t_1	t_2	t_{c1}	t_{c2}	t_{c3}	t_3	t_{c8}	t_{c9}	t_6	t_{c10}	t_{c11}	t_{c5}	t_{c4}	t_{c6}	t_{c7}	t_{13}	t_{c12}
p_7	0	−1	0	0	0	0	0	0	0	0	0	0	0	0	0	0	0
p_8	−1	0	0	0	0	0	0	0	0	0	0	0	0	0	0	−1	0
p_9	0	0	−1	0	0	0	0	0	0	0	0	0	0	0	0	0	−1
p_{81}	1	0	−1	0	0	0	0	0	0	0	0	0	0	0	0	0	0
p_{74}	0	1	0	−1	0	0	0	0	0	0	0	0	0	0	0	0	0
p_{819}	0	0	1	0	0	0	0	0	−1	0	0	0	0	0	0	0	0
p_{745}	0	0	0	1	−1	0	0	0	0	0	0	0	0	0	0	0	0
p_{7456}	0	0	0	0	1	−1	0	0	−1	0	0	0	0	0	0	0	0
p_{74561}	0	0	0	0	0	1	−1	−1	0	0	0	0	0	0	0	0	0
p_{745612}	0	0	0	0	0	0	1	0	0	−1	0	0	0	0	0	0	0
p_{745613}	0	0	0	0	0	0	0	1	0	0	−1	0	0	0	0	0	0
$p_{7456123}$	0	0	0	0	0	0	0	0	0	1	1	0	0	0	0	−1	0
$p_{7456189}$	0	0	0	0	0	0	0	0	1	0	0	−1	−1	0	0	0	0
$p_{74561238}$	0	0	0	0	0	0	0	0	0	0	0	0	0	0	0	1	−1
$p_{74561892}$	0	0	0	0	0	0	0	0	0	0	0	1	0	0	−1	0	0
$p_{74561893}$	0	0	0	0	0	0	0	0	0	0	0	0	1	−1	0	0	0
$p_{745612389}$	0	0	0	0	0	0	0	0	0	0	0	0	0	1	1	0	1

2.4.4 基于 CS-AKBPNM 的装配序列产生

产品装配体中的零部件之间存在装配操作的先后顺序，装配体中所有零件的装配顺序形成产品的装配序列。通过激活装配体的 Petri 网可得到装配体的所有可行装配序列。随着装配体组成零部件的增加，很容易导致装配序列解空间的组合爆炸问题，因此本书提出了基于知识的装配序列规划。通过将人工智能系统（专家经验知识等）同普通 Petri 网进行结合，可以大大减小可行装配序列的数量，提高装配序列规划的效率。

“连接结构”概念本身包含了一定的装配顺序信息，即如果要把一个连接结构分解成单独零件，首先要拆除连接件，然后拆除附件，最后拆开被连接件。因此，“连接结构”概念的引入大大简化了零件之间装配关系图的表达。

通过对基于 CS-AKBPNM 模型进行分析可获得装配体的所有基于连接结构的可行装配序列。通过从知识库中获取连接结构的子装配序列，将这些子装配序列插入到基于连接结构的装配序列中,即可获得装配体的完整装配序列。

除连接结构知识外,通常对产品进行装配时还要满足如下规则:

①箱体类零部件作为基准件单独装配,且先装配;

②体积最大且质量大的零部件通常为基准件;

③轴类部件作为子装配体单独装配;

④螺钉连接类部件作为轴类部件,将螺母、垫圈及众连接件中距离螺钉头部最近的被连接件结合为子装配体进行划分,其余被连接件另行考虑;

⑤一组紧固件作为一个零件装配;

⑥“重、大”零件先装,“轻、小”零件后装。

装配 Petri 网模型中,当一个输入库所中的托肯通过一个变迁的发生移动到一个输出库所中后,Petri 网的状态就发生变化,也就是执行一次装配操作,装配体的状态发生变化。当初始标识时的所有库所中的托肯通过变迁的发生都到达了最终标识后,就意味着装配体被装配完成。而变迁的发生顺序就是相应的装配序列。因此通过求解装配 Petri 网的状态方程可获得相应的变迁序列,即可进行装配序列。

基于装配 Petri 网模型获得所有可行装配序列

(1)建立以变迁 T 为序标集的列向量 $\boldsymbol{U}$,称为 T_向量。

(2)建立以 $P\times T$ 为序标集的矩阵 $\boldsymbol{C}$,称为 C-KBPN 的装配关联矩阵。其中

$$c_{ij}=\begin{cases}1 & \text{当弧从变迁 } t_j \text{ 指向库所 } p_i \text{ 且弧为发生弧}\\ -1 & \text{当弧从库所 } p_i \text{ 指向变迁 } t_j \text{ 且弧为发生弧}\\ 0 & \text{其他}\end{cases}$$

在 $\boldsymbol{C}$ 中一个元素 c_{ij} 对应着装配操作 j 和零部件 i,则给一个元素 c_{ij} 赋予一个装配含义:假如 $c_{ij}=1$,则在第 j 列还有一个元素 $c_{xj}=1$ 且 $c_{mj}=-1$,通过装配操作 j 将零部件 i 和 x 进行装配生成新的零部件为 m,即如果 c_{ij} 选入装配序列 S,则表示在 S 中零件 x 紧跟在零件 i 后面安装。且在矩阵的第 m 行必定有一个或多个元素 $c_{my}=1(y=1, 2, \cdots, N)$,则 y 是下一个要进行的装配操作变迁,相应可以获取其要操作的零部件库所。

(3)$\boldsymbol{M}$ 表示该装配体装配完毕时 CS-AKBPNM 的状态向量。

(4)AKBPNM 网的状态方程为:$\boldsymbol{M}_0+\boldsymbol{C}\times\boldsymbol{x}=\boldsymbol{M}$,表示变迁发生向量,$x=[x_j]$,$x_j\in\{0, 1\}$。

(5)通过对状态方程求解,可以获得所有可行装配序列。

(6)将从知识库中获取连接结构的子装配序列插入到相应位置。

2.4.5　应用实例

图 2.37 为一某洗衣机的子装配体,通过对图 2.37 装配体的零件进行遍历,将所获得零件在连接结构实例库中进行检索,可获得 3 个连接结构:$C_{11}-T_1[p_1, p_2]$,$C_{22}-T_1[p_8,$

p_9]，C_{32}-T_1[p_1，p_2，p_8]，其中，C_{ij}表示第 i 个连接结构，其中连接件共有 j 个。将每个连接结构看作装配体组成的基本单元，则每个连接结构为 KBPN 中的一个库所节点。对图中的装配体按照 CS-AKBPNM 进行建模，如图 2.38 所示（其中 p_{ci}代表第 i 个连接结构的库所，c_1表示一个控制库所，assem 表示装配体，p_9表示零件 p_9）。对图中装配体采用基于知识 Petri 网对其进行装配建模，如图 2.39 所示。图 2.40 是对图 2.39 的简化。通过比较，可看出，对装配体按照连接结构划分，可有效地减少 CS-AKBPNM 网模型的节点数，大大简化装配模型，降低装配序列规划复杂性（为了使图 2.40 看起来简洁，变迁没有给出标识）。

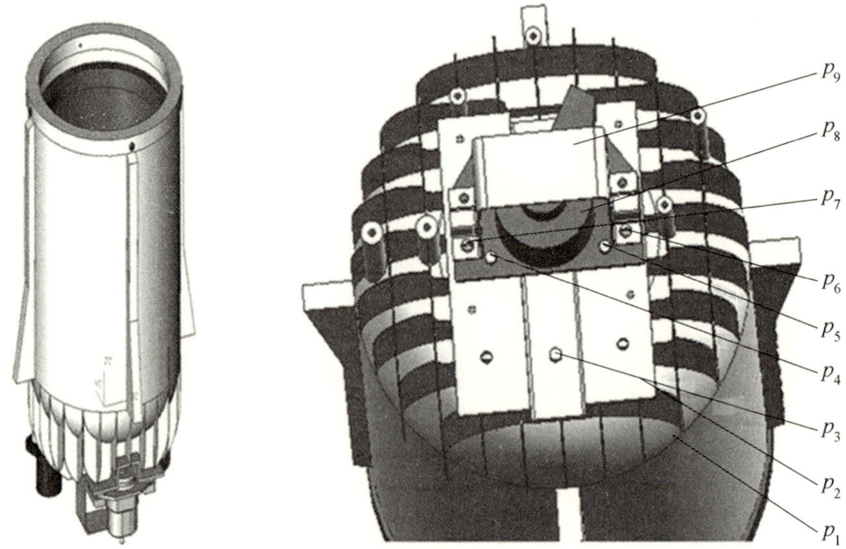

图 2.37　某洗衣机的子装配体

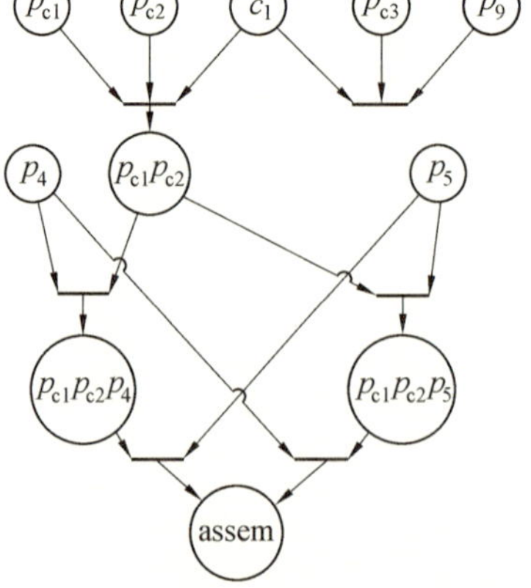

图 2.38　某洗衣机的子装配体的 CS-AKBPNM 图

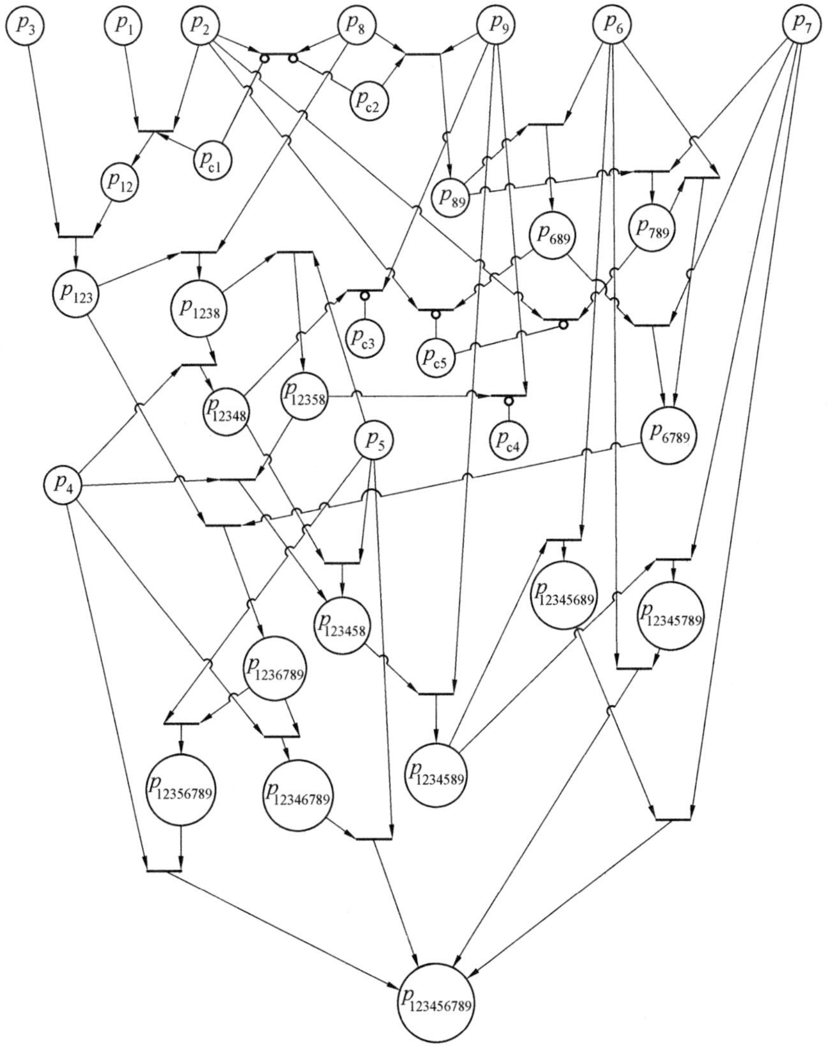

图 2.39　某洗衣机的子装配体的 AKBPN 图

通过从知识库中获取连接结构的子装配序列,将这些子装配序列插入到基于连接结构的装配序列中,即可获得装配体的装配序列。基于连接结构的可行装配序列可以利用 Petri 网点火原理来得到向量表示的所有可行装配序列。

以图 2.40 中的 CS-AKBPNM 为例:

$$\boldsymbol{P}=\{p_{c1},\ p_{c2},\ p_4,\ p_5,\ p_{c1}p_{c2},\ p_{c1}p_{c2}p_4,\ p_{c1}p_{c2}p_5,\ \text{assem}\}$$

$$\boldsymbol{T}=\{t_1,\ t_2,\ t_3,\ t_4,\ t_5\}$$

$$\boldsymbol{M}_0=[1,\ 1,\ 1,\ 1,\ 0,\ 0,\ 0,\ 0]^{\mathrm{T}}$$

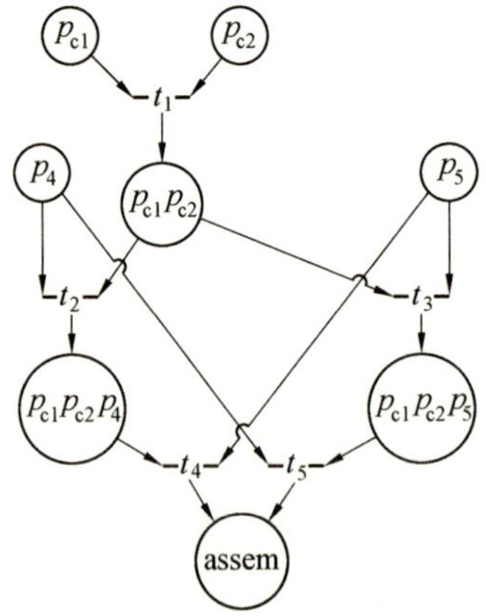

图 2.40 简化后的某洗衣机的子装配体的 CS-AKBPNM 图

$$\boldsymbol{M}=[0,\ 0,\ 0,\ 0,\ 0,\ 0,\ 0,\ 1]^{\mathrm{T}}$$

$$\boldsymbol{C}=\begin{bmatrix} 1 & 0 & 0 & 0 & 0 \\ 1 & 0 & 0 & 0 & 0 \\ 0 & 1 & 0 & 0 & 1 \\ 0 & 0 & 1 & 1 & 0 \\ -1 & 1 & 1 & 0 & 0 \\ 0 & -1 & 0 & 1 & 0 \\ 0 & 0 & -1 & 0 & 1 \\ 0 & 0 & 0 & -1 & -1 \end{bmatrix}$$

对上述方程进行求解,得

$$\boldsymbol{x}_1=[1,\ 1,\ 0,\ 1,\ 0],\boldsymbol{x}_2=[1,\ 0,\ 1,\ 0,\ 1]$$

即该模型有两组基于连接结构的可行装配序列。通过实例检索可获得连接结构 p_{c1},p_{c2}的装配序列,将其插入到上述求解的可行装配序列中,即可获得图 2. 37 所示洗衣机子装配体的可行装配序列 $p_1p_2p_3$-$p_9p_8p_7p_6(p_6p_7)$-p_4-p_5, $p_1p_2p_3$-$p_9p_8p_7p_6(p_6p_7)$ -p_5-p_4。

第3章　机电产品数字化装配序列评价

装配规划的一个主要功能是为装配生产提供一个可行、优化的装配序列。为了确定该序列的可行性以及优化程度,需要对装配设计、装配序列规划的可行性以及装配代价进行评价。只有在合理的评价规则下,才能及时发现装配设计中或者序列规划过程中出现的错误,规划系统才能明确规划的目标和方向。

从评价对象来看,可装配性分析可分为两种:一类侧重于对装配设计进行分析,确保所设计出的产品具有较好的可装配性,其分析对象是产品结构;另一类针对产品的装配顺序进行分析,判断该装配顺序是否可行,是否对应着较小的装配代价。

一个产品的可行装配顺序有很多,一般随产品组成零件数量呈指数增长。产品装配顺序的好坏在很大程度上决定了产品装配的时间和成本。因此,如何对产品的多个可行装配顺序进行评估,并从中进行优选成为产品可装配性分析的一个关键任务。对于装配序列的评价,本书将其分为可行性评价与优化评价。其中可行性评价对装配序列给出可行、不可行两种评价结果。对于不可行的序列,需要进行相应地修改(如修改装配设计、重新规划装配序列等)。在装配可行性要求中,装配工具的可操作性要求不容忽视。不合理的装配设计和序列规划,可导致工具没有足够的空间完成安装操作。每种工具都有其操作空间需求,如扳手需连续旋转60°以上。装配序列应该满足这些工具的操作空间需求。目前在装配序列规划中考虑工具操作运动空间的研究较少。

装配顺序优化的评价指标通常包括装配时间、装配成本。这些评价指标比较容易量化,通过加权和可以求得装配序列的优劣程度[151]。其中基于装配时间的装配代价计算是较为普遍的一种评价方法。

本章对已有成果进行研究,然后给出几种新的装配序列评价方法,包括快速的装配工具操作空间检查。并基于优先关系图,对装配体的设计进行了零件装配插入空间、装配工具操作空间的可行性检查。

3.1　装配序列评价的主要内容

目前,很多学者已经对装配序列评价进行了研究。表3.1中列出了一些常见装配序列评价准则。

表 3.1 常见装配序列评价准则

优化评价	MAX-LINEAR	连续线性安装的零件数量最多
	MAX-PARALLEL	可并行操作数量最多
	MAX-STAB	装配稳定性最大
	MIN-AWKWARD-ACTION	难以执行的装配操作数量最少
	MIN-AWKWARD-GRIP	难以执行的抓取操作数量最少
	MIN-COST	最小化整个装配序列的代价
	MIN-COST-FIXT	最小化整个装配序列所需要的夹具的成本
	MIN-DIREC	使装配过程所需的安装方向最少
	MIN-FIXT-COMPLEX	最小化夹具复杂性(减小夹具成本)
	MIN-REFIXT	最小化夹具更换次数
	MIN-REORIENT	最小化装配过程中的重定位次数
	MIN-TIME	最小化装配过程所需的总时间
	MIN-TOOLCHANGE	最小化安装工具的更换次数
可行评价	PRH-ACTION	禁止某种操作
	PRH-COLLISION	禁止在装配时零件之间发生空间干涉
	PRH-STATE	禁止某种特定的装配状态
	PRH-SUBASSY	禁止规划出某个子装配或者零件组合
	PRH-SUBSEQ	禁止连续完成某些安装操作
	REQ-ACCESS-TOOL	要求工具操作空间 (工具、机器人等)
	REQ-FASTENER	需要将某些零件作为紧固件处理
	REQ-LINEAR	一次操作中只安装一个零件
	REQ-MONOTONE	要求装配序列为单调序列
	REQ-ORDER-FIRST	要求起始于某个特定零件(或零件集合)
	REQ-ORDER-PART	要求某两个零件之间保持特定顺序
	REQ-PATHS-AXIAL	要求沿着坐标轴方向或其反方向安装
	REQ-STAB-STATE	要求某个装配状态保证稳定性
	REQ-STATE	要求序列执行过程中必须出现某个装配状态

3.2 装配空间可行性验证

在此,作者借鉴文献[152]创建干涉矩阵的方法,认为所有零件的安装插入动作均平行于坐标轴方向。用一个 6 位布尔信息组 $c_{ij}=\{+x,-x,+y,-y,+z,-z\}$ 表示一个零件对另一个零件的空间阻碍关系,例如在图 3.1 所示的例子中,零件 p_0 对 p_1 的阻碍信息为:$c_{01}=111011$,表示零件 p_0 在 p_1 之前安装将阻碍 p_1 沿着 $\{\pm x,+y,\pm z\}$ 方向进入安装位置。该信息可以在 UG 环境中通过对零件进行运动仿真以及干涉检查获得。

多个阻碍信息的“并”可以表示多个零件对某零件的阻碍作用的综合，如：

$c_{aj}=101010$，$c_{bj}=010101$，$\Rightarrow c_{aj}\vee c_{bj}=111111$

这表示零件 p_a 和零件 p_b 的存在将阻碍零件 p_j 从任何方向进入装配体。

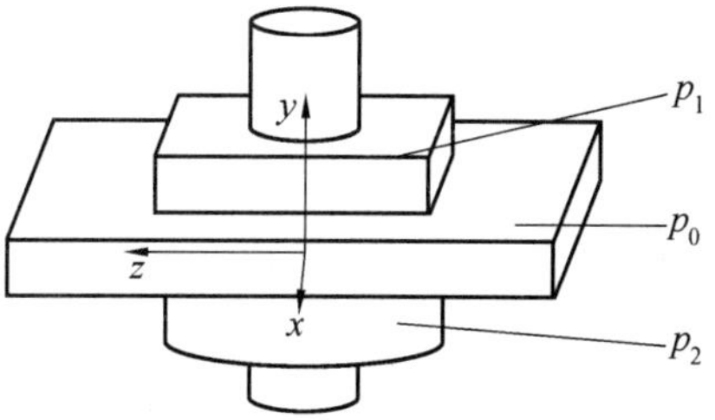

图 3.1　用于演示空间干涉矩阵的例子

在第 2 章中，本书利用优先关系图 PG 描述了装配体中零件之间的优先关系。根据 PG 的性质可知，除了基础件之外，每个零件都有其优先零件，无论根据什么样的装配顺序进行安装，一个零件的优先零件必须先于它安装。假设该零件是 p，利用零件集合 $PRE(p)$ 表示它的所有优先零件，则 $PRE(p)$ 对 p 的阻碍作用是无法通过装配序列规划改变。显然，如果 $PRE(p)$ 中的零件将 p 的空间包围，使得 p 没有可行路径进入，则该装配体的设计或者优先关系必存在错误，且无法规划出有效的装配序列。对于这种问题，本书提出基于优先关系图的优先零件干涉检查：在生成、修改了优先关系图之后，针对所有零件 p，根据优先关系图，遍历它的优先零件，得到 $PRE(p)$，如果 $\bigvee_{i\in PRE(p)} c_{ip}=111111$，则说明对于零件 p 没有可行的安装方向，则输出错误警报。否则继续进行装配序列规划。

利用空间阻碍关系检查装配序列 S，则是对序列中的每个零件 p，在 S 中得到所有先于零件 p 安装的零件所组成的集合 B，如果 $\bigvee_{i\in B} c_{ip}=111111$，则说明该序列存在错误。

值得说明的是，这种方法基于插入动作平行于坐标轴这一条件，是对装配实际情况的一种简化。利用该条件判断出的装配空间可行性是实际可行性的充分条件，而非必要条件。

3.3　装配工具操作空间可行性验证

各种装配工具，如扳手、螺丝刀、铆钉枪、气动套筒等，是在实际装配生产过程中必不可少的，它们在装配过程中的可操作性不容忽视。每种工具都有其操作空间需求，如扳手需连续旋转 60°以上，而电动套筒只需一个无干涉的工作位置。它们的可操作性是对装配设计、装配序列规划的一个重要检查依据。有必要设计一种快速有效的装配工具操作空间检验（简称工具检验）方法。不合理的序列会导致工具没有足够的空间完成安装操作。目前在装配序列规划中考虑工具操作运动空间的研究较少。

当使用某个工具 Tool 装配零件 p_a 时，此时未完成的装配体中有可能已经包含了部分零件，所有这些已放至装配体内的零件（包括 p_a）构成了 Tool 的操作环境 E。由于 E 对

Tool 的干涉影响可能导致工具 Tool 没有足够的空间完成其安装操作，必须进行检查。所以，工具检验的主要过程就可以概括为设法确定工具 Tool 安装零件 p_a 的操作环境 E，然后利用工具模型在 E 中进行运动仿真、干涉检查，考查干涉情况 In 是否满足操作需求。

由于紧固件相对较小，工具操作时较易避开，本书忽略了紧固件同工具的干涉情况。

3.3.1 工具检验的方式

由于在实际生产中装配工具种类繁多，本书针对较为常见的工具进行分析，根据工具的形状和操作方式不同，将检验方式分为静态检验和动态检验两种。

(1)对于一些工具(如螺丝刀，直筒型电动工具等)，它们工作过程中所占用的空间同它静止在工作位置时所占用的空间基本相同，如果它们在工作位置没有同其他零件发生干涉，其工作时也能够保持不发生干涉。对于这些工具本书提出了静态的操作空间检验模式：将工具模型定位到工作位置(如螺钉上方)，检查它是否同操作环境发生静态干涉，如果存在干涉，则说明该工具无法完成安装，存在可行性错误。如图 3.2 所示。

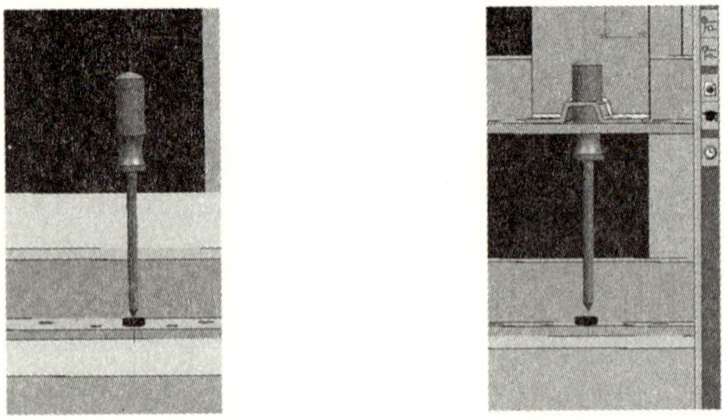

(a) 可以完成安装操作　　(b) 无法完成安装操作

图 3.2　螺丝刀装配操作空间检验示意图

(2)有些工具(如扳手，套筒等)，在工作时需要连续旋转一定的空间才能完成安装操作，即有一个工作角度需求。对这类工具采用动态检验：驱动工具模型围绕其工作轴线(如螺栓的轴线)旋转一周，检查它在操作环境 E 的干涉下是否有足够的工作角度。如图 3.3 所示。

(3)有些非旋转对称的工具(如枪形的气动和电动工具等)，工作时不需做整体的旋转，但由于其外形的不对称，如果操作环境较为拥挤，则需要通过围绕工作轴线转动才能获得一个无干涉的工作位置(即无干涉地放置到工作位置)，对它们同样采用动态检验，同(2)中的区别是对于这些工具用一个较小的工作角度(如 2°)来模拟它们的工作位置需求。如图 3.4 所示。

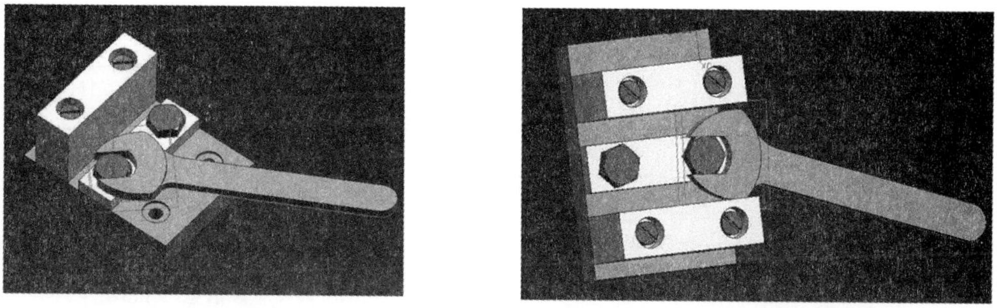

(a) 可以完成安装操作　　(b) 无法完成安装操作

图 3.3　扳手装配操作空间检验示意图

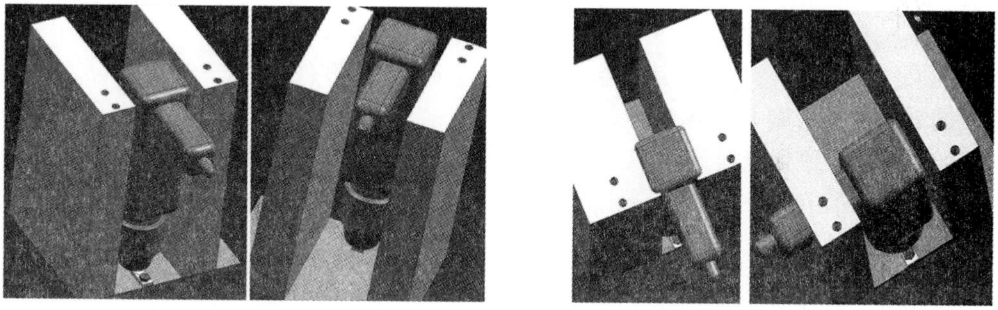

(a) 可以完成安装操作　　(b) 无法完成安装操作

图 3.4　电动扳手装配操作空间检验示意图

3.3.2　面向序列规划的快速工具检验

装配序列规划过程中，往往需要反复生成序列并进行评价。如果每次工具检验时都调入工具模型进行运动仿真、干涉检查以及操作空间计算，规划过程将非常耗时。本书利用“潜在干涉信息”（记作 PI_Info）来解决这一问题。即在完整（所有零件都处于装配状态）的装配体 3D 模型中，为零件 p_a 引入其安装工具 Tool 并定位到 p_a 上，进行静态或者动态检验，将结果记入 PI_Info，如图 3.5 所示。

PI_Info 记录了被安装零件 p_a、安装工具 Tool、干涉检查方式 M、潜在干涉零件以及操作空间要求，如果是动态检验，它还包括每个干涉零件的干涉位置信息。潜在干涉信息包含了在任何序列中“可能”影响工具 Tool 操作的干涉零件及干涉位置信息。具体在某个序列中安装 p_a 时，其中某个干涉零件有可能影响 Tool 操作（在该序列中它不迟于 p_a 安装，属于 Tool 的操作环境），也可能不影响 Tool 操作（在 p_a 之后安装）。在一个装配序列中影响 Tool 操作的零件，在另一个序列中或许不影响，所以称其为“潜在”干涉信息。

应用潜在干涉信息检查一个装配序列 S 时，首先根据 p_a 和 S，推导 Tool 的操作

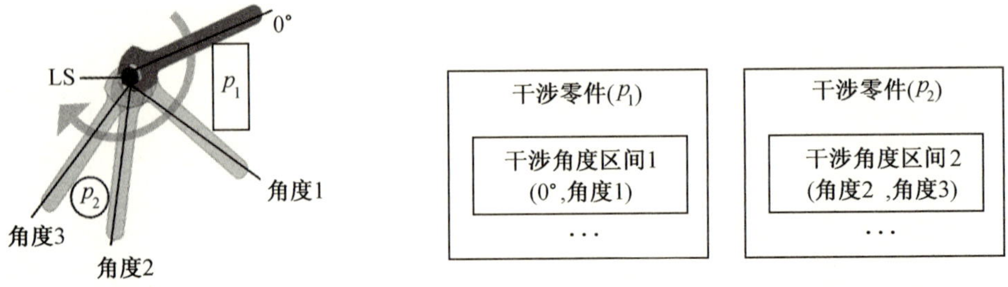

(a) 扳手旋紧螺栓的操作示意图　　(b) 潜在干涉信息PI_Info

图 3.5　潜在干涉信息生成示意图

环境 E。

如果 p_a是普通零件,E 由 S 中所有不迟于 p_a安装的零件组成。

如果 p_a是紧固件,$\{p_i\}$是其所在紧固件组连接的普通零件,根据 S 安装时$\{p_i\}$中最后安装的零件是 p_{last},则 E 由 S 中所有不迟于 p_{last}安装的零件组成。这样处理是因为本书针对普通零件进行序列规划,进行工具检验时序列里没有紧固件(它们在最后被插入序列中),所以将安装 p_a的工具检验转化为安装 p_{last}的工具检验,也可以理解为工具安装 p_a的操作正是为了紧固 p_{last}。

确定了操作环境 E 之后,忽略 PI_Info 中不属于 E 的干涉零件。然后根据静、动态检验的不同,考查其余的干涉零件的干涉情况是否满足 Tool 的操作空间需求。

一般在零件较密集处或者用户关心的位置,为某个零件引入工具,进行检查并保留信息。在较为开阔的位置不必进行检验。利用潜在干涉信息对序列规划过程进行检验,可避免重复引入工具等耗时操作,效率较高。

3.3.3　针对优先零件的工具可操作性检查

同 3.3 节中内容相似,利用优先关系结合潜在干涉信息,可检查出部分存在于装配设计和优先关系中的不满足工具操作性的错误。其检查过程如下:

利用工具 Tool 安装零件 p_a时,根据优先关系,有一些零件 p_p必属于 Tool 的操作环境。如果 p_a是普通零件,则 p_p由 p_a及其所有优先零件 $PRE(p_a)$组成;如果 p_a是紧固件,$\{p_i\}$是它所在的紧固件组连接的普通零件,则 p_p由$\{p_i\}$以及$\{p_i\}$中每个零件的优先零件 $\cup PRE(p_i)$共同组成。假如 p_p中的零件使得工具 Tool 无法安装 p_a,则说明出现了错误(可能来自错误的设计或者优先关系)。因此,每生成一条潜在干涉信息,都应当检查相应 p_p的影响情况。如果 p_p阻碍了工具的正常操作,则通知用户妨碍工具操作的零件及其干涉位置。

3.4　装配人体操作空间检验

对于实际装配生产系统,装配工人的操作空间需求同样是对装配设计、装配序列的一个必要需求,可以检验在装配体中、尤其在导弹舱体内,某个零件是否具有可达性。避免人手难以实现的装配操作。

对装配序列、装配路径,同样进行人手可操作性的检验。帮助设计、装配人员实现可操作的装配流程设计。

本书基于 UG 环境,对人体手臂进行建模,通过鼠标操作,可以简单地实现装配人体在操作过程中的空间检验,该部分功能由参数化建模、手臂装配建模以及手臂运动驱动和空间干涉检查几部分组成。

参数化建模是根据国标(GB 10000—88)进行人手臂的参数化建模,由用户输入手臂各部分参数(手型、上臂长、前臂长,其余参数均由这几个参数设定),进行合理性检验后由软件自动为手臂、手指等各个子"零件"进行建模,并把各部分进行组装,形成一个完整的手臂,成为一个可控制的手臂模型。

对于手臂的驱动,我们作了一些简化:手臂是刚性的,不考虑肌肉与皮肤带来的局部自由度;前臂中间的一个扭转自由度,简化为前臂与上臂交接处的扭转自由度。

当把手臂当作刚体处理的时候,手臂的关节体系可以看作开式链的多杆机构,所以手臂的运动学关系从理论上可以用空间多杆机构运动学进行求解,每个关节用连杆机构的旋转轴来表示。对于手臂的某个动作,可以根据所有关节的具体尺寸,计算各个关节这个动作完成之后应该处于的位置以及姿态,然后利用齐次转移矩阵结合 UG API 的移动功能,将所有的关节(零件)逐个移动到目标位置。比如,当用户要求执行一个摆手的动作时,需要将手掌、5 个手指的各个关节进行计算,然后逐个进行移动。这种处理方法在机器人运动学、计算机图形学等领域已属于成熟理论,是一种完全可行的方法。

但是上述方式的缺点是计算量大,软件实现较为复杂。更为重要的是在各关节分别移动到目标位置时,其动画效果较差。因此本书使用更为简单的方法解决手臂的运动。该解决方案基于 UG 环境下手臂模型的装配结构,如图 3.6 所示。

本书将手臂按照上述树型结构进行建模,整个手臂只包括两个第一层子部件:前臂子装配和上臂,其中前臂子装配包括手部子装配、前臂;而手部子装配则包括手掌、手指等。

根据上述模型,本书将手臂的运动分为两种情况:

(1)手臂整体平移、旋转。进行手臂空间验证时,手臂作为一个子部件加入被检验的装配体内,整个手臂的旋转、平移操作过程不考虑手臂内部的装配结构,此时手臂犹如一个刚体。通过 UG API 操作,可以非常容易地实现这类动作。

(2)手臂内部的相对转动。手臂关节的动作可以归结为两个相邻关节的相对转动,

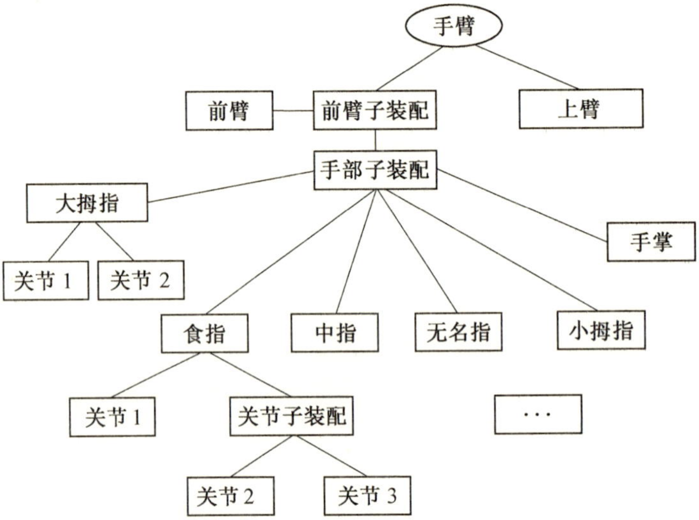

图 3.6 手臂模型的装配树结构

包括弯臂、伸臂、摆手、握拳等。以摆手为例,该动作实际上只是手掌和前臂之间的关节产生的转动,所以,将手部子装配作为一个整体(作为前臂子装配的一个部件),在“前臂子装配内”进行旋转,无需考虑各指关节以及上臂的动作。类似地,弯臂动作可以只计算前臂子装配相对整个手臂的旋转齐次矩阵,然后调用 UG 函数非常方便地实现该子装配中所有组成部分(包括前臂、手掌、手指等)的同步转动。

由上述两种方式进行手臂的动作控制,可以方便地进行编程实现,另外,手臂动作的视觉效果也较好。

在手臂的几何建模、运动控制的基础上,结合 UG API 中的干涉检查功能,我们可以检查在某个装配状态下是否具有足够的手臂操作空间,某个零件是否具有可达性。利用类似方式,可以进行多关节机器人等装配工具的操作空间检验。

值得注意的是,同上述零件空间检验、快速装配工具检验不同,手臂操作空间检查的主要执行过程由人工操作完成,难以在装配序列规划过程中自动考虑手臂操作空间的可行性。因此对于装配序列,该过程主要的作用是在规划结束之后对结果进行检验。

3.5 装配路径检验

计算机辅助装配路径规划是计算机辅助装配规划里面的一个重要问题,它关系到装配机器人的动作设置、装配线配置、装配夹具的设计等众多方面。

另外,对于装配序列,尤其是以人工参与装配的产品,可行的装配路径是检验零件安装空间的重要条件。对于装配结构非常复杂,尤其是导弹等舱体式的产品,路径规划几乎是判断某个零件能否达到安装位置的唯一方式(相对于 3.3 节中的插入空间可行性检验)。

本书使用变坐标 A^* 算法结合普通的 A^* 算法进行路径规划。A^* 算法应用于三维路径规划的过程为[153,154]:从被规划零件的起点开始扩展节点,然后根据评价函数选择下一个节点,将被规划零件移动到该节点上,进行干涉检查。如果不存在干涉,则进行下一次节点扩展,否则回退,重新选择另一个扩展节点。如果所有的扩展节点均存在干涉,则规划失败;如果同目标节点之间距离小于一定值,则规划完成。

A^* 算法的评价函数为 $f(n)=g(n)+h(n)$,其中的 $g(n)$ 表示当前节点 V 到扩展节点 n 的最小代价路径的估计,$h(n)$ 表示从节点 n 到目标节点最小代价路径的估计。对于三维空间中的路径规划,规划空间被表达为空间的栅格。空间栅格是将规划空间表达为均等的栅格网络。栅格中的一条路径由连接相邻栅格点的一系列线段构成。

在孔轴配合的路径规划过程中,传统的 A^* 算法的节点扩展方法不能胜任。例如螺栓要从与之配合的螺孔中运动出来时,那么螺栓必须沿着孔(轴)的轴线运动。但是利用传统的节点扩展方法,当扩展的三个坐标轴方向和螺栓轴向均不一致时,任意扩展都会造成干涉的发生,从而导致规划失败。在这种情况下,还可以使用动态坐标对节点进行扩展,并在扩展时令三个扩展方向中的任意一个和运动方向保持一致,就可以无干涉地进行节点扩展。

但在复杂环境中使用动态坐标方式,由于空间复杂,不同的节点扩展方向可能在三维空间的同一位置附近扩展出多个节点。虽然有的节点距离很近,但不完全重合,所以难以避免对同一区域的重复搜索,也可能导致在同一位置附近反复进行变换坐标,如图 3.7 所示。

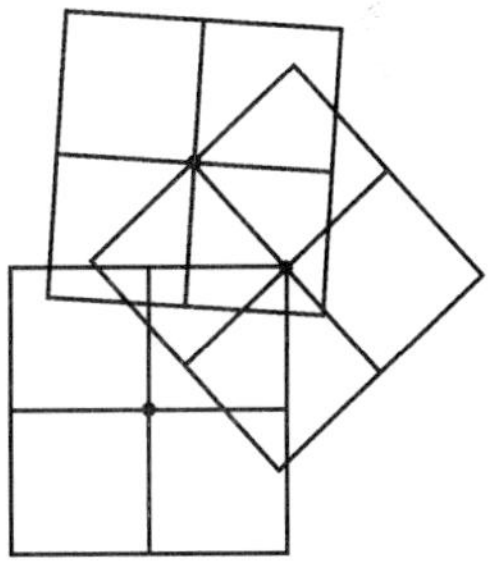
图 3.7　动态坐标节点扩展方法示意图

另外,节点扩展原理是将三维空间离散化,从而减小了在连续空间内的搜索情况,而动态坐标方法由于引入了任意的扩展坐标的旋转变换,显然扩大了搜索空间的规模,再加上变换坐标所引起的时间消耗,动态 A^* 算法在复杂环境中往往体现出速度较慢的特点。

在进行路径规划时,本书进行的是拆卸路径规划,即将零件从最终装配位置规划至远离装配体的位置。基于上述原因,本书首先利用 A^* 算法,使零件的配合方向(如面面配合时配合面的法线方向、轴孔配合时的轴线方向等)成为节点扩展的方向之一,待零件脱离配合状态时,则固定节点扩展的坐标系,使用普通的 A^* 算法进行规划。

如果某个零件通过路径规划、结合人工介入,仍无法获得合理的装配路径,则说明装配设计或者装配序列中存在错误,需要进行修改。

3.6 装配代价评价

在进行装配规划时,不同的产品特点、企业设备等实际情况对装配可行性要求、装配优化要求也不同(Application-Specific)。在此,作者借鉴文献[152]的内容,以最少重定位次数、最少工具更换次数为例,介绍如何利用本书内容进行序列优化,记装配序列 **S** 的代价为

$$f(\boldsymbol{S}) = w_1 \cdot tool + w_2 \cdot o \tag{3.1}$$

式中 $tool$—— 序列中工具的更换次数;

o—— 重定位的次数;

w_1, w_2—— 二者的相对权重。

可以根据实际生产中更换工具和重定位的实际耗时进行指定,如更换一次工具使用 2 s,而重定位一次需要 20 s,则可以令 $w_1=1$, $w_2=10$ 等。实际应用时需考虑生产设备、产品质量、加工精度、批量等具体因素,设定优化目标及其权值。在构造的装配关系矩阵中,每个矩阵元素 m_{ij}中包含一个启发式信息值 η_{ij},η_{ij}越大,该元素在序列规划时被选择的概率越大;另一方面,两个零件 p_i、p_j连续安装对应的代价越小,这种安排的可能性就越大,所以本书令

$$\eta_{ij}=1/(w_1 \cdot t'+w_2 \cdot o'+ EPSILON) \tag{3.2}$$

其中 $t', o' \in \{0,1\}$ 分别表示连续安装零件 p_i和 p_j是否需要更换工具和重定位。在零件之间既不需要更换工具也不需要重定位的情况下,分母中的常数 $EPSILON$ 用来防止计算时出现零分母,引起计算机工作异常;而且可以防止元素 m_{ij}太大,从而影响装配序列的选择过程。一般设 $EPSILON=0.1$。

第4章　机电产品数字化装配序列规划

4.1　有向图割集分解装配序列规划

有向装配连接图记录了部分装配建模的过程信息,这是同装配关系连接图的主要区别。装配关系连接图仅记录了零件之间的几何邻接关系,而有向装配连接图不仅记录了零件间的几何邻接关系,还记录了零件在形成装配模型时的先后关系。基于装配连接图的装配序列规划建立在零配件之间的几何关系基础之上,在此不考虑几何连接的工程含义,因此在规划序列过程之中,无形之中放弃了一些可以利用的信息。利用在装配关系建立时产生的工程含义,相当于在装配连接图上增加了约束,从而能减少割集方法产生的无效序列。本章在研究装配序列表达方式的基础上,探讨基于装配连接图的割集方法求解装配序列,提出基于有向装配连接图的有向割集算法,研究单调非线性装配的有向割集计算方法。为减少可被利用的工程语义不足而导致的无效序列,本书制定了增加约束的方法,并提出了基于约束的单调非线性装配的有向割集计算方法。

4.1.1　基于装配连接图的割集方法求解装配序列

4.1.1.1　割集方法的基本原理

装配割集定义:如果装配关联图 G 中的一个边集 S 具有这样的性质:

①从装配关联图 G 中删除 S 的所有边,使关联图 G 的秩 $R(G)$ 正好减少 1;

②S 的任一真子集都不具备性质①,则称边集 S 为装配关联图 G 的装配割集。

由边集 S 将装配关联图 G 分割成的子关联图 G_1 和 G_2 为子装配。

设 G 是一个(p,q)图,令

$$c_{ij}=\begin{cases}1 & 若边\, j\, 在断集\, i\, 中\\ 0 & 若边\, j\, 不在断集\, i\, 中\end{cases}$$

则称由元素 $c_{ij}(i=1,2,\cdots,2^{p-1}-1,j=1,2,\cdots,q)$ 构成的$(2^{p-1}-1)\times q$ 阶矩阵为图 G 的完全割集矩阵,记作 $\boldsymbol{C}_{\mathrm{a}}$。对于连通的$(p,q)$图 G 的完全割集矩阵的秩是 $p-1$。

在连通的(p,q)图 G 的完全割集矩阵 $\boldsymbol{C}_{\mathrm{a}}$ 中,由 $p-1$ 行、q 列组成的秩为 $p-1$ 的子阵,称为 G 的割集矩阵。

由上面的定义,可以得到利用割集进行装配序列规划的基本原理。首先,根据装配连

接图 G 计算 G 的完全割集矩阵 $\boldsymbol{C}_a$。然后用 $\boldsymbol{C}_a$ 中的每一行，对图 G 进行分割，得到图 G'。计算 G' 的秩。如果 $R(G')=R(G)-1$，则该行对应的边集为割集。每个这样的割集将 G 分成两部分，即分成两个子图（子装配），计算每个子图的全部割集。这样重复下去，直到每个子图都是一个平凡图为止。这种方法根据装配关联图的拓扑信息，生成的装配序列能覆盖所有可能的装配序列。

对于图 2.2 所示的装配，表 4.1 是利用割集方法进行一次装配分解得到的结果。油泵的装配连接图第一次割集分解得到 5 个割集，相应地得到 5 个子装配对。实际上是完成了与/或图中的第一层分解。循环分解子装配 1 和子装配 2，就可以得到所有的装配序列，也即完成与/或图的所有分解。表 4.1 中仅给出一种子装配 1 和子装配 2 的先后顺序。

表 4.1　油泵装配连接图第一次割集分解结果

割集	子装配 1	子装配 2
$\{L_1,L_3\}$	$\{T_1\}$	$\{P_1,P_2,T_2,C\}$
$\{L_1,L_2,L_7\}$	$\{P_1\}$	$\{P_2,T_1,T_2,C\}$
$\{L_5,L_6,L_7\}$	$\{P_2\}$	$\{T_1,T_2,P_1,C\}$
$\{L_6,L_4\}$	$\{T_2\}$	$\{P_1,P_2,T_1,C\}$
$\{L_2,L_3,L_4,L_5\}$	$\{C\}$	$\{P_1,P_1,T_2,T_1\}$
$\{L_4,L_5,L_7\}$	$\{P_2,T_2\}$	$\{T_1,P_1,C\}$
$\{L_2,L_3,L_7\}$	$\{P_1,T_1\}$	$\{T_2,P_2,C\}$
$\{L_1,L_5,L_6,L_2\}$	$\{P_1,P_2\}$	$\{T_1,T_2,C\}$
$\{L_1,L_5,L_4,L_2\}$	$\{T_1,C\}$	$\{P_1,P_2,T_2\}$
$\{L_2,L_3,L_6,L_5\}$	$\{T_2,C\}$	$\{P_1,P_2,T_1\}$

割集法装配序列规划利用了零件间连接的拓扑结构，比直接分解方法序列搜索空间大大减小。但是从原理上看，割集法装配序列规划不能保证剔除无效的装配序列，从表 4.1 也可以看出，如果将装配体分解成 $\{C\}$ 和 $\{P_1,P_1,T_2,T_1\}$ 两个子装配，无论是序列 $\{C\}$、$\{P_1,P_1,T_2,T_1\}$ 还是序列 $\{P_1,P_1,T_2,T_1\}$、$\{C\}$ 都是无效的装配分解。原因是由于割集方法进行装配序列规划是在装配连接图进行的，所以不能充分利用建模过程中形成的装配约束，所以割集方法计算量大，产生所有可能装配序列，需要利用约束或者提问的方式过滤无效的装配序列。

4.1.1.2　消除无效序列的方法

消除无效序列的方法主要有以下 3 种。

(1) 提问法。

对装配割集的每个元素和其他元素的关系进行提问。每一装配割集都是对于装配体(子装配体)的一次分解,通过对割集的提问来确定装配过程中的装配优先关系。提问的形式为:“针对目前的装配状态,子装配 N_i 能与子装配 N_j 分离吗?”,并把这一提问记为“$R(N_i,N_j)$?”。$R(N_i,N_j)$? 可以根据逻辑推理或人工方式来回答。对不能根据先前提问的结果应用一些简化规则进行逻辑推理的,则必须人工进行回答。使用下面的 3 个基本规则进行谓词推理,可以减少提问的次数[155-157]。

①闭环规则。关联图中的闭环需要同时完成闭环中的两个连接关系。该规则是假设装配产品由刚性零件组成。

②超集规则。如果两个零件或子装配因路径干涉而不能实现装配,则在此基础上再加一个或一组零件,此装配仍不能实现。

③割集规则。如果两个子装配能进行装配,则从其中一个子装配中拆除一个与配合连接无关的零件后,这两个子装配仍能实现装配。

显然,用提问的方法过滤无效装配序列的效率很低。由于提问量非常大,所以很容易产生人为错误,从而导致装配序列不能正确产生。

(2)方向阻碍图 DBG。

方向阻碍图方法是利用零件间几何干涉推理优先约束的。对应于不同的装配状态,零件间的几何干涉性是不同的,将装配体在某方向上投影,可以得到零件间的几何相互干涉关系。这种相互干涉关系用装配干涉矩阵表达。装配干涉矩阵是描述装配体在当前状态下所有零件在某一方向上的相互干涉性的矩阵。设有 M 个全局拆卸方向,装配体在当前状态下所有零件数为 n,则共有 M 个 $n\times n$ 矩阵。装配干涉矩阵表示为

$$\Gamma_{\mathrm{d}}=\{\tau_{ij}\}\quad(i,\ j\ =\ 1,2,\cdots,n\ )$$

式中　n——装配体中零件数;

　　　d——全局拆卸方向。

$$\tau_{ij}=\begin{cases}1 & \text{零件在 d 方向上受零件干涉}\\0 & \text{零件在}\pm\text{d 方向上均不受零件干涉}\\-1 & \text{零件在}-\text{d 方向上受零件干涉}\end{cases}$$

由定义可知,装配干涉矩阵为反对称矩阵。在文献[113]提供了投影方法计算相对全局拆卸方向的装配干涉矩阵算法。在得到了装配干涉矩阵后,应对按接触关系得到的方向阻碍图 DBG 和优先约束关系进行修改,即对局部自由件判断其全局自由性,从而得到完备的优先约束关系集。

利用投影的方法计算某个方向上的优先约束关系集合,但是由于仅在有限的几个方向上投影以决定是否可以拆卸,是不完全的。因为对于回转体内部的零件,如导弹弹体内部的零件,由于回转体的阻碍,可能在任何方向上都是不能被拆卸的,因此无法得到优先约束矩阵。

4.1.2 基于有向装配连接图的装配序列规划

虽然通过过滤手段能将利用装配连接图割集方法产生的无效序列剔除，但是由于装配连接图割集方法产生的无效序列过于庞大，所以导致很大的过滤工作量。下面介绍的有向割集方法，可以大大减少无效序列的产生。

4.1.2.1 **有向图割集计算方法**

设 D 是有 n 个点、e 条边的有向连通图，令：

$C_{ij}=1$，如果边 j 在断集 i 中，且边 j 的方向与断集 i 的方向一致；

$C_{ij}=-1$，如果边 j 在断集 i 中，且边 j 的方向与断集 i 的方向相反；

$C_{ij}=0$，如果边 j 不在断集 i 中。

则称由元素 $C_{ij}(i = 1,2,\cdots,2^{n-1}-1;j = 1,2,\cdots,e)$ 构成的 $(2^{n-1}-1)\times e$ 矩阵为 D 的完全割集矩阵，记作 $\boldsymbol{C}_a$。一个具有 n 个点的有向连通图 D 的完全割集矩阵的秩是 $n-1$。$\boldsymbol{C}_a$ 中，秩为 $n-1$ 的 $(n-1)\times e$ 子矩阵称为 D 的割集矩阵，记为 $\boldsymbol{C}$。

在上一节定义了装配割集，为了描述基于有向图装配序列规划方法，对有向图装配割集进行定义。如果有向装配连接图 G 中的一个边集 S 具有这样的性质：①从装配关联图 G 中删除 S 的所有边，得到子连接图 G_1 和 G_2，使连接图 G 的秩正好减少 1；②S 的任一真子集都不具备性质①；③S 的所有边相对于 G_1 或 G_2 为出边，则称边集 S 为有向装配关联图 G 的装配割集。由边集 S 将装配关联图 G 分割成的子有向连接图 G_1 和 G_2 为子装配。

子图 SG 的出边定义为，如果把 SG 中所有的点合并为一点，则与该点相关联的出边就是子图 SG 的出边，如图 4.1 所示。在图 4.1(a)中，虚线中的三点构成子图 SG，如果将 SG 中的三点合并成一点 2′，则 2′的出边 b、e、c 就是子图 SG 的出边。入边的定义恰好和出边的相反。如图 4.1(b)所示，b、e、c 是点 3 的入边。

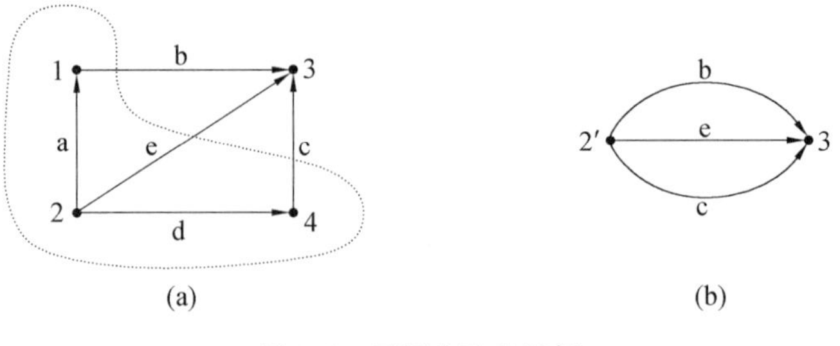

图 4.1 子图出边的示例

根据有向图的定义，有向图 G 被其一个装配割集 S 分成两个子装配 G_1 和 G_2，如果 S 中所有的边相对于 G_1 是出边，那么必有 S 中所有的边相对于 G_2 是入边。根据这个性质，可以得到下面的定理。

定理 4.1 有向图 G 的装配割集是 G 的完全割集矩阵中那些所有元素同号的行。

证明　根据有向图 G 的割集定义,对于任意的断集 S_i,如果 S_i 中的边不和断集的方向一致,则该边在完全装配矩阵中对应的数值为负。因此,如果 S_i 存在方向不同的边,则该断集对应于完全割集矩阵中的行中各元素的符号就会不同,也即断集 S_i 中各边指向不同的成分,此时的 S_i 不满足装配割集的第 3 个条件。故命题成立。

由上面的定义和定理,可以得到利用有向图割集进行装配序列规划的基本原理。首先,根据有向装配连接图 G 计算 G 的完全割集矩阵 C_a。然后从 C_a 抽取符号一致的行对图 G 进行分割,得到图 G′。计算 G' 的秩。如果 $R(G')=R(G)-1$,则该行对应的边集为装配割集。每个这样的装配割集将 G 分成两个成分,即分成两个子图(子装配)。然后以相同的方法计算每个子图的全部装配割集。这样重复下去,直到每个子图都是一个平凡图为止。这种方法根据装配关联图的拓扑信息,生成的装配序列能覆盖所有可能的装配序列。

根据上面的论述,将应用有向图割集法设计装配序列规划算法归纳如下。算法的输入是有向图 G,输出是装配序列集合 $S=\{s_i\}$。

```
BEGIN PROC SequencePlanning(G,S)
    IF G 是平凡图
        将 s1={p|p∈G},返回 S={s1}
    ELSE
        计算 G 的完全割集矩阵 Ca
        根据 Ca 计算装配割集 AC
        计算 G 的所有的子装配对,即集合 A={{A1,A2}i}
        DO WHILE(A==Φ)
            取 A 中第一个元素,并将此元素从 A 中删除
            CALL(Sequence Planning(A1,A1'))
            CALL(Sequence Planning(A2,A2'))
            X=A'1× A'2
            将 X 加入到 S 中
        END DO
        返回 S
END IF
END PROC
```

集合 A'_1 表示子装配 A_1 经序列规划后得到的序列的集合,集合 A'_2 表示子装配 A_2 经序列规划后得到的序列的集合。$X=A'_1\times A'_2$ 表示集合 A'_1 与集合 A'_2 的笛卡尔积,将子装配 A_1 规划后的序列和装配 A_2 规划后的序列联结起来。可以看出算法是一个递归调用。算法的时间复杂性和装配体的复杂程度有关。表 4.2 是图 4.1(a)的完全割集矩阵,其中行

中所有元素同号的行为装配割集，即 S_2、S_3、S_5、S_6。表 4.3 是图 4.1 经一次有向图割集法得到的装配序列，其中子装配 1 先于子装配 2 拆卸。可以看出有向图割集分解产生的装配割集数量是 4，少于无向图的装配割集数量。有向图割集分解产生的子装配序列为 4 个，大大少于无向图割集分解产生的子装配序列。

表 4.2 图 4.1 (a)的完全割集矩阵

边装配 割集	a	b	c	d	e
S_1	-1	1	0	0	0
S_2	1	0	0	1	1
S_3	0	-1	-1	0	-1
S_4	0	0	1	-1	0
S_5	0	-1	0	-1	-1
S_6	1	0	1	0	1
S_7	-1	1	1	-1	0

表 4.3 图 4.1 经一次有向图割集法得到的装配序列

有向割集	子装配 1	子装配 2
$\{a,d,e\}$	{2}	{1,3,4}
$\{b,c,e\}$	{1,2,4}	{3}
$\{b,d,e\}$	{1,2}	{3,4}
$\{a,c,e\}$	{2,4}	{1,3}

由于装配关系的有向图表达本身就比装配连接图简单，所以，利用有向图进行割集计算的计算量小，产生的无效序列少。但是仍然存在无效序列过滤的问题。对于有向图割集分析产生的无效序列逐个过滤，仍然可以利用无向图割集分析无效序列过滤方法。由于有向图本身包含一些工程语意信息，所以可以利用这些信息产生过滤准则。

4.1.2.2 单调非线性装配的有向割集计算方法

在生产实践当中，大量存在的是单调非线性装配。装配操作产生在一个零件/子装配与另外的零件或者子装配之间。每次拆卸/装配一个零件或者子装配，对于子装配中零件的装配序列，并不影响。因为子装配在实践当中是在部装车间完成的，如果将这个工程语意信息加入到约束当中，则基于有向图割集计算方法能过滤掉更多的无效序列。

为了便于说明，下面定义单调非线性装配意义下的装配割集。如果有向装配连接图

G 中的一个边集 S 具有这样的性质：①从装配关联图 G 中删除 S 的所有边，得到子连接图 G_1 和 G_2，使连接图 G 的秩正好减少1；②S 的任一真子集都不具备性质①；③ S 的所有边相对于 G_1 或 G_2 为出边；④G_1 或 G_2 中至少有一个平凡图，则称边集 S 为有向装配关联图 G 在单调非线性装配意义下的装配割集。由边集 S 将装配关联图 G 分割成的下一级有向连接图，即子有向连接图 G_1 和 G_2 为子装配。

4.1.2.1 小节阐述的装配序列算法 Sequence Planning(G,S)，只要在算法中计算单调非线性装配意义下的装配割集，就可将算法移植。表4.4是图4.1经一次有向割集算法移植得到的装配序列。

表4.4　图4.1经一次有向图割集算法移植得到的装配序列

有向割集	子装配1	子装配2
$\{a,d,e\}$	$\{2\}$	$\{1,3,4\}$
$\{b,c,e\}$	$\{1,2,4\}$	$\{3\}$

虽然序列结果比4.1.2.1小节的要好，但是算法 Sequence Planning(G,S)需要计算集合的笛卡尔积，计算量很大。下面给出的定理可以使算法更加简化。

根据MT操作，如果一个零件P出现在MT操作的左边，那么一定有一个零件的空间位置和姿态依赖零件P，因此，在拆卸时，在指向P的MT操作没有解除时，零件P一定不能被拆卸。可称只出现在MT操作右边的零件为拆卸基准零件。根据这个约束，可得下面的性质。

性质4.1　单基顶点的有向装配连接图中，对应于基顶点的零件是拆卸基准零件。

证明　根据基顶点的定义，如果 v 是基顶点，则有 $deg^{+}(v)=0$，即 v 只有入边。而有向装配连接图中的所有有向边都是对应着一个MT操作，MT操作左边的零件是有向边的起点，右边的零件是有向边的终点，故基顶点 v 只出现在MT的右边。命题得证。

定理4.2　对于一个完备有向装配连接图 $G=(V,E)$，V 中任何一个出度为0或者入度为0的点(除基顶点外)所关联的边集 S 就是单调非线性装配意义下的装配割集。

证明　$\forall v\in V$，S 将 G 分割成两个成分，$G_1=\{v\}$ 和 $G_2=\{V-\{v\}\}$，定义从 v 到 $\{V-\{v\}\}$ 为断集的方向。显然 S 满足单调非线性装配意义下的装配割集性质的(1)、(2)和(4)。如果 $deg^{+}(v)=0$，则 S 中的边方向和断集的方向相同，即指向 G_2，满足单调非线性装配意义下的装配割集定义的(3)。如果 $deg^{-}(v)=0$，那么 S 中所有边都和断集方向相反，即指向 G_1，满足单调非线性装配意义下的装配割集定义的(3)。故命题成立。

性质4.2　有向装配连接图 $G(V,E)$ 中，$\forall v\in V$，如果 $deg^{-}(v)\neq 0$，则 v 不能从装配中拆卸。

证明　根据有向装配连接图的生成过程，命题显然成立。

根据定理4.2和性质4.1、4.2，将单调非线性装配意义下有向图割集方法装配序列规划算法归纳如下。算法的输入是有向图装配连接图 $G(V,E)$，输出是装配序列集合 $S=\{s_i\}$。算法每次从有向图中去除一个 $deg^{-}(v)=0$ 的点。

```
BEGIN PROC Sequence Planning One By One(G,S)
    S=∅
    IF G是平凡图
        将s1={p|p∈G}，返回S={s1}
    ELSE
        计算V中各点的出度和入度并根据入度从小到大排序
        取W⊂V，且∀w∈W，deg⁻(w)=0
        IF W==∅
            提示出错
            返回S=∅
        ELSE
            取W中第一个元素w
            DO
                G=((V-{w}，E')(E'表示E去掉与w关联的边)
                CALL SequencePlanningOneByOne(G,S')
                S'= {w}×S'
                S=S∪S'
                取下一个元素w
            WHILE(w不是W中的最后一个元素)
        END IF
        返回S
    END IF
END PROC
```

算法中虽然也要做集合的笛卡尔乘积，但是其中的一个集合只有一个元素，所以计算量大大减少。表4.5是对图4.1进行单调非线性装配有向图割集分解的结果。产生装配序列集合是$\{\{3,1,4,2\},\{3,4,1,2\}\}$。

表 4.5　对图 4.1 进行单调非线性装配有向图割集分解结果

	有向割集	子装配 1	子装配 2
第一次有向割集分解	$\{a,d,e\}$	$\{2\}$	$\{1,3,4\}$
第二次有向割集分解	$\{b\}$	$\{1\}$	$\{3\}$
	$\{d\}$	$\{4\}$	$\{3\}$

虽然单调非线性装配意义下有向图割集方法仍然不能完全消除无效序列，但是可以看出，由于利用了 MT 的工程语意信息，得到的装配序列集合远小于无向图割集方法产生的装配序列集合。进一步消除无效序列的关键是将更多的工程语意信息产生的约束加入到无效序列的过滤过程中。

4.1.2.3　**基于约束的单调非线性装配的有向割集算法**

在装配序列规划过程中，经常存在一些零件，它们在装配序列中的位置并不是固定的，最终的决定权在制定序列人员，因此需要提供人为干预装配序列的手段。本书采取的方法是制定约束。在算法上用预先制定的约束来过滤不需要的序列。约束的形式采用优先关系表示方法。表达上用约束矩阵表达。约束矩阵定义如下：

令约束矩阵用 $\boldsymbol{C}=[c_{ij}]$ 表达，其中

$$c_{ij}=\begin{cases}1 & \text{零件 } i \text{ 必须在零件 } j \text{ 前面拆卸}\\ 0 & \text{零件 } i \text{ 不必在零件 } j \text{ 前面拆卸}\end{cases}$$

其中 $i=1,2,\cdots,m;j=1,2,\cdots,m$。$m$ 是零件的数量。根据装配工艺要求，可知约束矩阵有如下性质：

(1) $c_{ij}=0$，当 $i=j$ 时；

(2) $c_{ij}\neq c_{ji}$，当 $i\neq j$ 时。

加入约束后的单调非线性装配意义下有向图割集方法计算装配序列的算法如下。算法的输入是当前可用的有向图装配连接图 $G(V,E)$ 和约束矩阵 $\boldsymbol{C}$，输出的是装配序列集合 $S=\{s_i\}$。

BEGIN PROC SP One By One With Constraint(G,C,S)

　$S=\varnothing$

　IF G 是平凡图

　将 $s_1=\{p\mid p\in G\}$，返回 $S=\{s_1\}$

ELSE

　计算 V 中各点的出度和入度并根据入度从小到大排序

　取 $W\subset V$，且 $\forall w\in W, deg^-(w)=0$

　IF　$W==\varnothing$

```
        提示出错
        返回 S=∅
    ELSE
        取 W 中第一个元素 w
        DO
          G=((V-{w},E')(E'表示 E 去掉与 w 关联的边)
          CALL Sequence Planning One By One(G,S')
          S'= {w}×S'
          S=S∪S'
          CALL Filter With Constraint(C,S)
          取下一个元素 w
        WHILE(w 不是 W 中的最后一个元素)
      END IF
      返回 S
    END IF
  END PROC
```

其中,过程 Filter With Constraint(C,S)利用约束矩阵将 S 中不满足约束的序列剔除。输入是约束矩阵 $\boldsymbol{C}$ 和装配序列集合 S,输出是经过过滤的装配序列集合 S。

如果对图 4.1 定义了如下约束

$$1\ \mathrm{MP}\ 2$$

产生的约束矩阵见表 4.6。则得到的装配序列是{3,1,4,2}。

表 4.6 图 4.1 的约束矩阵

装配序列	1	2	3	4
1	0	0	0	1
2	0	0	0	0
3	0	0	0	0
4	0	0	0	0

4.1.3 应用实例

图 4.2 所示为阀门装配体中的一个子装配的装配图,包含 9 个零件,分别是紧固阀门盖的三个螺栓(cover_bolt1、cover_bolt2、cover_bolt3),阀门盖(cover),阀门轴(shaft),阀门(valve),紧固阀门的阀门螺栓(shaft_bolt1、shaft_bolt2)和阀门体(housing)。利用第 2 章

阐述的提取算法,得到阀门子装配的有向装配连接图,如图 4.3 所示。可以看出,图 4.3 是一个可用的装配连接图,包含一个基零件 housing。利用本章阐述的有向装配图有向割集方法可以得到如表 4.7 所示的装配/拆卸序列。

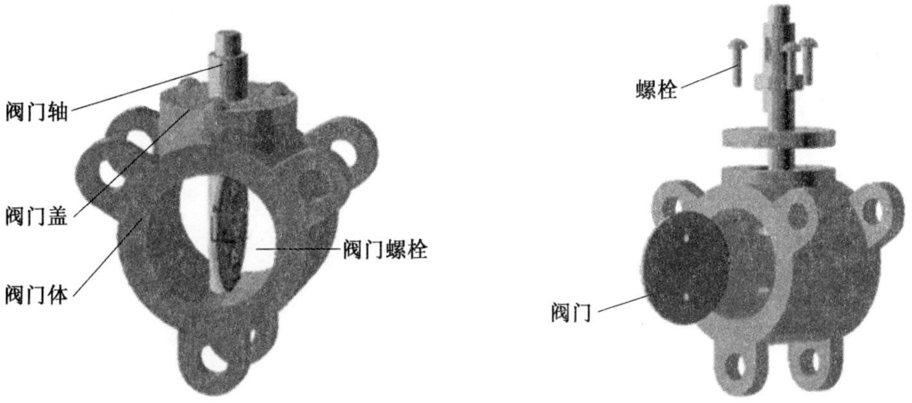

图 4.2　阀门子装配

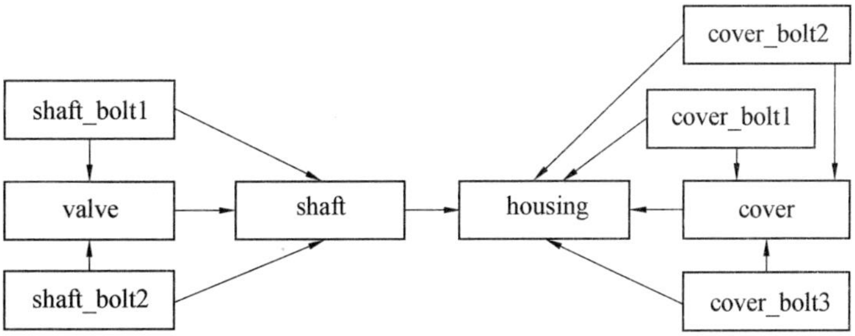

图 4.3　Sub-assembly 的有向装配连接图

为了叙述方便,表 4.7 并没有给出实际的序列,而是给出了序列的抽象描述。表 4.7 中的 4 个部分组成了序列的 4 段,每个部分中零件按照全排列形式形成序列。根据全排列公式可以计算出 1 728 个序列。如果不用有向装配连接图,而利用装配连接图进行割集计算,由文献[31]可知,最坏情况下要得到 9 330 个序列。另外从表 4.7 中也可以看出,由于 housing 被判断为基零件,所以得到 housing 必须最后拆卸,从而确定了 housing 在序列中的位置,减少了无效序列。

表 4.7 Sub-assembly 的装配序列

第一部分	第二部分	第三部分	第四部分
shaft_bolt1, shaft_bolt2, cover_bolt1, cover_bolt2, cover_bolt3	cover, valve	shaft	housing
shaft_bolt1, shaft_bolt2	valve, cover_bolt1, cover_bolt2, cover_bolt3	cover, shaft	housing
cover_bolt1, cover_bolt2, cover_bolt3	cover, shaft_bolt1, shaft_bolt2	valve, shaft	housing

可以肯定,中间有不满足其他工艺要求的序列,因此需要指定约束来过滤。在图 4.2 中,可以肯定 valve 要在 shaft 前拆卸,那么,定义如下约束

$$\text{valve MP shaft}=1$$

则利用基于约束的单调非线性装配的有向割集算法,可以将可行序列进一步减少。从表 4.7 中可以看到,去除 shaft 在 valve 前的序列,可以减少 144 个不满足约束的序列。

4.2 基于有向装配连接图的选择性序列规划

从一个装配体中将指定的一个或多个零件或子装配件拆出的过程称为选择性拆卸(Selective Disassembly)。选择性拆卸在工程实践当中经常会遇到,如设备维护、产品回收和新产品研制。在设备维护过程中,为了降低维护时间和费用,不需要把所有零部件都拆卸下来,仅拆卸需要更换的零部件即可,而且要尽量减少被拆卸的零件。在产品回收过程中,只希望回收有价值的部分,同时尽量减少回收成本,也需要尽可能地减少拆卸的零件数量。对于新产品研制阶段,必然有大量的拆卸和装配的过程,当要从复杂的装配体中拆下某个零件或部件时,也需要选择性序列规划。

有向装配连接图中的有向边代表的工程语意是装配关系。在大多数情况下,配合关系要在拆卸时被解除,从这个角度讲,配合关系也是阻碍关系,因此,可以利用有向装配连接图推导零配件之间的阻碍关系,进而利用现有的计算选择性序列规划的算法。本书从计算零配件阻碍关系开始,给出了选择性序列规划的数学模型,利用 Dijkstra 算法计算最小选择性拆卸/装配序列,最后给出了通用的选择性序列算法。

4.2.1 选择性序列规划的数学模型

在选择性拆卸过程中,将指定零件或部件拆出过程所对应的拆卸零件/部件序列称为

选择性拆卸序列。通常情况下，要求选择性拆卸序列包含尽可能少的零件或子装配。也就是说，尽量减少被拆卸的零件或子装配的数量。由于零件之间复杂的配合关系，导致了零件之间存在复杂的阻碍关系。因此计算选择性序列规划的第一步是计算零件间的阻碍关系。

4.2.1.1　阻碍关系

如果在零件 v_i 拆除之前，必须拆除零件 v_j，则称 v_j 阻碍 v_i。用符号表示为 $v_j \to v_i$。显然阻碍具有传递性，即 $v_j \to v_k$，$v_k \to v_i$，则有 $v_j \to v_i$。根据有向装配图的定义，如果图中一个点 v_i 关联某点 $v_j(i \neq j)$ 有入度，表示点 v_j 所代表的零件是配合到点 v_i 所代表的零件上，则 v_j 阻碍 v_i。对满足下面任何一种情况，称 v_j 完全阻碍 v_i，表示为 $v_j \Rightarrow v_i$。

(1) 如果 v_j 仅有一个关联 v_i 的出度；

(2) 如果 v_j 有一个关联 v_i 的出度，当 v_i 被拆除后，v_j 也一定要被拆除；

(3) $v_j \Rightarrow v_k$，$v_k \Rightarrow v_i$，则 $v_j \Rightarrow v_i$。

不满足上述 3 种情况的，称 v_j 部分阻碍 v_i，如图 4.4 所示。p_3 是配合到 p_2 上，p_3 完全阻碍 p_2。p_6 配合到零件 p_5 和 p_7 上，p_6 既可能部分阻碍 p_7，也可能完全阻碍 p_7。

图 4.4　零件阻碍关系示意图

显然，当 v_j 完全阻碍 v_i 时，v_i 被拆卸后，v_j 没有配合的对象，必然要先于 v_i 拆卸。如果 v_j 部分阻碍 v_i，那么 v_j 是否先于 v_i 拆卸，取决于其他工艺约束。对于有向装配连接图有下面的性质。

性质 4.3　给定一个装配体 A，对应有向装配连接图 $G=(V,E)$。$v_i \in V$ 为代表指定被拆卸零件的点，对于顶点 $v_j \in V(j \neq i)$，若存在有向道路 $P(v_j, v_i)$，则 v_j 完全或部分阻碍 v_i。

证明　$\forall v_j \in V(v_j \neq v_i)$，由于一定存在 v_j 到 v_i 的有向路径，即有 $v_j, v_1, v_2, \cdots, v_m, v_i$ 构成有向路径。根据阻碍的定义，v_j 阻碍 v_1，v_1 阻碍 v_2，根据阻碍的传递性，有 v_j 阻碍 v_i。当 v_j 到 v_i 的有向路径是唯一时，v_j 完全阻碍 v_i，否则部分阻碍 v_i。

根据性质 4.3 可知部分阻碍和完全阻碍是可以从有向装配连接图的拓扑结构推导出来的阻碍关系。但也存在不能根据有向装配连接图拓扑关系推导的阻碍关系。图 4.5(a) 所示的零件 B 为一容器，零件 A 为容器盖，零件 C 为容器内零件。若将零件 C 从容器 B 中拆出，则零件 A 对零件 C 有明显的阻碍关系，但是从图 4.5(b) 所示的有向装配连接图中不能得到相应的阻碍关系。

在有向装配连接图中,由配合关系产生的阻碍称为配合阻碍,否则称为非配合阻碍。

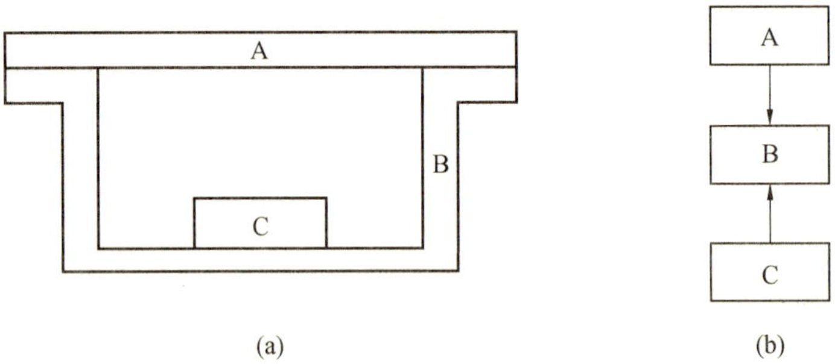

图 4.5　阻碍关系示意图

性质 4.4　有向装配连接图 $G=(V,E)$,指定被拆卸零件 $v_i \in V$,则各个配合阻碍 v_i 的顶点与 v_i 之间存在有向路径。

证明　$\forall v' \in V(v' \neq v_i)$,由于 v' 是阻碍 v_i 的,存在两种情况:(1)v' 与 v_i 之间存在配合关系;(2)v' 通过其他零件间接配合到 v_i。对于第(1)种情况,显然 v' 与 v_i 之间存在有向边,即存在有向路径。对于第(2)种情况,由于 v' 阻碍 v_i,所以当 v' 必须先于 v_i 拆卸,那么根据阻碍的传递性,可知在 v' 和 v_i 之间存在 $v_1,v_2,\cdots,v_m$,将 v' 的阻碍传递到 v_i,由于每个阻碍都对应一个以上的 MT 操作,v' 之间存在有向路径。命题成立。

性质 4.4 说明如果存在从零件 A 到零件 B 的有向路,则零件 A 配合阻碍零件 B。若在有向装配连接图中,不存在从零件 A 到零件 B 的有向路,但是零件 A 阻碍零件 B,则零件 A 非配合阻碍零件 B。非配合阻碍是在有向装配连接图的拓扑结构中不能表达的阻碍,它可以利用 DBG 或者优先约束推导得到。

阻碍约束同样可以用矩阵进行表达。令阻碍约束矩阵用 $\boldsymbol{B}=[b_{ij}]$ 表达,其中:

$$b_{ij}=\begin{cases}1 & \text{零件 } i \text{ 阻碍零件 } j \\ 0 & \text{其他}\end{cases}$$

其中 $i=1,2,\cdots,m$;$j=1,2,\cdots,m$。m 是零件的数量。根据阻碍的定义,可知阻碍约束矩阵有如下性质:

(1)$b_{ij}=0$,当 $i=j$ 时;

(2)$b_{ij} \neq b_{ji}$,当 $i \neq j$ 时。

根据阻碍约束矩阵定义可知,配合阻碍约束矩阵同有向装配连接图的邻接矩阵要获得非配合阻碍约束以及部分阻碍约束需要更多的工艺知识。本书主要考查配合阻碍约束。

选择性序列规划因此也可以分为配合阻碍规划和全阻碍规划。所谓配合阻碍序列规划是指仅考虑零件之间的配合阻碍关系而进行的序列规划,而全阻碍序列规划是指考虑零件之间的相互阻碍关系而进行的序列规划。

4.2.1.2　选择性序列规划的数学模型

配合阻碍序列规划仅仅会出现在配合关系非常简单的装配中，而对于复杂装配体，具有一定的指导意义。在描述配合阻碍选择序列规划前，先介绍下面的概念。

定义 4.1　边界零件是可以直接从装配体拆出的零件。

根据有向装配连接图的定义，有下面的性质：

性质 4.5　$G=(V,E)$ 是一装配体 A 对应的有向装配连接图，$\forall v_i\in V$，若 $deg^-(v_i)=0$，则 v_i 所代表的零件为边界零件。

证明　$\forall v_i\in V$，若 $deg^-(v_i)=0$，则说明没有其他零件以 MT 操作配合到 v_i 所代表的零件上，故 v_i 所代表的零件满足边界零件的定义。命题得证。

定义 4.2　有向装配连接图 $G=(V,E,W)$，设 P 为 G 中的一条有向路径，令

$$w(P)=\sum_{a\in P}w(a) \tag{4.1}$$

则 $w(P)$ 称为 P 的权（或长）。其中的 V 表示 G 的点集，E 表示 G 的边集，W 表示 G 的权集，a 表示 P 中的边。

如果将拆卸序列看成是从初始拆卸零件到指定被拆卸零件间的路径，根据配合阻碍选择序列规划的定义可知，部分配合阻碍选择性序列规划可以转化成在有向装配连接图中寻找一条从初始拆卸零件到指定被拆卸零件间的最短路径问题。仿照最短路径的定义，下面给出选择性拆卸序列规划的数学描述。

定义 4.3　给定一个装配体 A，其对应的有向装配连接图 $G=(V,E,W)$。$v_i\in V$ 为代表指定被拆卸零件的点，若存在边界零件 $v_j(j\neq i)$，路径集合 $\{P(v_j,v_i)\}$，则部分配合阻碍选择性拆卸（Partial Mating Block Selective Disassembly，PMBSD）定义为

$$SD=\min\{w(P(v_j,v_i))\} \tag{4.2}$$

从 SD 的定义可知，如果 $\forall w\in W, w=1$，则 SD 是包含最少顶点的路径，是理论上的最小拆卸/装配序列。本章中如不特殊说明，认为 $w=1$。

相对于部分配合阻碍选择性序列规划，完全配合阻碍选择性序列规划增加了搜索空间，不仅要求拆卸从边界零件到指定被拆卸零件最短路径上的零件集合 B，还要拆除阻碍零件集合 B 的零件。

定义 4.4　定义了阻碍关系 R 的有向装配连接图 G，完全配合阻碍选择性序列规划描述为

$$SD=SP(C) \tag{4.3}$$

其中 $C\subset G$，$\forall c\in C$，c 是阻碍指定被拆卸零件 v 拆卸的零件，$SP(\bullet)$ 是一个将有向图转换成序列的映射。

显然，完全配合阻碍选择性序列规划首先是要找到最小的 C，然后将 C 序列化。

4.2.2 Dijkstra 方法计算最小选择性拆卸序列

4.2.2.1 Dijkstra 方法原理

E. W. Dijkstra 提出的计算弧权为正值的有向图最短路算法是目前公认的最好方法，它不仅能求出 v_i 到 $v_j(j\neq i)$ 的最短路，最后得到的实际是从初始点 v_i 到图中各点的最短路径[158]。

在不含非正回路的有向图 $G=\{V,E,W\}$ 中，其中 $V=\{1,2,\cdots,n\}$ 为顶点集合，E 为边的集合。若用 U_j 和 U_k 分别表示自点 1 到点 j 和点 k 的最短有向路的长度，而 w_{kj} 表示边 (k,j) 的长度（若 $(k,j)\notin E$，则 $w_{kj}=+\infty$），则显然对一切 $j\neq k,j,k=2,3,\cdots,n$ 有

$$\begin{cases}U_1=0\\U_j\leqslant U_k+w_{kj}\end{cases}\tag{4.4}$$

且 $U_j=U_k+w_{kj}$，当且仅当弧 (k,j) 在自点 1 到点 j 的最短有向路上。

因为 U_j 是 G 中自点 1 到点 j 的最短有向路径的长度，因此这条最短有向路径必有一条边 (k,j)，而且该有向路上自点 1 到点 k 的一段也必是最短的有向路径，从而式(4.4)可以写成

$$\begin{cases}U_1=0\\U_j=\min\{U_k+w_{kj}\}\quad j=2,3,\cdots,n\end{cases}\tag{4.5}$$

也就是说，自点 1 到各点的最短有向路径的值必满足式(4.5)。

文献[159]证明 G 中自点 1 到其他各点最短有向路径的长可按大小排列为

$$0=U_1\leqslant U_2\leqslant\cdots\leqslant U_n\tag{4.6}$$

可以用式(4.5)来求解。具体算法如下所示。

步骤 1：置 $U_1=0,U_j=w_{1j},j=2,3,\cdots,n,P=\{1\},T=\{2,3,\cdots,n\}$；

步骤 2：在 T 中寻找一点 k，使得

$$U_k=\min_{j\in T}\{U_j\}$$

置 $P=P\cup\{k\},T=T-\{k\}$。若 $T=\varnothing$ 中止；否则进行步骤 3。

步骤 3：对 T 中每一点 j，置

$$U_j=\min\{U_j,U_k+w_{kj}\}$$

然后返回步骤 1。

这个算法经过 $n-1$ 次循环后必结束。在整个算法过程中，步骤 1 要做 $\frac{1}{2}(n-1)(n-2)$ 次比较，而步骤 2 要做 $\frac{1}{2}(n-1)(n-2)$ 次加法和 $\frac{1}{2}(n-1)(n-2)$ 次比较。因此，总的计算量是 $O(n^2)$。

4.2.2.2 有向装配连接图的变换

第 2 章阐述的有向装配连接图边的方向是从边界零件指向非边界零件的，最终中止

到基零件。为了叙述方便,称以 MT 方向为边的方向的有向装配连接图为正有向装配连接图,称以 MT 的反方向为边的方向的有向装配连接图为负有向装配连接图。图 4.6 是图 2.2 的负有向装配连接图。

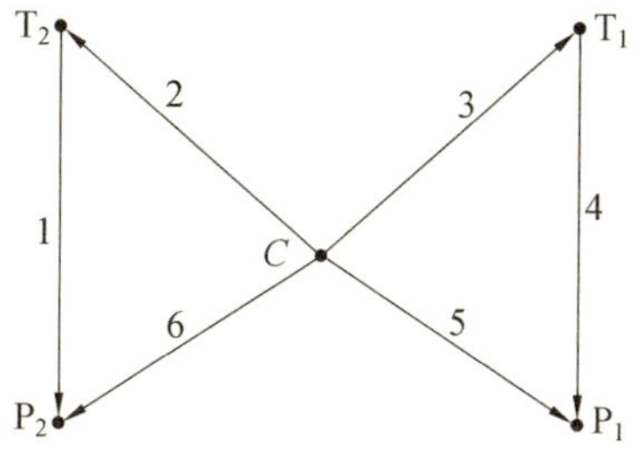

图 4.6　油泵的负有向装配连接图表达

直接利用正有向装配连接图进行选择序列规划需要从边界零件开始应用 Dijkstra 算法,即起点是边界零件,终点是指定被拆卸零件。因此,在最坏情况下,如果存在 n 个边界零件,就要使用 n 次 Dijkstra 算法,因而计算量非常大。从负有向装配连接图的定义可知,在负有向装配连接图中,边的方向是从基零件指向非基零件。故利用负有向装配连接图只需从指定被拆卸零件开始应用 Dijkstra 算法,终止条件是达到第一个边界零件。

根据有向图邻接矩阵的定义,只要将正有向装配连接图的邻接矩阵以对角线为对称轴将对称元素交换即可,表示为

$$d_{ij}=a_{ji}(i\neq j) \tag{4.7}$$

其中 d_{ij}表示负有向装配连接图邻接矩阵的元素,a_{ij}表示正有向装配连接图的邻接矩阵的元素。

在使用 Dijkstra 算法计算选择性序列规划之前,先证明下面的定理。

定理 4.3　对于只含有一个基顶点的正有向装配连接图 $G=(V,E)$ 中,边界零件 $v_i\in V$ 和基零件 $v_j\in V$ 之间一定存在一条有向路。

证明　假设 v_j和 v_i之间不存在一条有向道路,那么根据定理 2.2,v_j和 v_i之间至少存在一条道路 P,因此 P 上存在一点 v_k,有 $deg^+(v_k)=0$,这与条件矛盾。故假设不成立。

定理 4.4　对于只含有一个基顶点的正有向装配连接图 $G=(V,E)$ 中,对非边界零件 $v_j\in V$, $\exists v_i\in V(j\neq i)$,且 v_i是边界零件,使得 $P(v_i,v_j)$存在。

证明　因为 v_i不是边界零件,所以 v_i必处于边界零件和基零件之间,由定理 4.3 得,命题成立。

根据负有向装配连接图和正有向装配连接图的关系,定理 4.3 和定理 4.4 也适用于负有向装配连接图。定理 4.3 和定理 4.4 说明了从边界零件到指定被拆卸零件的拓扑可行性。

4.2.2.3　Dijkstra 方法计算选择性序列

在负有向装配连接图上应用 Dijkstra 算法计算选择性装配序列可以描述如下:

给定一个装配体 A,其对应的负有向装配连接图 $G=(V,E,W)$。$v_i\in V$ 为代表指定被拆卸零件的点,寻找一条到边界零件 $v_j(j\neq i)$ 最短的路径 $P(v_i,v_j)$,即

$$SD=\min\{w(P(v_i,v_j))\} \tag{4.8}$$

式中 SD 表示序列，且 $\forall w \in W, w=1$。

根据上面的阐述，基于 Dijkstra 算法的选择性序列规划算法描述如下，算法的输入参数是负有向装配连接图 G 和指定被拆卸零件 v_1，输出参数是选择性拆卸序列。

```
BEGIN PROC Selective Sequence Planning(G, v1, S)
    置 U1=0, Uj=w1j, j=2,3,…,n
    置 P={1}, T={2,3,…,n}
    DO
      Uk = min{Uj}  (j∈T)
      S=S∪{k}
      T=T-{k}
      IF(T≠∅)
        取 T 中的第一个元素 j
        WHILE(j 是 T 中的元素)
            Uj=min{Uj, Uk+wkj}
            取 T 中的下一个元素 j
        END WHILE
      END IF
    WHILE(T==∅)
END PROC
```

算法 Selective Sequence Planning 中 n 表示 G 中顶点的数量。根据定理 4.2，该算法在 $(n-1)$ 次循环后必然结束，因此算法的计算复杂度同 Dijkstra 算法，即 $O(n^2)$[160]。

4.2.3 完全配合阻碍选择性序列规划

实践当中，拆卸的阻碍性是明显存在的。根据完全配合阻碍选择性序列规划 SD 定义可知，SD 需要按照以下步骤完成：

(1)计算阻碍关系矩阵；

(2)计算配合阻碍零件集合；

(3)计算阻碍拆卸零件集合 C；

(4)利用割集方法计算 C 的完全拆卸序列。

阻碍关系矩阵所包含的阻碍关系包括配合阻碍关系和非配合阻碍关系。在配合阻碍关系中还要剔除不影响拆卸的部分阻碍关系。本书主要考虑配合阻碍关系。

4.2.3.1 配合阻碍拆卸零件集合计算

设 $\{c_i\}$（其中 $i=1,2,\cdots,w$）为所有配合阻碍拆卸的零件 v 集合，记为

$$C=\{c_i\} \tag{4.9}$$

为计算 C，首先证明下面的定理。

定理4.5　对于单基顶点有向装配连接图 $G=(V,E,W)$ 中，边界零件集合 $B=\{b_1, b_2,\cdots,b_m\}$，$P_k(b_j,v)(k=1,2,\cdots,q)$ 表示边界零件到指定被拆卸零件 $v\in V$ 之间的第 k 条有向路，则

$$C=\bigcup_{j=1}^{m}\bigcup_{k=1}^{q}P_k(b_j,v) \tag{4.10}$$

证明　令 $C_j=\bigcup_{k=1}^{q}P_k(b_j,v)$ 表示从边界点 b_j 到指定被拆卸零件 v 之间的所有有向路所包含的点集。根据性质4.1可知，存在如下关系：

$$\bigcup_{j=1}^{m}\bigcup_{k=1}^{q}P_k(b_j,v)\subset C \tag{4.11}$$

下面只要证明对于 $\forall c\in C$，若 c 不是边界零件，则 c 与边界零件间存在有向路。假设 c 与边界零件之间没有有向路，即对所有 $b\in B$，不存在 $P(b,c)$，因此 $c\notin\bigcup_{k=1}^{q}P_k(b,v)$，显然与 $c\in C$ 矛盾。故 $\forall c\in C$，同时存在 $P(b,c)$ 和 $P(c,v)$，即

$$c\in\bigcup_{j=1}^{m}\bigcup_{k=1}^{q}P_k(b_j,v) \tag{4.12}$$

综合式(4.11)和式(4.12)，可知命题成立。

定理4.5说明存在一个集合，这个集合包含所有与指定被拆卸零件有阻碍关系的零件。算法 Get DV(G,C)用来计算 C。算法的输入参数是装配体的有向装配连接图 G，输出参数是 C 的顶点集合。该算法是一个典型的递归过程。

```
BEGIN PROC GetDV(G,C)
    C=∅
    获得 G 的所有边界点 B
    从 B 中取 b1
    DO WHILE(B≠∅)
        FindSub(b1,G,S)
        IF(S≠∅)
            C=C∪S∪{b1}
        END IF
        B-{b1}
    END DO
END PROC
```

算法 GetDV(G,C)中调用的过程 FindSub(v,G,S)是用来计算配合阻碍 v 的所有点集。输入参数是顶点 v 和有向装配连接图 G，输出参数是目标点集 S。

```
BEGIN PROC FindSub(v,G,S)
    S=∅
    取 V 为与 v 的出边关联的点集合
    IF(V=∅)
        返回 S
    END IF
    取 V 的第一个元素 v_i
    DO WHILE(V≠∅)
        FindSub(v_i,G,S')
        S=S∪S'∪{v_i}
        V=V-{v_i}
    END DO
END PROC
```

可以看出过程 GetDV 实际上是对有向装配连接图 G 进行了广度优先搜索(Breadth First Search)遍历。因有向图采用二维数组存储结构,所以过程 GetDV 的时间复杂度为 $O(n^2)+O(e)$[161],其中 n 为图 G 的顶点数,e 为图 G 中有向边数。

4.2.3.2 **利用约束求解最小阻碍拆卸零件集合**

式(4.9)所表达的是与指定被拆卸零件有配合关系的最大的零件集合。但是在序列规划的过程中,往往有些零件是属于部分约束,虽然与指定被拆卸零件之间存在有向路径,但是根据其他的工艺约束,在拆卸指定被拆卸零件前,不必拆卸。如图 4.4 所示,如果工艺要求拆卸零件 p_5 前不必拆卸零件 p_6,那么 p_6 就不属于式(4.9)所定义的集合。但是,目前的 CAD 系统不能保留所有相关信息,所以在规划前需要人为指定这些约束。

对于一个装配体,定义了阻碍约束之后,在得到式(4.10)后,只要将部分阻碍指定被拆卸零件但实际上又没有构成阻碍的零件集合 D 从集合 C 中剔除,就可以得到不包含间接阻碍零件的阻碍零件集合。表示为

$$C'=C-D-D' \tag{4.13}$$

其中 D' 是完全阻碍 D 的零件集合。

这个方法原理虽然简单,但是由于要计算 D',实现起来相对复杂。有了下面的定理,就可以不用计算 D' 了。

定理 4.6 对一个有向装配连接图 $G=(V,E,W)$,设在此有向装配连接图上定义了阻碍约束 M。假设约束中,顶点集合 $D=\{d_1,d_2,\cdots,d_m\}$ 与指定被拆卸零件 v 部分阻碍,那么将 D 及所关联的边从图 G 中去除,对所得到的图 $G'=(V',E',W)$ 按式(4.10)计算,仍然能得到 C'。

证明 对式(4.13)进行变换得到

$$C'=C-(D+D') \tag{4.14}$$

根据完全阻碍的定义，$\forall d_i \in D'$，d_i 到 v 有且仅有一条有向路 $P_i(d_i,v)$，则 $D+D'$ 可以表达为

$$D+D'=\bigcup_{i=1}^{p} P_i(d_i,v)\ (i=1,2,\cdots,p) \tag{4.15}$$

其中 p 表示 D' 中元素的个数。则式(4.14)可以表示为

$$C'=\bigcup_{j=1}^{m}\bigcup_{k=1}^{q} P_k(b_j,v)-\bigcup_{i=1}^{p} P_i(d_i,v) \tag{4.16}$$

B' 是 G' 中的边界顶点，$B'=B-(D+D')$。令 $P^G(B,v)$ 表示在图 G 中，B 中所有元素到 v 的有向路径集合，则式(4.16)可以改写成

$$C'=P^{G'}(B',v) \tag{4.17}$$

命题成立。

利用定理 4.6 的方法，可以降低有向装配连接图的规模，从而可以减少重复计算阻碍指定被拆卸零件的零件，减少计算 C' 的时间。

有阻碍选择序列规划的最后一步是利用割集方法计算完全拆卸序列。对于有向装配连接图 $G=(V,E,W)$，去掉 $\forall v \in V, v \notin C$ 及 v 所关联的边，得到图 $G' \subset G$。若 G' 包含多个成分，则选择包含指定被拆卸零件的成分 G' 进行割集分解，计算完全拆卸序列，就可以得到拆除指定被拆卸零件所涉及的零件的拆卸序列，即选择性拆卸序列。

4.2.3.3　基顶点去除降低有向装配连接图规模

当选中基顶点做选择性序列规划时，选择性序列规划就演变成全序列规划。当指定被拆卸零件不是基零件时，有下面的定理。

定理 4.7　若一个没有定义非配合阻碍关系的有向装配连接图 $G=(V,E,W)$，将基顶点 v 及与其关联的所有边去除，得到集合 $\{G_i=\{V_i,E_i,W\}\}\ (i=1,2,\cdots,m)$。若指定被拆卸零件 $v' \in V_i$，则可以用 G_i 代替 G 做选择性序列规划。

证明：因为基顶点 v 的出度为零，去掉基顶点 v 和与 v 关联的边，则图 G 被分成若干成分 G_i。而根据阻碍的定义，所有阻碍指定被拆卸零件 v' 的顶点必然与 v' 存在有向道路，而这些有向路中必然不含有 v。对于 $\forall G_i$，若 $v \notin G_i$，必然 G_i 不包含阻碍 v' 的顶点。命题得证。

定理 4.7 表明，在计算选择性序列规划时，可以先将有向装配连接图的基顶点及与其关联的边去除，保留包含指定被拆卸零件所在的成分。如图 4.3 所示的有向装配连接图，若要计算拆出零件 shaft 的选择性序列，根据定理 4.7，将基顶点 housing 去掉，得到图4.7，从而降低有向装配连接图的数量，而不影响选择性序列的计算。显然，一个很复杂的有向装配连接图能用这个定理简化，这对提高计算效率有很大的帮助。

4.2.4　应用实例

本节以图 2.12 的阀门装配体为例，说明选择性序列规划。不失一般性，指定 Arm 为

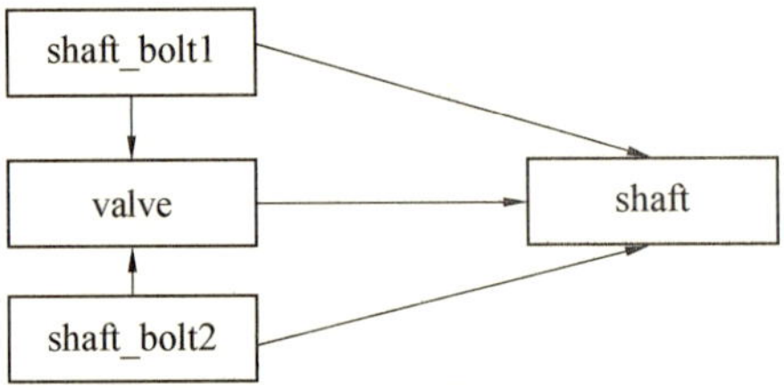

图 4.7　图 4.3 基顶点去除后的有向装配连接图

被拆卸的零件。利用 Dijkstra 方法计算得到的最小选择性序列为 Housing_nut、Arm。利用过程 GetDV 计算得到的点集{Housing_nut, Tierod_bolt, Rodend, Arm, Shaft_nut}。利用第 4.1 节提出的计算全序列方法计算,得到的序列见表 4.8。

表 4.8　选择性序列规划结果

Shaft_nut	Housing_nut	Tierod_bolt	Rodend	Arm
Housing_nut	Shaft_nut	Tierod_bolt	Rodend	Arm
Housing_nut	Tierod_bolt	Shaft_nut	Rodend	Arm

图 4.8 是应用基顶点去除方法后,得到的有向装配连接图。可以看出,有向装配连接图从去除基顶点前的 16 个降低到去除后的 5 个,有向装配图的规模得到了比较大的减小。根据 GetDV 的时间复杂度的计算公式,计算量减少了 $O(16^2+21-5^2-5)$,即 $O(215)$。

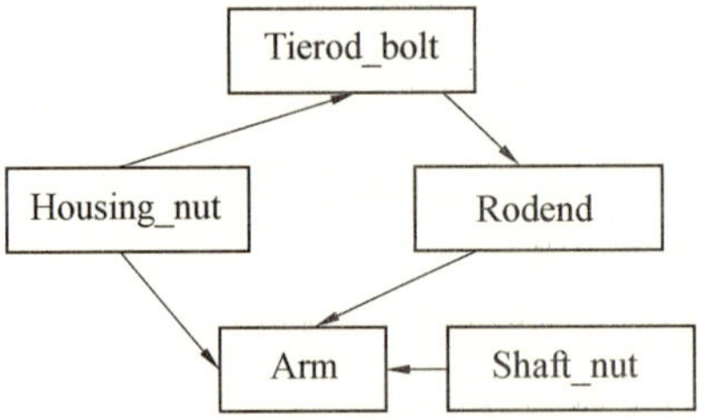

图 4.8　基顶点去除后的阀体有向装配连接图

4.3　基于 MMAS * 算法的线性装配序列规划

对于一个装配体而言,线性序列规划就是为其零件(第一层的子部件,包括零件和子装配)安排一个满足各种装配可行性要求、优化要求的一个排列(装配序列)。

优先关系图 PG 记录了装配体中各零件之间的优先关系。它对装配规划的作用就是利用其中的优先关系把产生的装配序列限制在一定的范围之内。由于优先关系的存在,大大限制了装配序列规划的解空间的规模，如图 4.9 所示。

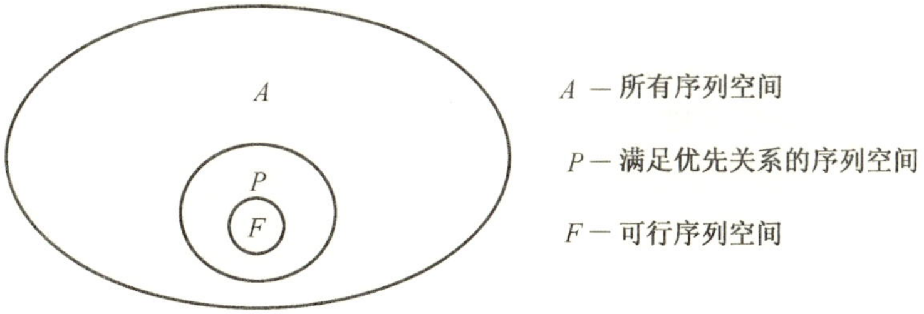

图 4.9　装配序列规划的解空间结构

优先关系在序列规划中可以有两种应用方式，一是利用优先关系作为指导，直接在空间 P 中生成序列；二是在空间 A 中生成装配序列，再使用优先关系对其进行检验，舍弃不属于空间 P 的序列。当零件和优先关系的数量都较多时，空间 A 和空间 P 的规模往往差别极大，直接在 P 中进行搜索可以大大提高搜索效率；另外，应用所有的优先关系对一条序列进行检查，这个过程需要进行多次遍历、比较和判断等操作，也会降低规划的效率。显然，应该利用第一种方法进行序列规划。

文献[23]使用了有向割集对有向图进行分解，这种方法可以满足有向边所代表的优先关系。但是该方法是一个穷举式算法，尽管空间 P 相对于 A 的规模很小，但是当装配体规模稍大时，也难以将 P 中所有的序列逐一生成。所以，应该在优先关系图的基础上，利用一种构造式算法进行序列规划，在优先关系的指导下直接在 P 空间中构造序列，此外在构造过程还可以直接加入各种启发信息的指导作用。

本章针对装配序列规划问题的特点和算法的收敛性和优化性能，对蚁群算法进行改造，利用该算法在优先关系的指导下生成满足装配可行性、实现装配代价优化的装配序列。

4.3.1　蚁群算法原理

蚁群算法是模仿自然蚁群通过信息素进行合作的行为，将组合优化问题的组成元素看作自然界的道路，让人工蚂蚁对这些元素进行选择从而构成一个完整的解，并且根据解的优劣进行人工信息素释放。在解的构造过程中，利用概率选择规则使蚂蚁个体倾向于选择人工信息素较浓的元素个体。下面基于旅行商问题（Traveling Salesman Problem，TSP），给出蚁群算法的工作原理。

TSP 问题的典型提法为：记 $G=(V,E)$ 为赋权图，$V=\{1,2,\cdots,N\}$ 为顶点集（城市集合），E 为边集（城市之间的公路），各顶点间的权值为 l_{ij}（公路长度），已知（$l_{ij}>0$，$l_{ij}\to +\infty$，$i,j\in V$）。要求一条经过所有顶点一次且仅一次的回路（称为旅途），使得经过的所有边的权值之和最小。为求解 TSP 问题，将蚁群随机放到每个城市上，每只蚂蚁通过概率转移规则选择下一个要访问的城市,该规则令蚂蚁个体趋向于选择信息素浓度较高以及长度较短的公路(或距离当前城市较近的城市)。当所有的蚂蚁完成了一个旅程后,进行信息素更新。然后开始新的迭代,直到算法满足停止条件。

4.3.1.1 概率转移规则

蚁群算法的概率转移由下式决定,即

$$P_{ij}(k,t)=\begin{cases}\dfrac{\tau_{ij}{}^{\alpha}(t)\eta_{ij}{}^{\beta}}{\sum\limits_{x\in \mathrm{allow}_i(k,t)}\tau_{ix}{}^{\alpha}(t)\eta_{ix}{}^{\beta}} & \text{如果 } j\in \mathrm{allow}_i(k,t)\\ 0 & \text{其他}\end{cases} \tag{4.18}$$

式中 $P_{ij}(k,t)$——第 k 个蚂蚁在第 t 次迭代中,从第 i 个城市转移到第 j 个城市的概率;

$\tau_{ij}(t)$——边 e_{ij}(从第 i 个城市通往第 j 个城市的公路)上的信息素浓度;

η_{ij}—启发式信息(又称渴望值、吸引度等),一般为边 e_{ij}的长度的倒数 $1/l_{ij}$;

α、β——决定 $\tau_{ij}(t)$、η_{ij}相对重要性的参数;

$\mathrm{allow}_i(k,t)$——蚂蚁 k 在第 t 次迭代中访问完第 i 个城市之后,仍未访问的集合,它主要用来防止重复访问某个城市。

在确定了 allow 中所有边的选择概率之后,利用轮盘赌的方式随机选择一条边:生成一个随机数,然后将 allow 中各个边对应的概率逐个相加,第一个使累加和大于等于该随机数的边,就是这次随机选择的结果。在选择了一个城市之后,将它从 allow 中删除,然后继续选择,直到完成一个完整的旅途。

4.3.1.2 信息素更新

蚁群中所有蚂蚁完成一次旅途称为一次迭代,每次迭代后,对信息素更新。为了阻止某些元素上的信息素无限增多从而影响其他元素的选择,以及忘记部分陈旧信息,对矩阵中所有的信息素进行蒸发,即

$$\tau_{ij}(t)=\rho\cdot\tau_{ij}(t),\quad i\in 1\sim N,\quad j\in 1\sim N \tag{4.19}$$

式中 ρ——信息素保留系数(ρ=1-信息素蒸发系数),$0<\rho<1$;

N——图中节点的个数(城市的数量)。

然后根据旅途的优劣由蚂蚁进行信息素的积累。一只蚂蚁的信息素释放规则为

$$\Delta\tau_{ij}(k,t)=\begin{cases}1/L(k,t) & \text{如果蚂蚁 } k \text{ 在第 } t \text{ 次迭代中选择了边}(i,j)\\ 0 & \text{其他}\end{cases} \tag{4.20}$$

式中 $\Delta\tau_{ij}(k,t)$——第 t 次迭代中,蚂蚁 k 在边 arc_{ij}上释放的信息素;

$L(k,t)$——蚂蚁 k 在本次迭代中得到的旅途长度,旅途越短,对应的元素中将得到越多的信息素。

更新完信息素之后,重新进行迭代,直到满足终止条件。

4.3.1.3 蚁群算法存在的不足

蚁群算法的主要思想是利用信息正反馈原理和启发式算法的有机结合,并在构造解

的过程中利用了概率选择策略。但是,由于在运行过程中所有蚂蚁执行信息素的积累,使得蚁群整体留下的信息呈现多样性,即多个较好的解可能同时获得很多信息素,这样蚁群在选择时可能总在这几个解对应的组成元素之间转换,相反降低了最优解的出现概率,扰乱并减缓了优化速度。为了解决这个问题,一些学者提出了杰出策略(Elitist Strategy),其中一次迭代中获得的最好的解称为迭代杰出解(Iteration Elitist Solution,记作 S_{ii}),在整个运行过程中得到的最好的解称为全局最杰出解(Global Elistist Solution,记作 S_{gi})。在杰出策略中加强了 S_{ii} 和 S_{gi} 对信息素的释放,使得算法的优化速度得到了很大的提高。

蚁群算法的另外一个需要解决的问题是早熟(Premature) 现象:在运行过程中,蚁群被某个局部最优解吸引,不管再投入多长时间蚁群都不会跳离这个解。早熟现象无论是在普通的蚁群算法中还是在使用杰出策略的蚁群算法中都普遍存在。其原因主要来自于一个局部最优解(如 TSP 问题中一个很短但不是最短的旅程) 对应的元素上获得了大量的信息素,继而吸引更多的蚂蚁(继而获得更多的信息素);与此同时,其他解元素上的信息素由于较小的增加量以及不断的蒸发而相对很小,对蚁群的吸引作用越来越弱。另外,信息素的零初值也使得在运行初期信息素的增加值相对其初始值较大,因此一个较好的解在算法运行的初期容易对蚁群产生很大的影响,这也是算法容易早熟的一个重要原因。

为了解决上面这些问题,很多学者对蚁群算法逐步进行了改造,较为突出的是 Stützle Thomas 等人的 MMAS(Max - Min Ant System,最大 - 最小蚂蚁系统),以及 Walter J. Gutjahr 的 GBAS(Graph Based Ant System,基于图的蚂蚁系统)。

Stützle Thomas 的研究为改善蚁群算法的运行结果提供了一条重要的途径,他在文献[162] 中为信息素引入了上下界限制,基于对 TSP 问题的适应度函数的景象(Fitness Landscape) 的分析,他假设一旦发现了全局最优解,算法就可以很快进入停滞(Stagnation) 状态,并且假设启发式信息的影响可以忽略。基于以上假设,Stützle Thomas 给出了信息素的上下界,它们是全局杰出解 S_{gi} 的目标值的函数,其中信息素下界的设置还同期望的能够找到最优解的概率值(这个概率值实际上同算法运行的结果相差还很大) 有关。信息素上下界的出现,减小了算法早熟的可能性。MMAS 在很多 TSP 问题的实例上进行了应用,取得了非常成功的结果。但是 MMAS 仍然无法完全避免算法的早熟现象,所以 Stützle 在文献[162] 中利用局域搜索(Local Search) 对 MMAS 的迭代杰出解 S_{ii} 进行随机修改,帮助算法跳离局部最优解。

在此之后,Walter J. Gutjahr 针对蚁群算法的早熟问题,给出了理论上的解决方法。他在文献[163] 中描述了基于图的时变蒸发系数蚁群算法(Graph Based Ant System with Time Dependent Evaporation,GBAS/TDEV) 和基于图的时变信息素下界的蚁群算法(Graph Based Ant System with Time Dependent Lower Bound,GBAS/TDLB),在这两种算

法中,Gutjahr 分别利用时变(随着迭代次数而改变)的信息素蒸发系数或者时变信息素下界对信息素的更新过程进行改造,使得在运行过程中,信息素的最小值不低于

$$\tau_{\min} = \frac{\text{const}}{\ln(t+1)} \quad (t > 1) \tag{4.21}$$

式中 const —— 常数,const > 0;

t—— 运行时的迭代次数。

这样做的目的是控制信息素的快速丢失,减小局部最优解对应的信息素的相对优势,从而使得算法不会过早地收敛到局部最优解上。之后,Gutjahr 证明了在这个信息素最小值的限制作用下,当运行的迭代次数 $t \to \infty$ 时,蚁群收敛到某个全局最优解的概率是 1。

GBAS/tdev 和 GBAS/tdlb 两种算法保证了收敛性的主要途径是利用式(4.21)限制信息素的过快衰减。但这只是在 $t \to \infty$ 的情况下得到的理论结果,对于实际应用仍然存在需要解决的问题。令式(4.21)中的 const = 1,可以得到如图 4.10 所示的信息素下界 $\tau_{\min}$ 在运行中的变化趋势。

从图 4.10 可以看出,在大约前 50 次迭代中 $\tau_{\min}$ 的值急剧下降,随后又极为缓慢地衰减。这种衰减方式使得 $\tau_{\min}$ 对信息素的约束作用在运行初期就快速地减弱了,局部最优解容易在算法初期获得较大的相对优势。另一方面,在经过初期的急剧下降阶段之后,$\tau_{\min}$ 的衰减过程又过于平缓。在运行后期,全局最优解对应的信息素应该占据绝对优势,但是由于 $\tau_{\min}$ 这种过于缓慢的衰减,全局最优解迟迟不能得到很大的优势,使得蚁群难以找到这个最优解。在实际应用中不可能投入无穷多的时间去等待 $\tau_{\min}$ 衰减到一个很小值。所以,为了得到更好的实用效果,需要重新设计信息素下界的衰减方式。

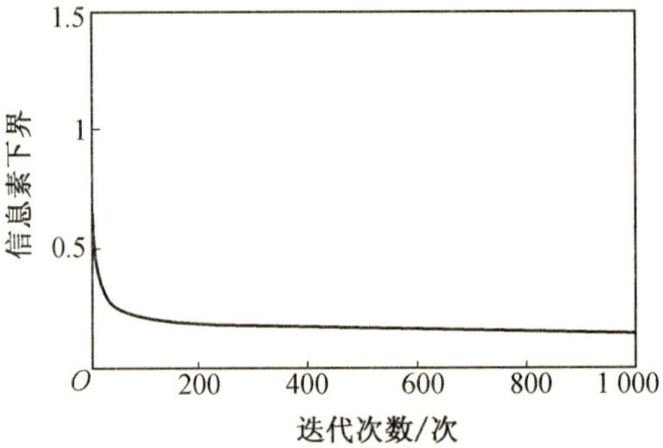

图 4.10 GBAS/tdev、GBAS/tdlb 算法中的信息素下界

另外,GBAS/tdev 和 GBAS/tdlb 的信息素积累过程也存在着积累速度过缓的问题,使得优化的进程十分缓慢,应该采用更为有效的积累方式(如 MMAS 的信息素积累)。

基于上述原因,本书将构造一种新的 MMAS * 算法,在这个算法中,使用 MMAS 算法的信息素上界,并构造一个新的信息素下界确定方式,使得一方面在 $t \to \infty$ 时,蚁群收敛

到某个全局最优解的概率是1。另一方面,使信息素下界在运行初期的衰减速度较慢,在运行中期较快衰减,最终在运行停止时降至零;并且根据用户投入的运行时间自动调整衰减过程,使得算法运行在不同的总迭代次数都可以给出理想的运行结果。

除了蚁群算法本身存在的问题,本章还需要面向装配序列规划对蚁群算法进行改造,使其在优先关系图*PG*和装配关系矩阵***ARM***的基础上,生成可行的优化(线性单调的)装配序列。

4.3.2　MMAS* 算法和装配序列生成

本节对蚁群算法进行改进,提出一种全新的信息素下界,结合使用 MMAS 算法中的信息素上界,对信息素的更新过程进行约束,确保算法的收敛性以及实用性。

为了使蚁群在处理具有可行性要求(工具操作空间要求)的问题时能够给出更好的优化效果,本书提出了惩罚蒸发策略,加速蒸发不可行解对应的信息素,帮助蚁群加快避开不可行的解。

作为一种构造式算法,蚁群算法可以在个体解的构造过程中,加入对构造过程的指导和限制机制。利用蚁群算法的这个特点,本书利用优先关系图中的波传播法,将优先关系对装配序列的指导作用加入个体解的构造过程,使蚂蚁个体的每个搜索步骤都满足 *PG* 中所有的优先关系。

然后基于 MMAS* 算法,给出单调线性装配序列的生成算法。

4.3.2.1　MMAS* 算法

本节针对蚁群算法的收敛性和实用效果进行改进,构造出新的 MMAS* 算法。除了4.3.1节中描述的内容之外,MMAS* 算法的特别之处描述如下。

在 MMAS* 中沿用了 MMAS 算法中的信息素上界,它是全局最杰出解 S_{gi} 的代价 L_{gi} 的函数

$$\tau_{max}(t) = 1/((1-\rho) \times L_{gi}(t-1)) \tag{4.22}$$

式中　ρ——信息素的保留系数,$0 < \rho \leq 1$;

t——运行的迭代次数,$t = 1,2,\cdots$;

$L_{gi}(t)$——截止到第 t 次迭代,蚁群发现的全局杰出解 S_{gi} 的代价值(如装配序列的总装配时间、TSP 问题中的旅程长度等)。

根据这种方式,算法发现的S_{gi}的质量越好(代价越小),则信息素的上限越高,好的解能够获得的信息素的上限也越高。本书假设所有组合优化问题的实例的全局最优解的代价大于0,即 $L_{op} > 0$,且 $L_{op} \leq L_{gi}$,可得

$$\tau_{max}(t) \leq 1/[(1-\rho) \times L_{op}] = T_{max} \tag{4.23}$$

因此,信息素的上限对于每个组合优化问题的实例而言,都存在一个小于无穷大的极值 T_{max}。相对的,可以通过调整信息素的下界来调节各个位置上信息素的相对差别的限

制。上下界之间的差别越大,则蚁群被某一个较好的解吸引的可能性越高;差别越小,蚁群发散的可能性越高。

在算法运行初期,应该避免蚁群被某个解过度吸引,此时就应该使信息素上下界之间的差别较小,然后逐渐地进行衰减;而在算法后期,由于经验的逐渐积累,蚁群需要选择信息素浓度较高的解元素。如果此时全局最优解上面已经获得了很高的信息素,而信息素下界很小,则相对的,全局最优解就有可能获得信息素上的较大优势。因此信息素下界在算法即将停止时应该很小,直至结束时衰减至0。

根据上面的分析,本书构造出以下的信息素下界,即

$$\tau_{\min}(t)=\tau_{\text{ini}}\cdot\left[\frac{\cos(t\cdot\pi/T)+1)}{2}\right]^{2} \tag{4.24}$$

式中 T—— 算法执行的总迭代次数;

τ_{ini}—— 信息素的初始值,$\tau_{\text{ini}}>0$;

t—— 运行的迭代次数,$0<t\leqslant T$。

根据式(4.24)确定的信息素下界的衰减过程随着总的迭代次数而改变的,它的下降过程如图4.11所示。

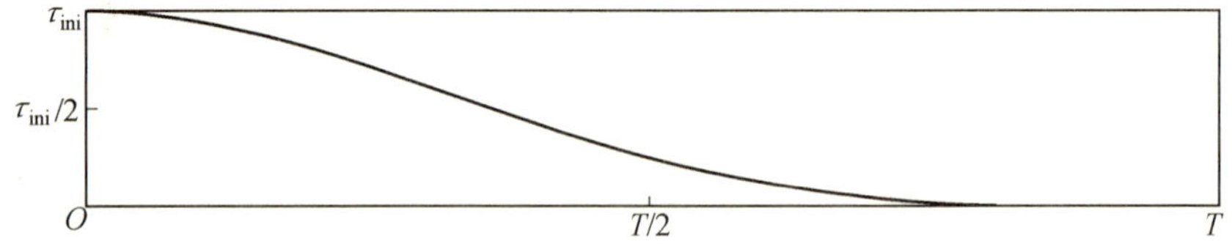

图4.11 MMAS* 算法的信息素下界

从图4.11可以看出,式(4.24)给出的信息素下界在算法运行的初期下降较为缓慢,而在后期逐渐衰减,直到算法停止衰减为0,且这个过程可以随着投入运行的时间的变化而变化。直观观察可见,该方法比图4.10所示的信息素下限更为灵活实用。在后文中,本书将通过理论分析和实验比较,证明该方式是一种理想的信息素下界的衰减方式。

为了使算法在运行初期时信息素的增加值相对于初始值 τ_{ini} 具有较小的影响(如果影响大,这个增加值容易对蚁群产生较大的"吸引力",而使算法陷入早熟),因此,本书采用 $t=0$ 时的信息素上界作为信息素的初值,即

$$\tau_{\text{ini}}=\tau_{\max}(1)=1/((1-\rho)\times L_{\text{gi}}(0)) \tag{4.25}$$

其中 $L_{\text{gi}}(0)$ 是一个任意的解的代价值,这个值在TSP问题中一般利用贪婪算法获取一个旅途,以该旅途的长度作为 $L_{\text{gb}}(0)$。然而在装配序列规划之类具有可行性要求的问题中,难以保证利用贪婪算法一定能够得到一个可行解。而非可行解的代价一般同可行解的代价有一定差距,甚至比可行解的代价小得多。这样利用非可行解设置 τ_{ini} 和 $\tau_{\max}$,则可能使运行时信息素上限不增反降,会影响到算法的优化过程。

为此,本书采用试探法计算 $L_{gi}(0)$:令 τ_{ini} 暂时等于 0,然后让蚁群进行一定次数的试探性迭代,将试探过程中获得的可行解的平均代价作为 $L_{gi}(0)$,并代入式(4.22)、(4.24)和式(4.25),计算 τ_{ini}、$\tau_{max}(1)$ 和 $\tau_{min}(1)$。

在确定了信息素的上下界以及初值之后,蚁群开始利用式(4.18)中的概率转移规则构造各自的解,然后开始信息素的更新过程。

除了自然蒸发以外,本书针对不可行解(如不满足安装空间可行性、工具操作可行性要求等的序列)给出信息素的惩罚性蒸发措施。在很多实际工程问题中,存在着可行性问题。以往处理此类问题常用的方法是罚函数法或者重构搜索空间法[164]。其中罚函数法将不可行的解利用一个罚函数进行惩罚,相当于增加不可行解对应的代价,将不可行解化为可行解处理。如果罚函数的惩罚力度太小,则有可能造成算法的结果仍然不可行;如果罚函数的惩罚力度太大,则使得在计算代价时罚函数占据了过大的比重,而可行解的代价信息对算法的影响大大降低,影响算法的搜索效率。而重构搜索空间法则需要对搜索空间进行研究,通过适当的措施避免算法产生不可行的解,但是这种方法必须对应用对象深入了解,对于复杂多变的装配序列规划而言这是非常困难的。

利用信息素来进行信息的记忆与反馈是蚁群算法的主要原理之一,本书就利用蚁群算法的这个特点,针对不可行的解给出惩罚蒸发策略。在每次迭代结束之后,对所有个体进行可行性检查。一方面不可行的解不可以作为 S_{gi} 进行信息素积累;另外对所有不可行的个体解,加速蒸发(相对于原有的自然蒸发)其对应的信息素,以此减小无效解对蚁群的吸引作用,即

$$\tau_{kl}(t) = \rho_{pu} \cdot \tau_{kl}(t) \tag{4.26}$$

式中　ρ_{pu}—— 惩罚系数,$0 < \rho_{pu} < 1$;

$\tau_{kl}(t)$—— 被惩罚的信息素浓度,对应的解元素 e_{kl} 属于无效的个体解。

在蒸发结束之后,计算个体解的代价,利用全局最杰出解 S_{gi} 进行信息素积累。在多个全局杰出个体中,本书只取用最先出现的 S_{gi} 进行序列更新。

$$\tau_{kl}(t) = \tau_{kl}(t) + 1/L_{gi} \tag{4.27}$$

式中　L_{gi}—— 全局最杰出解的代价(如 TSP 的旅程长度、装配代价等);

$\tau_{kl}(t)$—— 全局最杰出解对应的信息素。

之后,应用信息素的上下限对信息素进行调整,即

$$\tau_{ij}(t+1) = \begin{cases} \tau_{max}(t+1) & \tau_{ij}(t) > \tau_{max}(t+1) \\ \tau_{ij}(t) & \tau_{min}(t+1) \leqslant \tau_{ij}(t) \leqslant \tau_{max}(t+1),\ 0 < i < N,\ 0 < j < N \\ \tau_{min}(t+1) & \tau_{ij}(t) < \tau_{min}(t+1) \end{cases} \tag{4.28}$$

其中 $\tau_{max}(t+1)$、$\tau_{min}(t+1)$ 分别为式(4.22)和式(4.24)中的信息素上下界。

信息素更新之后,蚁群开始第 $t+1$ 次迭代,直到算法的停止条件。本书中令算法在迭代一定的次数 T 之后停止运行,T 也是上述的信息素下界的主要确定因素之一。

4.3.2.2 装配序列生成

本节基于优先关系图/装配关系矩阵,利用上述的 MMAS * 算法实现单调线性装配序列的生成。根据 2.4.3 节中的描述可知,基于装配关系矩阵进行序列规划,就是在不违反优先关系的前提下,在装配关系矩阵中选择 $N-1$ 个矩阵元素 $m_{i_1i_2}, m_{i_2i_3}, \cdots, m_{i_{N-1}i_N}$,即等同于依次选择 N 个零件 $p_{i_1}, p_{i_2}, \cdots, p_{i_N}$,形成一个完整的装配序列,同时保证这个序列满足第 3 章中介绍的可行性要求(本书中主要考虑零件插入空间可行性和工具操作空间可行性),且力求满足序列代价最优化要求。这就是本书所采取的装配序列的规划方式。

在装配关系矩阵中构造序列时,蚁群以基础件为起点(不再是随机分布在各个节点),即从装配关系矩阵中基础件对应的行开始,通过概率转移逐步选择 $N-1$ 个矩阵元素来确定装配序列,转移策略由式(4.1)确定。不同的是,该公式中某些参数的工程含义有所变化。

其中的 $\tau_{ij}(t)$ 不再是边上的信息素浓度,而是矩阵元素 m_{ij} 上的信息素浓度,如 2.4.3 节中所述,它的值越高,表示蚂蚁选择将零件 p_j 紧跟 p_i 安装的可能性越大。

η_{ij} 是启发式信息,该值越大,表示零件 p_j 紧跟 p_i 安装时需要更换工具、重定位的代价越小(见 3.5 节),这种安装子顺序出现在序列中的可能性越大。

α、β 是决定 $\tau_{ij}(t)$、η_{ij} 的相对重要性的参数,一般取 $\alpha=1$,只使用 β 来确定二者在概率选择时的相对关系。后文将通过实验设置 β 的值。

$\text{allow}_i(k,t)$ 是蚂蚁 k 在第 t 次迭代中安装了零件 p_i 之后可以安装的零件集合。本书将利用优先关系以及蚂蚁 k 在第 t 次迭代中的工作记录来对 $\text{allow}_i(k,t)$ 进行设置。

当所有蚂蚁选择了一个完整的装配序列之后,利用第 3 章的装配空间可行性验证或者工具操作空间可行性验证对每个个体序列进行检验,对于不可行的解进行惩罚蒸发。根据可行个体的评价更新全局最优解、信息素上下限,并进行信息素的更新。

然后开始新的迭代,直到完成指定的迭代次数。

根据第 2 章的介绍可知,如果装配体中存在紧固件,则在蚁群算法完成之后,还要将紧固件插入到蚁群给出的最终结果之中,完成一个完整的装配序列。下面给出设置可行转移范围 allow 以及插入紧固件的具体方法。

1. 可行转移范围的设定

蚂蚁每次选择一个零件之前,需要设定可行转移范围 allow,这一步是保证规划出的装配序列满足优先关系以及不重复规划某个零件的一个关键措施。在第一步构造开始前 allow 只包含基础件(根节点)。

在一次概率转移中,蚂蚁个体选择了一个矩阵元素(假设为 $m_{l,i}$,即令第 i 个零件仅次

于第 l 个零件安装）之后，需要在第 i 行元素 $m_{i,1}$ ~ $m_{i,N}$ 中确定下一步转移时可以选择的矩阵元素的范围 $m_{i,\text{allow}}$，其中 allow 是该蚂蚁下一步“可以安装”的零件集合。根据优先关系，一个零件必须被安装在其所有优先零件之后，所有它的滞后节点之前。所以，一只蚂蚁“可以安装”某个零件的条件是在当前迭代中：① 它已安装了该零件的所有父零件（上一级零件）、优先零件；② 还未安装该零件；③ 该零件的所有滞后零件都未安装。

为了满足这些条件要求，在蚂蚁构造序列的过程中，可以在优先关系图中利用波传播（Wave Propagation，WP）方法对 allow 进行设置。WP 方法的原理如图 4.12 所示。

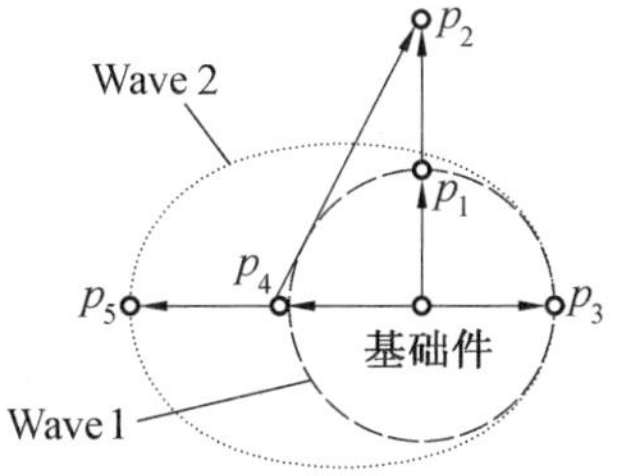

图 4.12　优先关系图中的 WP 方法示意图

在优先关系图中利用 WP 方法确定 allow，波的传播范围和形状随着蚂蚁的选择进程而改变。在波内部的节点表示已经安装过的零件，处于波峰上的节点就是可行转移范围 allow 中的零件。波从根节点开始沿着有向边（优先关系）的方向传播。一条有向边 $p_1 \to p_2$ 表示 p_1 必须先于 p_2 安装，对于 WP 而言就意味着在 p_1 进入波内部之前，波峰是不能够到达 p_2 的。

这样，当蚂蚁在波峰（即 allow）上选择了一个零件，就意味着这个零件进入了波的内部。然后考查波峰是否能够到达这个零件的各个子零件。如果一个子零件的所有父零件都已经进入了波的内部，而它还未进入，则波峰可以到达该零件；如果一个子零件还存在其他的父零件没有进入波内部，则波峰不能到达该子零件。如果在图 4.12 第一步安装了基础件 Base，则波峰传播到 $\{p_1, p_3, p_4\}$ 三个零件，如图中的 Wave 1；假设第二步在Wave 1 中选择了零件 p_4，则波峰以 p_4 作为突破口沿着有向边继续传播：从 p_4 发出两条有向边（到达 p_4 的两个子零件 p_2 和 p_5），由于其中 p_2 的另外一个父零件 p_1 仍然没有进入波的内部，则波峰不能到达 p_2，即新一轮的波峰包括 $\{p_1, p_3, p_5\}$ 三个零件，如图中的 Wave 2。

结合蚂蚁的概率选择以及 *PG* 中的 WP 方法，就可以将优先关系的指导作用通过 allow 引入蚁群算法中。如此设置，得到的 allow 中将具有以下性质：

（1）通过 allow 的设置方法，易知 allow 中的每个零件的所有父零件都已“安装”，且它的所有子零件都未“安装”；而且，已经“安装”的零件决不可能重复出现在 allow 之中。

（2）如果某个零件的所有父零件都已经“安装”，且该零件仍未安装，则它必然属于 allow。显然，在该零件的所有父零件中，最后一个父零件被安装之后，根据 allow 的设置方法,它一定会进入 allow。

(3) 在优先关系图中,所有的零件都会先后进入 allow。这是由于优先关系图的完整性,从根节点到任意节点都是单向可达的。因此,每个节点都有有限个父节点,则每个节点都必定会进入 allow。

结合所有蚂蚁个体从根节点出发,每次从 allow 中选择零件时,不会越过某个零件而先选择其滞后零件。这使得序列规划过程能够严格满足优先关系的要求。

2. 紧固件插入

蚁群停止工作后,假设得到的序列为 $\boldsymbol{S}=(p_1,p_2,\cdots,p_{N-1},p_N)$。此时在 $\boldsymbol{S}$ 中是没有紧固件的,需要将紧固件成组地插入到序列之中。

针对每个紧固件组 F, $\{p_{Li}\}$ 是 F 中各个成员紧固件连接的普通零件集合,在序列 $\boldsymbol{S}$ 中查询 $\{p_{Li}\}$ 中所有零件所在的位置。设在 S 中 p_{last} 是 $\{p_{Li}\}$ 里最后安装的一个零件,则在 p_{last} 之后插入该组紧固件。即当一个紧固件组所连接的所有普通零件都已经安装之后,利用这组紧固件将它们紧固。

一般地,一个紧固件组中有多个紧固件。由于紧固件之间的相对顺序对于实际生产影响较小,所以本书采用了简化方法对其进行内部排序。同优先关系图类似,在小型有向图中,有向边代表着一个优先关系,如果一个零件的入度为零,则说明它不需要迟于任何零件安装。这样,在一个紧固件组中,入度为零的紧固件则意味着可以在该组中优先安装。基于这种观点,本书对紧固件组进行内部排序:遍历出其中入度为 0 的紧固件,将它们成批加入子序列;在小型有向图中删去这批零件发出的有向边;重复上述过程,直到遍历完所有紧固件。在为一个紧固件组得出一个子序列后,按照这个顺序将它们插入全局序列。

4.3.2.3 基于 MMAS * 算法的装配序列规划流程

综合上面的描述,本节给出单人装配序列规划的完整算法:

BEGIN ASP

  指定蚁群数量 A;

  执行探路迭代,得出装配序列代价的估计值 $L(0)$;

  根据式(4.22) 计算 $\tau_{\max}(1)$;

  利用 $\tau_{\max}(1)$ 作为 τ_{ini} 初始化信息素;

  根据式(4.24) 计算 $\tau_{\min}(0)$;

  DO{

    WHILE(蚁群所有个体){

      清理蚁群工作记录;

      蚁群集中到基础件;

      DO{

利用 PG 中的 WP 方法设置 allow 集合；
根据公式(4.18) 进行概率转移；
} UNTIL(形成完整的装配序列)
根据需要，执行装配空间可行性和装配工具可行性检验；
对不可行的解，根据式(4.26) 执行惩罚蒸发；
}
根据式(4.27)，执行自然蒸发；
根据式(3.1) 对个体序列进行评价；
更新全局最杰出序列 S_{gi}；
利用 S_{gi} 积累信息素；
利用 $\tau_{max}(t)$、$\tau_{min}(t)$ 修改装配关系矩阵上的信息素；
利用全局最杰出序列的装配代价计算 $\tau_{max}(t+1)$；
根据迭代次数计算 $\tau_{min}(t+1)$；
} UNTIL($t = T$)
所有紧固件组内部排序，并插入序列中；
输出解序列及其评价结果；
END

4.3.3　算法收敛性分析

根据上述算法，下面给出本书所提出的装配序列规划算法的收敛性分析。首先给出以下假设：① 装配序列规划问题总是具有可行的最优解；② 根据假设 ①，以及 3.6 节中对启发式信息 η_{ij} 的定义，可以得出，在装配关系矩阵中

$$0 < \eta_{min} = \min(\eta_{ij}, 0 < i \leqslant N, 0 < j \leqslant N) \leqslant \eta_{ij} \leqslant \max(\eta_{ij}, 0 < i \leqslant N, 0 < j \leqslant N) = \eta_{max} < \infty \tag{4.29}$$

式中　η_{min}、η_{max}—— 常数。根据式(3.2) 可知，$\eta_{min} = 1/(w_1 + w_2 + \text{EPSILON})$，$\eta_{max} = 1/\text{EPSILON}$；

N—— 装配关系矩阵的阶，即优先关系图中的零件数量。

以上的假设只是为了便于分析算法收敛性，并非对装配规划的应用范围进行限制。

现在证明：

(1) 在运行时间 T 趋向无穷大时，MMAS * 算法得到一个全局最优装配序列的概率趋向于 1；

(2) 假设在第 m 次迭代中某个全局最优解被发现，则在运行时间 T 趋向无穷大时，所有蚂蚁将逐渐收敛到这个最优解。

以 F_t 表示在第 t 次迭代中“某个” 全局最优解第一次被某个蚂蚁发现这一事件。用

$w*$ 表示这个全局最优的装配序列。

则 $\bar{F}_1 \wedge \bar{F}_2 \wedge \cdots \wedge \bar{F}_T \Rightarrow w*$ 从未被任何蚂蚁发现，其概率为

$$P(\bar{F}_1 \wedge \bar{F}_2 \wedge \cdots \wedge \bar{F}_T) = P(w* \text{ 从未被发现}) = \prod_{t=1}^{T} P(w* \text{ 在第 } t \text{ 次迭代中没有发现}) \tag{4.30}$$

对于某个固定的装配关系矩阵元素 m_{ij}，在第 t 次迭代之后，其中的信息素浓度在最坏的情况下只被蒸发（包括惩罚蒸发和自然蒸发），从未得到过增加。但是由于式(4.24)中定义的信息素下界的限制，它一定大于等于该下界值，有

$$\tau_{ij}(t) \geqslant \tau_{\min}(t) = \tau_{\text{ini}} \cdot \left(\frac{\cos \frac{t\pi}{T} + 1}{2} \right)^2 \tag{4.31}$$

对于一个行列数为 N 的装配关系矩阵，其中有一行必然对应着根节点（基础件 base），而装配规划过程必须从该节点开始。显然，基础件的选择在分析收敛性时不需考虑。从2.4.3小节中可知，在保持 PG 完整的前提下，图2.21所示的情况对于装配序列规划而言是最恶劣的，装配序列可能是除了基础件之外其余 $N-1$ 个零件的全排列中的一个，在分析算法时需要考虑这种情况。因此，在第一步选择中能够选中最优序列 $w*$ 的第二个零件 op_1（第一个是基础件）的可能性为

$$P_{\text{base},op_1}(k,t) = \frac{\tau_{\text{base},op_1}(t)\eta_{\text{base},op_1}{}^{\beta}}{\sum\limits_{x \in \text{allow}_{\text{base}}(k,t)} \tau_{\text{base},x}(t)\eta_{\text{base},x}{}^{\beta}} \tag{4.32}$$

式中　$\text{allow}_{\text{base}}(k,t)$—— 安装基础件之后的可行转移范围，包括 $N-1$ 个零件。

由于存在信息素上界的限制作用，在第 t 次迭代时，每个矩阵元素中的信息素浓度必然小于等于 $\tau_{\max}(t)$。另外，根据式(4.23)可知，$\tau_{\max}(t) \leqslant T_{\max}$。则根据式(4.32)可得出

$$P_{\text{base},op_1}(k,t) \geqslant \frac{\tau_{\min}(t) \cdot \eta_{\min}{}^{\beta}}{\sum\limits_{x \in \text{allow}_{\text{base}}(k,t)} \tau_{\max}(t) \cdot \eta_{\max}{}^{\beta}} = \frac{\tau_{\min}(t) \cdot \eta_{\min}{}^{\beta}}{(N-1) \cdot T_{\max} \cdot \eta_{\max}{}^{\beta}} \tag{4.33}$$

假设这次成功选择了零件 op_1，则在第二步选择中按照 $w*$ 执行选择，选中零件 op_2 的最小概率为

$$P_{op_1,op_2}(k,t) \geqslant \frac{\tau_{\min}(t) \cdot \eta_{\min}{}^{\beta}}{\sum\limits_{x \in \text{allow}_{op_1}(k,t)} \tau_{\max}(t) \cdot \eta_{\max}{}^{\beta}} = \frac{\tau_{\min}(t) \cdot \eta_{\min}{}^{\beta}}{(N-2) \cdot T_{\max} \cdot \eta_{\max}{}^{\beta}}$$

以此类推，可得在第 t 次迭代中，某个蚂蚁得到最优序列的概率的最小值为

$$\prod_{(k,l) \in w*} P_{k,j}(t) \geqslant \frac{\tau_{\min}(t) \cdot \eta_{\min}{}^{\beta}}{(N-1) \cdot T_{\max} \cdot \eta_{\max}{}^{\beta}} \cdot \frac{\tau_{\min}(t) \cdot \eta_{\min}{}^{\beta}}{(\mathrm{N}-2) \cdot T_{\max} \cdot \eta_{\max}{}^{\beta}} \cdot \cdots \cdot \frac{\tau_{\min}(t) \cdot \eta_{\min}{}^{\beta}}{2 \cdot T_{\max} \cdot \eta_{\max}{}^{\beta}} =$$

$$\frac{\tau_{\min}(t)(N-2)\cdot\eta_{\min}^{\beta(N-2)}}{(N-1)!\cdot T_{\max}(N-2)\cdot\eta_{\max}^{\beta(N-2)}} \tag{4.34}$$

将 $\tau_{\min}(t)$ 代入该式得

$$\prod_{(k,l)\in w*}P_{k,j}(t)\geqslant\frac{\eta_{\min}^{\beta(N-2)}}{(N-1)!\cdot T_{\max}^{(N-2)}\cdot\eta_{\max}^{\beta(N-2)}}\cdot\left[\tau_{\text{ini}}\cdot\left(\frac{\cos\frac{t\pi}{T}+1}{2}\right)^2\right]^{N-2}=$$

$$\text{const}\cdot\left(\frac{\cos\frac{t\pi}{T}+1}{2}\right)^{2(N-2)} \tag{4.35}$$

式中的 $\text{const}=\dfrac{\tau_{\text{ini}}^{(N-2)}\cdot\eta_{\min}^{\beta(N-2)}}{(N-1)!\cdot T_{\max}^{(N-2)}\cdot\eta_{\max}^{\beta(N-2)}}$。

则在一次运行(总迭代次数 T) 中,任何蚂蚁都没有发现全局最优解的概率的上限是

$$P(\bar{F}_1\wedge\bar{F}_2\wedge\cdots\wedge\bar{F}_T)\leqslant\prod_{t=1}^{T}\left[1-\text{const}\cdot\left(\frac{\cos\frac{t\pi}{T}+1}{2}\right)^{2(N-2)}\right] \tag{4.36}$$

显然,$\text{const}\cdot\left(\dfrac{\cos\frac{t\pi}{T}+1)}{2}\right)^{2(N-2)}$ 在$[0,T]$ 区间内是 t 的单调递减函数,且大于等于0小于等于1,所以有

$$P(\bar{F}_1\wedge\bar{F}_2\wedge\cdots\wedge\bar{F}_T)<\prod_{t=1}^{T/2}\left[1-\text{const}\cdot\left(\frac{\cos\frac{t\pi}{T}+1}{2}\right)^{2(N-2)}\right]<$$

$$\left[1-\text{const}\cdot\left(\frac{\cos\frac{T}{2}\cdot\frac{\pi}{T}+1}{2}\right)^{2(N-2)}\right]^{\frac{T}{2}}=$$

$$\left[1-\text{const}\cdot\left(\frac{\cos\frac{\pi}{2}+1}{2}\right)^{2(N-2)}\right]^{T/2}=$$

$$(1-\text{const}\cdot/2^{2(N-2)})^{\frac{T}{2}} \tag{4.37}$$

根据式(4.35) 知,$0<\text{const}<1$,可得

$$\lim_{T\to\infty}P(\bar{F}_1\wedge\bar{F}_2\wedge\cdots\wedge\bar{F}_T)<\lim_{T\to\infty}(1-\text{const}\cdot/2^{2(N-2)})^{\frac{T}{2}}=0 \tag{4.38}$$

这就意味着在迭代次数趋向无穷时,蚁群不能发现全局最优序列的概率趋向于0,即全局最优解被发现的概率趋向于1。

本书假设任何装配体对象都存在可行的最优序列,即 $w*$ 可行。所以在发现了 $w*$ 之后,$w*$ 对应的装配关系矩阵的每个元素上的信息素只接受自然蒸发和信息素累积两种更新处理。假设在第 m 次迭代中发现了全局最优序列 $w*$,显然 $\tau_{\min}(m)\leqslant\tau_{w*}(m)\leqslant$

$\tau_{max}(m)$，其中 $\tau_{w*}(m)$ 表示第 m 次迭代中 $w*$ 上的某个元素的信息素浓度。$\tau_{max}(m+1)=1/[(1-\rho)\times L(w*)]=T_{max}$，假设 $\tau_{w*}(m)=T_{max}$，则

$$\begin{aligned}\tau_{w*}(m+1)&=\rho\cdot T_{max}+1/L(w*)=\\&\rho/[(1-\rho)\cdot L(w*)]+1/L(w*)=\\&1/[(1-\rho)\cdot L(w*)]=T_{max}\end{aligned}\tag{4.39}$$

这说明在发现全局最优解之后，信息素上限对信息素的累积过程不再起限制作用。此时只需考虑下限的限制效果，即

$$\tau_{w*}(m+1)=\max[\rho\times\tau_{w*}(m)+1/L(w*),\ \tau_{w*}(m+1)]\tag{4.40}$$

可以得出

$$\tau_{w*}(m+1)\geqslant\rho\times\tau_{w*}(m)+1/L(w*)\tag{4.41}$$

以此类推，因为 $\rho<1$，当迭代次数趋向无穷大时，有

$$\begin{aligned}\lim_{x\to\infty}\tau_{w*}(m+x)&\geqslant\lim_{x\to\infty}\left(\rho^{x}\times\tau_{w*}(m)+\frac{1}{L(w*)}\sum_{i=0}^{x-1}\rho^{x-i-1}\right)=\\&\lim_{y\to\infty}\frac{1}{L(w*)}\sum_{y=0}^{\infty}\rho^{y}=\\&\frac{1}{L(w*)}\cdot\frac{1}{1-\rho}=T_{max}\end{aligned}\tag{4.42}$$

另一方面，容易得出，当 $T\to\infty$ 且 $t\to T$，$w*$ 对应的所有装配矩阵元素中的信息素趋近于 T_{max}，其他位置的信息素由于蒸发作用将趋向于0。这样，在第 m 次迭代中发现了全局最优解 $w*$ 之后，在 $T\to\infty$ 的情况下，所有的蚂蚁个体将逐渐聚拢到 $w*$。

从上面的分析可以得出，蚁群的收敛问题很大程度上依赖于信息素的上下限的设定，其中尤为重要的是下限。信息素的下限在运行过程中应该逐渐趋向于0，这样才能保证运行后期较好的解能够积累一定的优势而吸引蚂蚁。另外，信息素下界不可以过于急速地下降，这样容易导致算法的早熟。这就是本书构造 MMAS * 中的信息素下界的思路。

4.3.4 应用实例

4.3.4.1 实例1

在本例中，将本章的算法与 MMAS 算法、GBAS/tdlb 算法进行对比，考查 MMAS * 算法的优化性能。另外，也可通过实验方法检验本例算法中各个参数对优化过程的影响，并根据实验结果对其进行合适的设置。

基于以上目的，作者利用 UG 设计了一个装配体例子，如图 4.13 所示。这个装配体包括 1 保护罩、2 开关、3 液晶显示屏、4 电压表、5 小开关、6 电位器、7 机箱、8 接口 1、9 插孔、10 接口 2、11 电源插座，共 11 种，78 个零件（不计紧固件）。

这个装配体的一个特点是除机箱外的所有零件都配合到机座上，其他零件之间没有

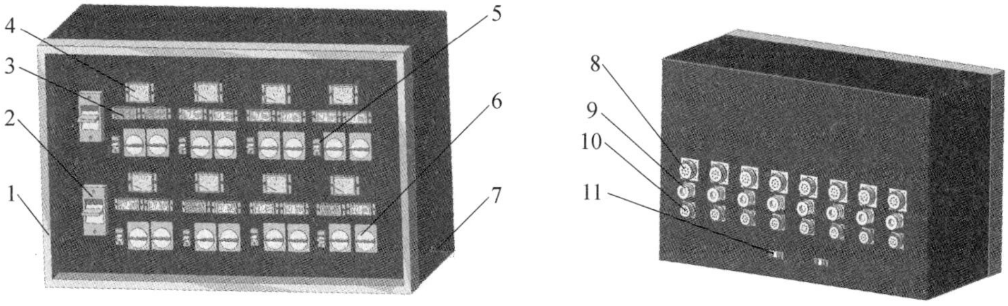

图 4.13　控制柜装配体

相互配合关系。如果只利用配合关系为它生成优先关系图 *PG*,其中的优先关系间将不存在工程传递关系,无法推导出任何优先关系。显然,这就是图 2.21 所示的类型,对于蚁群算法而言可利用的优先关系最少,且零件数量较多,适合于考验算法的优化情况。

另外,如果先安装保护罩,它将阻碍开关等零件安装到机箱上,可以利用零件安装插入空间可行性要求,检测 MMAS * 算法对于可行性问题的解决能力。除了基础件,作者为每种零件指定了一种装配工具。表 4.9 中列出该例子中零件的相关属性。安装该装配体需要 2 个安装方向(正面、背面)、5 种安装工具,规划过程应根据 3.6 节中的评价方式,对装配序列进行优化,力求更换工具和更换定位方向的次数最小。对于这个例子,假设更换一次工具需要 5 s,更换一次定位方向需要 10 s,即在式(3.1)中指定 $w_1=5$, $w_2=10$。

表 4.9　控制柜的零件属性表

序号	零件名	安装方向	工具号	数量
1	保护罩	x	1	1
2	开关	x	2	2
3	液晶显示屏	x	3	16
4	电压表	x	3	8
5	小开关	x	4	8
6	电位器	x	5	16
7	机箱	—	—	1
8	接口 1	$-x$	3	8
9	插孔	$-x$	5	8
10	接口 2	$-x$	4	8
11	电源插座	$-x$	2	4

首先,指定蚁群中包含 10 只蚂蚁,启发式信息的重要性因子 $\beta=1$,信息素保留系数 $\rho=0.98$,惩罚系数 $\rho_{pu}=0.95$,算法执行 1 000 次迭代停止运行。图 4.14 所示为 10 次运行中,平均每次迭代中得到的全局最优解个数、可行序列数以及每次迭代中可行序列的平均代价。

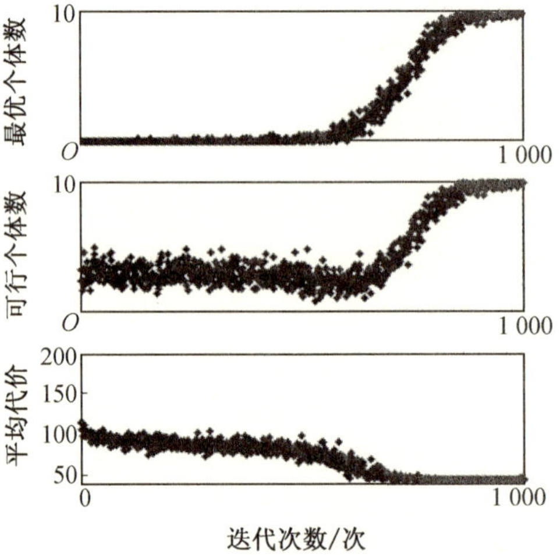

图 4.14 基于 MMAS * 算法的装配序列规划运行效果

可以看出,在 MMAS * 运行过程中,蚁群在运行开始阶段比较分散地寻找各自的序列,然后随着迭代的进行,信息素下界逐渐下降,最后在运行经验的不断积累中蚁群逐渐聚拢到本例的全局最优解上。由于本例中存在多个最优解,所以每次运行结果未必相同,比较典型的序列形式见表 4.10。

表 4.10 控制柜的最优装配序列

第 1 批	第 2 批(背面的)	第 3 批(上面的)	第 4 批
机箱	接口 1×8 接口 2×8 插孔×8 电源插座×2	开关×2 小开关×8 电位器×16 液晶显示器×16,电压表×8	保护罩

其中,小开关×8 表示 8 个小开关被规划在一起安装,但它们的相互顺序不定;第 2 批零件的最后一组和第 3 批的第一组一定对应相同的安装工具。用这样的序列进行安装,只需更换 7 次工具和 1 次装配方向(总代价为 45),且满足安装空间的可行性,是本例的最优装配序列。

为了检验式(4.24)中的信息素下限的工作效果,下面把 MMAS * 算法的信息素下限设为与 MMAS 算法的信息素下限以及 GBAS/tdlb 算法的信息素下限相同,其他的运行条件同图4.14对应的实验保持一致,其运行结果如图4.15和图4.16所示。

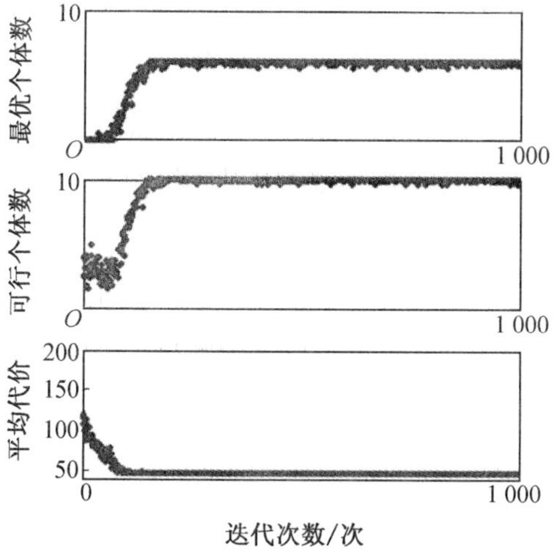

图4.15　使用MMAS算法的信息素下界时算法的运行效果

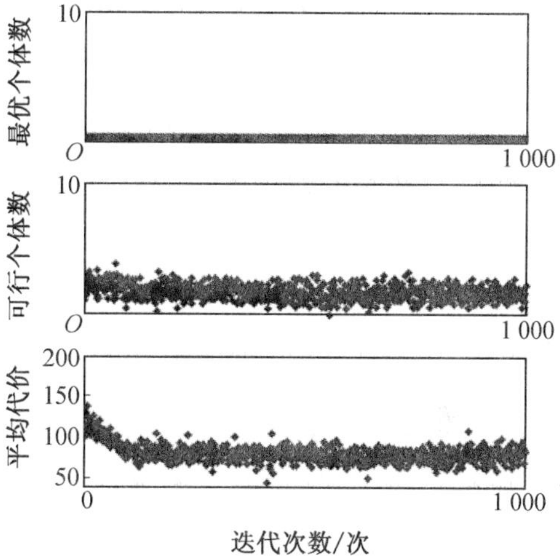

图4.16　使用GBAS/tdlb算法的信息素下界时算法的运行效果

图4.15对应的信息素下界是将获得最优解的期望概率设为0.999 9的情况下,根据MMAS算法计算出来的,但是在10次运行中有4次算法收敛到一个非全局最优的解上(使用了8次工具更换和1次重定位)。对比图4.14、4.15和图4.16可以看出,本书给出的信息素下界具有非常理想的实用效果。

另外,为了演示惩罚蒸发机制的作用,在与图4.14相同的运行条件下,取消了惩罚蒸发过程。然后进行10次实验,其结果如图4.17所示。结合图4.14和图4.17可以看出,惩罚蒸发机制可以帮助蚁群算法更多地找到可行的、优化的解。在处理具有可行性要求的优化问题时,MMAS＊算法可以给出理想的处理结果。

除了信息素下界,MMAS＊算法的一些参数也影响着算法的应用效果,下面通过实验观察这些参数对运行情况的影响,以确定合适的设置方式。

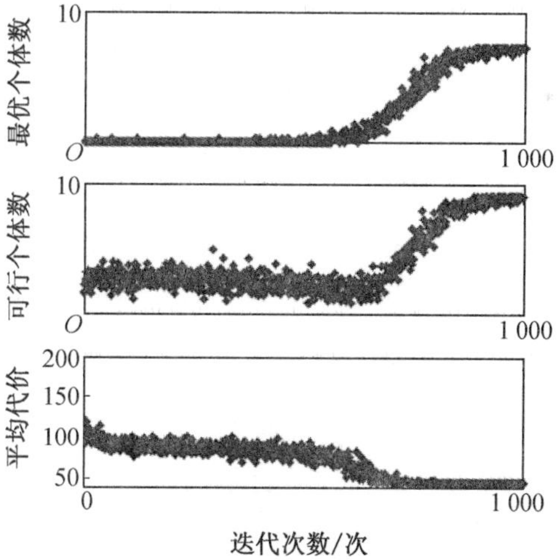

图4.17　没有惩罚蒸发的MMAS＊算法的运行效果

首先是蚁群的规模,本书令蚂蚁数量分别为5、10和20,其他运行条件同图4.14对应的实验保持一致,其运行结果的对比情况如图4.18所示。

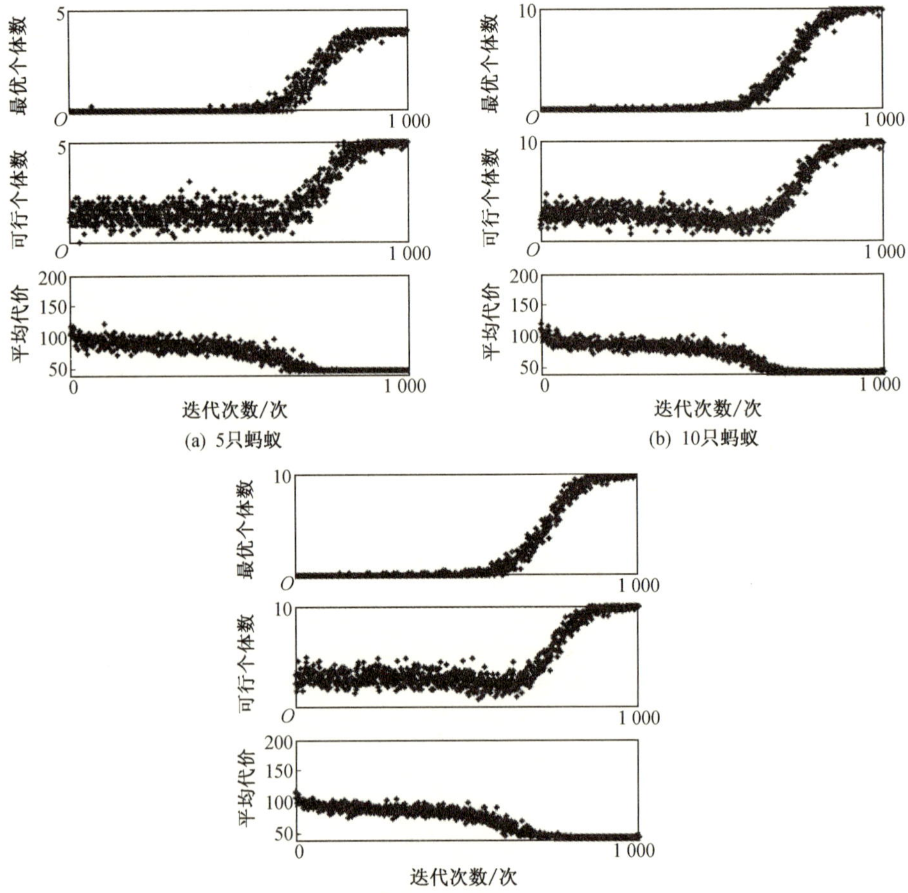

(a) 5只蚂蚁　(b) 10只蚂蚁　(c) 20只蚂蚁

图 4.18　蚁群规模对运行效果的影响

作者原本认为,理论上蚂蚁数量的增加应该可以提高发现最优解的概率,但通过实验可知,单纯提高蚂蚁数量的方法在算法运行中的作用并不十分明显。蚂蚁数量的增加不会给算法带来明显的益处,反而会显著地增加算法的运行时间。所以,在实际应用时令蚂蚁的数量为 5 或者 10 即可。

决定蚁群算法的概率选择的因素主要有两个:一是信息素;二是启发式信息。二者的相对重要性由式(4.18)中的因子 α、β 决定,一般地将 α 设为 1,由 β 单独控制二者相对的比例。下面的实验中令 β 分别等于 0.5、1 和 2,蚁群规模为 5,其他运行条件同图 4.14 对应的实验一致,运行对比情况如图 4.19 所示。

从图 4.19 中可以看出,β 越高,即启发式信息对概率选择的影响越大,蚁群工作的效果越好。但是如果启发式信息在概率选择中的影响太大,则算法将接近于贪婪算法,而蚁

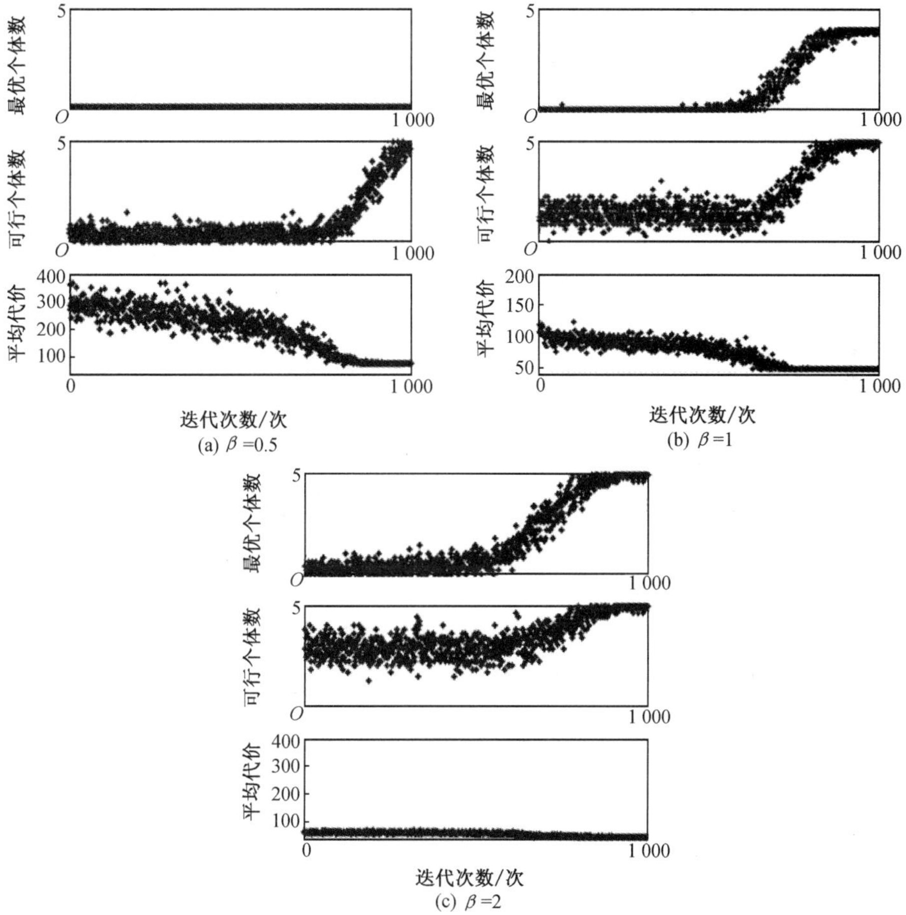

图 4.19　β 值对运行效果的影响

群根据问题的可行性要求、优化要求而进行的搜索进程将被这个启发式信息控制;另一方面,如果 β 太小,则蚂蚁的搜索过程过于盲目,优化速度很慢,基于以上考虑,取 $\beta=0.8\sim1$。

此外,通过实验发现,由于信息素上下界的限制作用,蒸发系数和惩罚系数在[0.8,0.99]内变化时,对算法的影响不是非常大。一般设信息素保留系数 $\rho=0.98$,$\rho_{pu}=0.95$,具体不再详述。

4.3.4.2　**实例 2**

本例中,我们将上述的 MMAS * 算法用于生成图 2.23 所示的单缸全自动洗衣机缸体组件的装配序列。在这个例子中,将应用工具操作空间可行性检查、零件插入空间可行性检查以及装配代价优化,为缸体进行装配序列规划。另外,对缸体中的紧固件进行简化处理，在为普通零件规划完序列之后，将紧固件成组插入序列。

从图 2.23 可以看出，缸体下方零件较为拥挤，装配过程需要保证工具的操作空间。另外，从上方装入外桶的零件（安装方向为$-z$）对安装过程有着较为严格的空间可行性要求，例如脱水筒必须在波轮之前、油封之后安装。下面根据工具操作空间要求和装配空间可行性要求，用本书的方法为缸体生成装配序列。表 4.11 中给出了各零件的相关属性。

表 4.11 洗衣机缸体零件属性表

序号	零件名	安装方向	紧固件	紧固工具
1	油封	$-z$	自攻螺钉 1×4	螺丝刀 1
2	脱水桶	$-z$	垫片 1，螺母 1	扳手 1
3	波轮	$-z$	垫片 2，螺钉 1	螺丝刀 2
4	外桶盖	$-z$	自攻螺钉 2×4	螺丝刀 1
5	排水阀	z	螺栓 2×2	扳手 2
6	电容	z	螺钉 3×2	螺丝刀 1
7	外桶	—	—	—
8	传动架	z	螺栓 3×5	扳手 3
9	离合器	z	螺栓 3×6	扳手 3
10	电磁阀	z	螺栓 2×2	扳手 2
11	挡板	z	螺钉 3×4	螺丝刀 1
12	电机	z	垫片 3×2，螺栓 3×2	扳手 4
13	缓冲块×4	z	垫片 3×2，螺栓 3×2	扳手 4

在规划前将选择所有紧固件，规划系统为其生成紧固件组列表，重新生成优先关系图和装配关系矩阵。然后在零件比较拥挤的地方，为紧固件引入安装工具，模仿紧固离合器、支架等零件的安装操作，生成潜在干涉信息，如图 4.20 所示。指定扳手的最小工作角度为 65°。

图 4.20 生成潜在干涉信息示意图

经过系统规划，可以得到多条最优序列，其中一个典型的结果为“外桶→传动架→离合器→缓冲块×2→电机→缓冲块×2→排水阀→电磁阀→挡板→电容→油封→脱水筒→波轮→外桶盖”。在不同的运行中，最优序列的细节稍有不同，如波轮和外桶盖在序列中的位置可以互换等。

在蚁群为普通零件生成了装配序列之后，系统将螺钉等紧固件插入到相应的零件后面，其中单独使用的紧固件直接插入相应的位置，如：传动架→螺栓 3；对于垫片和螺钉组成的紧固件组，则根据该组的小型优先关系图，先判断出其相对顺序，然后再进行安插，如：波轮→垫片 2→螺钉 1 等。

该序列保证了零件可以无干涉地到达装配位置，如油封先于脱水筒进行安装，而波轮迟于脱水筒进行安装等。

根据这个序列进行安装，可以满足工具的操作空间需求。例如，在该序列下，安装离合器时扳手的无干涉旋转角度是 253°，如图 4.21 所示。另外，该序列仅需要更换 6 次工具和进行 1 次重定位，对应的装配代价值是 40，是本例的最优序列。

图 4.21　根据序列安装离合器的扳手操作空间

4.4　面向多人装配的序列规划

在实际生产过程中，一个产品的装配生产往往由多名工人或者多台装配机器人共同完成。在多人合作的装配过程中零件的安装操作、工具的更换往往都是并行发生的。因此，将装配任务分配给多个工人合作完成时，需要将零件、安装的时间进度一起分配，这样才能保证装配过程满足优先关系的约束、可行性要求以及优化要求。多个工人之间的操作在时间上不可以违反零件的优先关系。在同一时间分配给工人的任务要对应同一个定位状态（或装夹状态），对应不同定位状态的几个操作必须经过重定位才能完成执行，而重定位发生时所有工人必须已结束当前的工作。工人各自安装的零件不可以影响他人的操作空间。在考虑这些因素的基础上，将所有零件的安装任务分配给各个工人，并力求总的装配时间最短。

基于以上问题，本章中对指定人数的装配序列规划问题进行详细探讨，然后对

MMAS * 算法进行改造，将它应用于多人装配序列规划。

4.4.1 多人序列规划问题的引入

由于操作人数的变化，给装配序列规划带来很多本质上的变化。包括装配序列的描述、装配模型以及规划过程都会产生很大的改动。

对参与某个产品的装配生产的几个工人而言，每个工人都有其各自使用的工具、负责的安装方向、负责的零件或者不可以安装的零件等。在合作过程中工人之间的工作不可以相互影响，包括有悖于优先关系的安装、影响安装空间的操作等。

对于工人，本书作出以下约定：

(1)每个零件都由单个的工人独立完成安装；

(2)允许每个工人有自己的零件选择倾向，如必须由他安装的零件和他不可以安装的零件；

(3)每个工人有自己固定的几个安装工作方向，如站在装配体的前面、右面对产品进行安装工作。因为一般在生产中，工人可能难以在某个方位(如下方)工作，或者两个工人分别负责各自的几个方向的安装工作，通过指定 Dir_set，可以方便地解决这些问题。

4.4.1.1 安装任务的时间进度

在单人序列规划中，其目的就是获取装配体中的所有零件的一个满足装配要求的先后顺序。而安装每个零件所需的时间则不予考虑，这是因为这些安装操作由一人完成，安装过程是顺序执行的，相互之间不会产生时间上的重叠。

在多人合作中，装配操作将不再是一条单独的顺序。由于各零件分别由不同的工人进行安装，在同一时刻可能存在多个装配操作。时间进度必须成为多人安装需要考虑的一个因素。因此，在多人装配序列规划中，每个零件安装的起止时间需要在规划过程中加以考虑，在规划结果中加以体现。

在多人安装时，可能出现工人空闲等待的情况。比如优先关系要求必须先完成某个零件的安装，然后才能继续装配剩余零件，则一个工人安装该零件时，其他工人必须等待这项任务完成之后才可以继续各自的工作，因此会出现工人进度中的空闲状态。相应地，由于可以利用空闲时间，在多人合作情况下更换工具未必增加某个工人的工作时间。由此而引起很多不同的可能性，如：空闲时间足够更换一次工具；空闲时间不足以更换一次工具；没有空闲时间等。对这些情况，多人的序列规划算法需要分别加以考虑。

在多人合作中，每个工人都有着各自的进度，必须有特殊的机制保证所有工人在进度上能够满足优先关系。即某个零件在安装时，其所有优先零件必须已经安装，任何两个工人不可以同时操作两个具有优先关系的零件。优先关系的满足必须基于零件安装的时间进度，而不是零件在序列中的先后顺序。

在此，本书假设每个零件的大概安装耗时 T_{assem} 已知(如由装配工艺人员给出其估计值）。

4.4.1.2　可行性检查

在可行性检查方面，如零件插入空间可行性、装配工具可行性等，检查的对象也应该基于各个零件安装工作在时间进度上的安排。从本质上，这与单人规划没有太大的区别。只是因为在单人规划问题中将时间上的先后问题简化为序列中位置的先后问题。

在检验零件的插入空间可行性时，在安装某个零件 P 之前，各个工人已经安装了或者正在安装一些零件，这些零件共同组成了 P 的安装环境。基于时间进度进行考虑，在某个多人装配方案中，所有起始安装时间先于 P 的起始安装时间的零件都是 P 的插入环境。在装配空间检验时，只需利用 3.3 节中的方法，检查 P 在这个环境中是否具有可行插入空间。

对于装配工具而言，情况则有所不同。因为工具 Tool 的操作过程结束，几乎意味着完成了一个零件 P 的安装。为此，本书认为，所有起始安装时间先于 P 的终止安装时间的零件，组成 Tool 安装 P 时的操作环境。Tool 的操作空间可行性检验就基于这个操作环境进行，在确定了装配环境之后，就可以利用 3.3 节中的方法进行工具操作空间的检验。

4.4.1.3　工作方向与装配体重定位

在多人装配序列规划中，需要考虑工人的工作方向（在哪个方向安装零件）以及装配体的重定位对装配序列的代价影响。

由于工作空间的约束，尤其是大型产品，每个工人（机器人、装配机）可能只负责在几个方向上将零件安装到装配体上，如在装配流水线的左侧或者右侧等。工作方向的更换“可能”增加工作耗时（由于有空闲时间的存在，未必一定增加）。这就要求尽量少地改变工人的工作方向。

在装配体当前定位状态下，如果分配给一个工人的零件无法在他负责的工作方向中进行安装，必须对装配体进行重定位，将 P 转到他负责的方向进行安装。而一次重定位可能涉及松开夹具、更换夹具、重新紧固等操作，较为耗时，在序列规划中应尽量避免。

在多人的安装工作中，每个工人拥有各自的工作方向以及工作进度。在同一时刻，多个工人同时进行各自的安装工作，显然，这些工作必须对应着同一种定位状态。所以，规划系统要根据工人负责的工作方向分配零件，并保证在同一时刻只能出现一个装配定位状态。

本书将定位状态的时间属性记录为：

{cur_orientation_start; cur_orientation_definite; cur_orientation_time}

其中　cur_orientation_start——当前定位的开始设置时刻，即开始拆除上一个定位的时刻；

cur_orientation_definite——当前定位形成的时刻，即所有的定位、夹紧工作完成的时刻；

cur_orientation_time——当前定位延续的时刻，在序列规划时，这个值随着“连续”地在该定位下增加的安装任务而改变，直到下一个定位开始或者完成所有零件的规划。

在时间区间（cur_orientation_start，cur_orientation_definite）内，上一个定位已经拆除，而当前定位还没有完全形成，此时装配体处于不稳定状态，不允许分配安装工作。

在时间区间（cur_orientation_definite；cur_orientation_time）内，只能进行对应该定位状态的任务分配。

区间（cur_orientation_start；cur_orientation_time）同其他任何定位的时间区间互斥。简言之，不同的定位状态不可同时出现在序列之中，必须是严格的串行关系。

工人的工作方向和零件二者的组合，会影响到装配体的定位，这种影响可以利用图 4.22 进行解释。图中左边的立方体代表一个装配体，它在建模的时候对应着一个模型坐标系，记作 $CSYS_{mod}$。右边的坐标系为世界坐标系，记作 $CSYS_w$，$CSYS_{mod}$ 和 $CSYS_w$ 均为笛卡尔直角坐标系。装配体的转动就是 $CSYS_{mod}$ 相对于 $CSYS_w$ 的运动。本书假设 $CSYS_{mod}$ 和 $CSYS_w$ 的原点始终重合，重定位仅仅意味着 $CSYS_{mod}$ 围绕原点的旋转运动。这是由于重定位的主要目的是让零件处于合适的方位便于工人安装，所以重定位只需要考虑装配体的旋转运动。

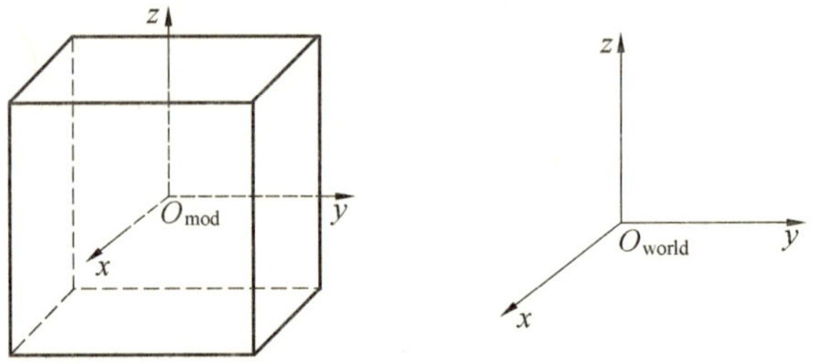

图 4.22 装配体定位示意图

基于这两个坐标系，下面定义几个相关的变量：

①$\boldsymbol{Pos}_{mod}(p)$：零件 p 在装配体中的位置矢量，利用 $CSYS_{mod}$ 下的一个单位矢量 $\boldsymbol{Pos}_{mod}(p)=(x_i,y_i,z_i)$ 表示。本书将零件在装配体中的位置分成了 6 个区间，每个区间利用一个平行于 $CSYS_{mod}$ 的坐标轴的单位矢量进行表示，即 $\boldsymbol{Pos}_{mod}(p)$ 的三个分量 x_i,y_i,z_i 中必须有一个等于 1 或-1，同时另外二者是 0。如在图 4.22 中，“上面”$=(0,0,1)_{mod}$；“下面”$=(0,0,-1)_{mod}$；“前面”$=(1,0,0)_{mod}$ 等。对每个零件 p，$\boldsymbol{Pos}_{mod}(p)$ 是一个常值。

②$\boldsymbol{Pos}_w(p)$：由于 $CSYS_{mod}$ 在 $CSYS_w$ 中的定位，使得零件 p 在 $CSYS_w$ 对应着一个单位矢量，记作 $\boldsymbol{Pos}_w(p)$，它随着装配定位的改变而改变。

③$\boldsymbol{dir}_w(worker)$：工人 $worker$ 的一个工作方向（相对于世界坐标系 $CSYS_w$）。记 $worker$ 负责的方向集合为 Dir_set（$worker$）。例如：在图 4.22 中，$worker$ 只负责在前面和左面安

装，则 $\text{Dir\_set}(worker_m)=\{(1,0,0)_w,(-1,0,0)_w\}$。

多人序列规划时的一次任务分配，就是将某个零件 p 分配给某个工人 $worker$ 在某个工作方向 $\boldsymbol{dir}_w(worker)$ 进行安装，即令 $\boldsymbol{Pos}_w(p)=\boldsymbol{dir}_w(worker)$，这将影响到 $CSYS_{mod}$ 在 $CSYS_w$ 中的定位状态。在序列规划过程中，$CSYS_{mod}$ 在 $CSYS_w$ 中的定位可以分为以下两种状态。

(1)完全定位状态：$CSYS_{mod}$ 两个正交的坐标轴在 $CSYS_w$ 中有了确定的方向。由于它们都是正交坐标系，另外一个轴的方向也确定了，所以整个装配体的定位完全固定。规划过程中，如果确定了两个零件的方位矢量 $\boldsymbol{Pos}_{mod}(p_1)$ 和 $\boldsymbol{Pos}_{mod}(p_2)$ 在 $CSYS_w$ 中的位置 $\boldsymbol{Pos}_w(p_1)$、$\boldsymbol{Pos}_w(p_2)$，且 $\boldsymbol{Pos}_{mod}(p_1)$ 和 $\boldsymbol{Pos}_{mod}(p_2)$ 正交，则 $CSYS_{mod}$ 在 $CSYS_w$ 中完全定位。

(2)非完全定位状态：$CSYS_{mod}$ 只有一个坐标轴在 $CSYS_w$ 中的位置已经确定，即只确定了一个零件的方位矢量 $\boldsymbol{Pos}_{mod}(p)$ 在 $CSYS_w$ 中的位置 $\boldsymbol{Pos}_w(p)$，此时装配体仍然有 4 种可能的定位方式(即围绕已定位坐标轴进行旋转得到的 4 种定位方式)。

在完全定位状态下，每个零件 p 都拥有了确定的 $\boldsymbol{Pos}_w(p)$。这样，新的任务分配对它的影响较为明确：或者与原来的定位方式矛盾，或者与之相符。假设在完全定位状态下，将零件 p 分配给工人 $worker$ 在方向 $\boldsymbol{dir}_w(worker)$ 进行安装。则根据当前定位状态，查找 $\boldsymbol{Pos}_{mod}(p)$，然后计算当前定位状态下的 $\boldsymbol{Pos}_w(p)$，如果 $\boldsymbol{Pos}_w(P_i)=\boldsymbol{dir}_w(worker)$，则认为新的选择是符合当前定位状态的，可以继续维持当前定位；如果 $\boldsymbol{Pos}_w(p)\neq\boldsymbol{dir}_w(worker)$，则认为新的任务同当前定位矛盾，则令 $\boldsymbol{Pos}_w(p)=\boldsymbol{dir}_w(worker)$(即重新确定了矢量 $\boldsymbol{Pos}_{mod}(p)$ 在 $CSYS_w$ 中的位置 $\boldsymbol{Pos}_w(p)$)，开始一个非完全定位状态，其工程意义就是利用重定位，将零件 p 转动到 $\boldsymbol{dir}_w(worker)$ 上，由 $worker$ 进行安装。

在非完全定位状态下，新的任务分配同原定位之间不再只是矛盾与相符两种情况了。假设确定当前非完全定位状态的零件为 p_{def}，它在 $CSYS_w$ 中的定位方向为 $\boldsymbol{Pos}_w(p_{def})$，新选定的零件为 p_{new}，新确定的工人工作方向为 $\boldsymbol{dir}_w(worker)$，则根据 $\boldsymbol{Pos}_{mod}(p_{def})$、$\boldsymbol{Pos}_w(p_{def})$、$\boldsymbol{Pos}_{mod}(p_{new})$、$\boldsymbol{dir}_w(worker)$ 四者之间的关系，来确定新的定位状态。首先，计算 $\boldsymbol{Pos}_{mod}(p_{def})\cdot\boldsymbol{Pos}_{mod}(p_{new})$(矢量点乘)，如果乘积为零，说明 $\boldsymbol{Pos}_{mod}(p_{def})$ 同 $\boldsymbol{Pos}_{mod}(p_{new})$ 正交，否则共线。如果二者共线，计算 $\boldsymbol{Pos}_{mod}(p_{def})+\boldsymbol{Pos}_{mod}(p_{new})$，如果和为零向量，表示二者相反(由于本书使用单位矢量来表示方位，所以方向相反的两个单位矢量之和为零)；否则二者相等。

这样，对于非完全定位状态下的任务分配，针对 $\boldsymbol{Pos}_{mod}(p_{def})$ 同 $\boldsymbol{Pos}_{mod}(p_{new})$ 的正交、相等和相反三种关系，分别进行处理。

(1) $\boldsymbol{Pos}_{mod}(p_{def})$ 和 $\boldsymbol{Pos}_{mod}(p_{new})$ 相等，如果 $\boldsymbol{dir}_w(worker)=\boldsymbol{Pos}_w(p_{def})$，则新的任务分配同原来的定位方式相符；否则，令 $\boldsymbol{Pos}_w(p_{new})=\boldsymbol{dir}_w(worker)$ 作为定位条件，开始一个新的非完全定位状态。

(2) $\boldsymbol{Pos}_{mod}(p_{def})$ 和 $\boldsymbol{Pos}_{mod}(p_{new})$ 相反，如果 $\boldsymbol{Pos}_w(p_{def})$ 和 $\boldsymbol{dir}_w(worker)$ 相反，则定位状态

不变；否则，以 $\boldsymbol{Pos}_{w}(p_{new})=\boldsymbol{dir}_{w}(worker)$ 作为定位条件，开始一个新的非完全定位状态。

(3) $\boldsymbol{Pos}_{mod}(p_{def})$ 和 $\boldsymbol{Pos}_{mod}(p_{new})$ 正交，在此情况下，如果希望定位状态不发生改变，则 $\boldsymbol{Pos}_{w}(p_{def})$ 同 $\boldsymbol{dir}_{w}(worker)$ 应该正交。因此，计算 $\boldsymbol{Pos}_{w}(p_{def})\cdot\boldsymbol{dir}_{w}(worker)$，如果内积不为零，则说明 $\boldsymbol{Pos}_{w}(p_{def})$ 同 $\boldsymbol{dir}_{w}(worker)$ 为共线关系，需要改变原有定位状态，以 $\boldsymbol{Pos}_{w}(p_{new})=\boldsymbol{dir}_{w}(worker)$ 为定位条件开始一个新的非完全定位状态。如果内积为零，则说明它们正交，新的定位条件同原有定位条件之间没有矛盾，但是增加了一个定位条件 $\boldsymbol{Pos}_{w}(p_{new})=\boldsymbol{dir}_{w}(worker)$，定位状态变成完全定位状态。根据 $\boldsymbol{Pos}_{w}(p_{def})$ 和 $\boldsymbol{dir}_{w}(worker)$，可以确定在 $CSYS_{mod}$ 中 $\boldsymbol{Pos}_{mod}(p_{def})$ 和 $\boldsymbol{Pos}_{mod}(p_{new})$ 的反向矢量在 $CSYS_{w}$ 中的位置。另外，由于 $\boldsymbol{Pos}_{mod}(p_{def})$ 和 $\boldsymbol{Pos}_{mod}(p_{new})$ 正交，利用矢量叉乘和反向矢量计算，可以确定 $CSYS_{mod}$ 下，另外两个方位矢量在 $CSYS_{w}$ 中的位置。这样就可以确定任意一个零件 p 在对应的 $\boldsymbol{Pos}_{w}(p)$ 中的位置。

根据上述内容，可以在规划过程中，确定一次安装任务的分配是否导致了重定位。关于重定位的判断算法见附录2。

4.4.1.4 装配代价

在装配序列优化评价方面，本书采用装配过程的总耗时作为评价对象。若装配工作开始的时刻是0，最后一个停止工作的工人完成任务的时刻为 t_{end}，则 t_{end} 就是该装配体的装配生产耗时。以这个耗时作为优化目标，力求规划出的结果对应最小的 t_{end}。

在多人装配规划中，影响 t_{end} 的主要因素包括工人更换工具的耗时、工人更换工作方向耗时、装配体重定位耗时等。其中，更换工具、工作方向的变化属于单个工人的耗时；装配体重定位则属于所有工人共同的耗时，一次重定位引起所有工人时间进度的改变。

4.4.2 多人装配序列规划

综上所述，可以看出对多人序列规划的要求如下。

(1)优先关系，必须在零件安装的起止时间上严格遵守有向关系图中的所有优先关系。

(2)零件的安装顺序不再是一条序列中的位置，而是要分配给各个工人。每个工人各自负责一部分零件的安装。序列规划的目的是合理地将零件分配给各个工人并按照合适的进度进行安装。

(3)每个工人都负责一定的工作方向，工人更换工作方向的次数应该尽量少。

(4)每个工人更换工具的次数应该尽量少。

(5)装配体当前定位无法满足某些操作的需求时，需要进行重定位。每次重定位发生时，所有工人必须完成当前的零件安装，然后停止工作，直到重定位完成以后再次进行安装。

(6)根据时间进度，零件的安装过程应该满足装配可行性的要求。

本节根据这些要求,给出多人序列规划算法。

4.4.2.1　**多人装配序列的描述**

在多人序列规划中,每个零件的安装过程需要记录以下信息:

(1)零件安装的起止时间;

(2)零件被安装的方向;

(3)零件安装时对应的定位方式;

(4)安装零件的工人。

基于以上分析,每个零件在序列中的描述为$\{p,t_{start},t_{end},dir,o,worker\}$,其中 p 是零件;t_{start},t_{end}分别表示该零件的装配起止时间;dir 表示该零件的装配方向;o 表示安装该零件时装配体的定位方式,用装配体模型坐标系 $CSYS_{mod}$的 x 轴和 y 轴在世界坐标系 $CSYS_w$ 中的定位矢量表示;$worker$ 是安装该零件的工人。一个多人的装配序列规划结果为

$\{p_1,t_{start1},t_{end1},dir_1,o_1,worker_1\}\rightarrow\{p_2,t_{start2},t_{end2},dir_2,o_2,worker_1\}\rightarrow\{p_3,t_{start3},t_{end3},dir_3,o_3,worker_2\}\rightarrow\{p_4,t_{start4},t_{end4},dir_4,o_4,worker_2\}\cdots\cdots$

另外可以基于不同的工人分别显示,如:

$worker_1:\{p_{11},t_{start11},t_{end11},\boldsymbol{dir}_{11},\boldsymbol{o}_{11}\}\rightarrow\{p_{12},t_{start12},t_{end12},\boldsymbol{dir}_{12},\boldsymbol{o}_{12}\}\rightarrow\cdots$

$worker_2:\{p_{21},t_{start21},t_{end21},\boldsymbol{dir}_{1},\boldsymbol{o}_{21}\}\rightarrow\{p_{22},t_{start22},t_{end22},\boldsymbol{dir}_{22},\boldsymbol{o}_{22}\}\rightarrow\cdots$

…

4.4.2.2　**面向多人规划的装配模型**

为了满足多人规划的数据需求,相关的数据模型需要进行相应的改造。其中优先关系图保持了与第 2 章中的相同的含义。但是对于装配关系矩阵,情况则有很大不同。

在多人规划中,仍然以元素 m_{ij}作为规划选择的基本单元,但是其工程含义不同。在面向多人序列规划时,每只蚂蚁所作的工作不再是逐次地挑选零件,而是不断地进行面向多个工人的任务分配。每次完成一次分配都将一个零件 p 分配给某个工人 $worker$ 在某个工作方向 $\boldsymbol{dir}_w(worker)$进行安装,直到分配完所有的零件。而这个任务分配过程依然通过选择矩阵元素 m_{ij}来实现。而 m_{ij}入选序列的意义仅仅是蚂蚁在分配完零件 p_i 之后对零件 p_j 进行安装的分配,不再是二者装配过程中的相邻关系。

由于多人规划中蚂蚁的随机选择过程增加了更多的影响因素,装配关系矩阵元素 m_{ij} 应该进行相应的扩充,以提供蚂蚁在选择时所需的信息。以下为面向多人装配序列规划的装配关系矩阵元素:

$$\begin{aligned}m_{ij}=\{d_{ij},&\{worker_1,dir_1,\boldsymbol{\eta}_{ij}(worker_1,dir_1),\boldsymbol{\tau}_{ij}(worker_1,dir_1)\},\\&\{worker_2,dir_2,\boldsymbol{\eta}_{ij}(worker_2,dir_2),\boldsymbol{\tau}_{ij}(worker_2,dir_2)\},\\&\cdots\}\end{aligned}\tag{4.43}$$

式中　d_{ij}——零件 p_i 到零件 p_j 的优先关系,同式(2.1);

$worker$——安装零件 p_j 的工人;

dir——工人安装零件 p_j 的方向；

$\eta_{ij}(worker, dir)$——启发式信息，详见下节；

$\tau_{ij}(worker, dir)$——信息素浓度，详见下节。

将 m_{ij} 改造成上述内容，蚂蚁在序列规划过程中所选择的不仅仅是 m_{ij}，而要对 m_{ij} 内含的子元素作出更为详细的选择。

4.4.2.3 优先关系与零件安装进度

根据优先关系的要求，每个零件必须迟于其所有的优先零件安装。在多人规划过程中这种优先关系必须通过零件安装的时间进度来体现，而不再基于序列中的先后位置关系。因此为了满足优先关系，一个零件 p 开始安装的时刻必须迟于它任意一个父零件的安装完成时刻。

一个零件可能拥有多个父零件，这些父零件的安装完成时刻各不相同。显然，不论这些父零件由哪个工人进行安装，它们的安装完成时刻中最晚的一个时刻就是开始安装 p 的最早时刻。每当蚂蚁分配了一个零件 p，就可以计算出它的安装结束时刻（记作 $T_{\mathrm{finish}}(p)$），此时可以设置 p 的所有子零件的最早安装时刻。假设 p_{s} 是 p 的一个子零件，则 p_{s} 的最早安装时间（记作 $T_{\mathrm{early}}(p_{\mathrm{s}})$）的设置可分为 3 种情况进行：

（1）p_{s} 还没有最早安装时间，即 $T_{\mathrm{early}}(p_{\mathrm{s}})$ 还未设置，则 $T_{\mathrm{early}}(p_{\mathrm{s}})= T_{\mathrm{finish}}(p)$；

（2）$T_{\mathrm{early}}(p_{\mathrm{s}})$ 已经设置，且 $T_{\mathrm{early}}(p_{\mathrm{s}})< T_{\mathrm{finish}}(p)$，则 $T_{\mathrm{early}}(p_{\mathrm{s}})= T_{\mathrm{finish}}(p)$；

（3）$T_{\mathrm{early}}(p_{\mathrm{s}})$ 已经设置，且 $T_{\mathrm{early}}(p_{\mathrm{s}}) \geqslant T_{\mathrm{finish}}(p)$，则 $T_{\mathrm{early}}(p_{\mathrm{s}})$ 保持不变。

这种方法可以让每个零件在它所有父零件安装完成之后才能开始安装，可以在多人装配序列中基于时间进度，满足 *PG* 中的优先关系。

4.4.2.4 启发式信息的动态设定

由于在多人装配序列规划时，蚂蚁的每次任务分配都可能导致定位状态的改变、工人工作进度等的改变，这将影响到下一步任务分配时的决策。因此，启发式信息应该进行动态调整，以实时地适应规划进程。

在设置 allow 的同时需要进行启发式信息的动态设置是十分合适的，一方面 allow 的设置发生在一次概率选择之后，此时恰恰是装配序列刚刚发生状态改变的时刻，是动态信息需要调整的时刻；另一方面，启发式信息的存在就是为了指导概率选择，而概率选择的范围就是可行转移范围 allow。所以应该在此处计算启发式信息。allow 的设置方法就是基于优先关系图的 WP 方法（4.3.2.2 小节），这里不再重述。

allow 中包含了蚂蚁概率转移时可以选择的零件范围，即可以选择的矩阵元素的范围 $m_{i,\mathrm{allow}}$（i 代表上一次选择的零件 p_i）。根据式（4.43）可知，每个矩阵元素 m_{ij} 包含若干子元素，每个子元素包含一个工人、工人工作方向、启发式信息、信息素浓度几个内容。这样，其中一个子元素中的 $\eta_{ij}(worker_m, dir_n)$ 表示在选择了零件 p_i 之后，由工人 $worker_m$ 在方向 $\boldsymbol{dir}_n$ 安装零件 j 的启发式信息。在设置 allow 时进行启发式信息的动态设置，就是根据当前选择的零件,对 $m_{i,\text{allow}}$ 中每个矩阵元素的每个子元素的 $\eta_{ij}(worker,dir)$ 进行设置。

装配重定位是影响序列代价的一个重要因素,启发式信息中必然要受到重定位的影响。在蚂蚁 k 选择完零件 p_i 之后,对一个 $\eta_{ij}(worker,dir)$ 进行设置。这个启发式信息对应着待安装零件 p_j、工人 worker、该工人的安装方向 dir。根据蚂蚁 k 的工作记录,可以确定在选择完 p_i 之后装配体对应的定位状态,假设 p_j、dir 为新分配的零件和安装方向,则根据 4.4.1.3 小节中的内容,可以判断出这个新的分配是否和原有的定位方式矛盾,如果是的话,则意味着一次重定位,启发式信息需要相应地减小,反之则增大。

关于更换工具,在多人序列规划中,某个工人安装的两个相邻零件如果对应着不同的装配工具,则该工人需要更换一次工具。因此,在设置启发信息 $\eta_{ij}(worker,dir)$ 时,需要考查 worker 上一次安装的零件和待选零件 p_j 是否对应相同的安装工具,如果需要更换工具,则 $\eta_{ij}(worker,dir)$ 较小,反之较大。

至于工人更换安装方向,同更换工具的启发式信息计算方法类似,在设置启发信息 $\eta_{ij}(worker,dir)$ 时,考查 worker 上一次安装时对应的安装方向是否和 dir 相同,如果不同,则 $\eta_{ij}(worker,dir)$ 较小,反之较大。

综上所述,启发式信息的设置方法如下:

$$\eta_{ij}(worker,dir)=\frac{1}{(\text{weight}_o\cdot o+\text{weight}_{\text{tool}}\cdot \text{tool}+\text{weight}_d\cdot dir+\text{EPSILON})}\qquad(4.44)$$

式中　$\eta_{ij}(worker,dir)$——在分配了零件 p_i 之后,将零件 p_j 分配给工人 worker 在方向 dir 上安装的启发式信息;

o——装配重定位产生的代价,如果需要重定位,其值为 1,否则为 0;

$tool$——装配工具更换产生的代价;如果需要更换工具,$tool=1$,否则,$tool=0$;

dir——装配工作方向更换产生的代价,如果需要更换方向(工人移动自己的工作位置),$dir=1$,否则,$dir=0$;

EPSILON——常数,EPSILON=0.1,用来避免分母为零;另外防止 $\eta_{ij}(worker,dir)$ 太大,影响其他元素的选择;

weight_o、weight_{tool}、weight_d——分别为 o、$tool$、dir 的权重,分别对应一次重定位、工具更换和工人工作方向更换的耗时。

4.4.2.5　多人装配序列生成

本节对 MMAS * 算法进行改造,将其应用于多人装配序列的生成。在优先关系的指导下,考虑时间进度的影响,将一个装配体的零件分配给数量固定的工人进行合作装配。在满足装配可行性的要求下,力求装配工具更换次数较少、工人更换安装工作方向最少以及装配体重定位次数最少。

从第 4.3.1 小节的分析可知,蚁群算法具有两个主要特点:一是分布式信息(信息素);二是基于分布式信息的随机搜索策略。应该充分利用蚁群算法的这两个特点对

MMAS * 算法进行合理的改造,实现多人的装配序列规划算法。

在 4.4.2.2 小节中已经将信息素的分布位置进行了改造,使得它从原来对应于两两零件的有序对,扩充为工人 *worker*、安装方向 *dir* 和零件对(p_i,p_j)这三者的组合。信息素 $\tau_{ij}(worker,dir)$ 对应着"在分配完零件 p_i 之后"将零件 p_j 分配给工人在方向上进行安装的可能性大小。

在确定了分布式的信息素设置方法以及动态的启发式信息设置方法之后,就可以基于这二者进行概率选择。由于多人规划的搜索过程增加了工人、零件、装配方向等影响因素,显然,概率选择机制应该体现出这些因素对搜索过程的影响。为此,本书针对多人序列规划,给出新的转移概率的计算公式为

$$P_{ij}(k,worker,dir)=\begin{cases}\dfrac{\tau_{ij}{}^{\alpha}(worker,dir)\ \eta_{ij}{}^{\beta}(worker,dir)}{\sum\limits_{w}\sum\limits_{dir}\sum\limits_{x\in \mathrm{allow}_i(k,t)}\tau_{ix}{}^{\alpha}(worker,dir)\ \eta_{ix}{}^{\beta}(worker,dir)} & 如果\ j\in \mathrm{allow}_i(k,t)\\ 0 & 其他\end{cases} \tag{4.45}$$

式中 $P_{ij}(k,worker,dir)$——蚂蚁 k"在分配完零件 p_i 之后"将零件 p_j 分配给工人 *worker* 在方向 *dir* 上进行安装的概率;

$\tau_{ij}(worker,dir)$——信息素浓度;

$\eta_{ij}(worker,dir)$——启发式信息,由式(4.44)决定;

β——决定 $\tau_{ij}(worker,dir)$、$\eta_{ij}(worker,dir)$ 相对重要性的参数;

$\mathrm{allow}_i(k,t)$——蚂蚁 k 在第 t 次迭代中规划了第 i 个零件之后可以继续规划的零件集合。

每作出一次概率选择之后,需要对该选择进行工程意义上的"解释"(该解释将影响到规划结果的工程意义以及代价):

首先根据分配的零件和安装方向,利用 4.4.1.4 小节中的内容求解该次选择对定位状态的影响。如果需要重定位,则更改蚂蚁 k 的当前定位状态,记录定位时间中的 cur_orientation_start 同 cur_orientation_definite,然后将工人 *worker* 的进度时间(记作 PS_T(*worker*))增加一个重定位的时间。在此,我们认为,工人 *worker* 在进行装配体重定位时,必须参与重定位工作,然后才能更换工具或进行其他工作。如果安装该零件不需要重定位,这一步省略。

然后,求解工人 *worker* 安装零件 p_j 是否需要更换工具,如果需要,则将其进度时间 PS_T($worker_m$)增加更换工具所需的时间。此时 *worker* 已经"做好了安装准备工作",但是还存在优先关系对安装进度的限制问题,所以必须取出 p_j 的最早安装时间限制 $T_{\mathrm{early}}(p_j)$,比较 PS_T($worker_m$)和 $T_{\mathrm{early}}(p_j)$,如果 $T_{\mathrm{early}}(p_j)$ 迟于 PS_T(*worker*),则将 PS_T(*worker*)= $T_{\mathrm{early}}(p_j)$(即令工人 *worker* 根据优先关系推迟其进度,等待该零件可以安装)。如果

PS_T($worker_m$) ≥ $T_{\text{early}}(p_j)$,这一步省略。

经过一系列计算之后,零件 p_j 就可以安装了。零件 p_j 的开始安装时间 $t_{\text{start}}(p_j)$ 就等于 PS_T($worker$);其安装完成时间 $t_{\text{end}}(p_j)$ 就等于 PS_T($worker$)加上零件 p_j 的基本安装时间 $T_{\text{assem}}(p_j)$;然后将工人 $worker$ 的进度时间 PS_T($worker$)调整为 $t_{\text{end}}(p_j)$ 。

另外,这次任务分配(即概率选择)引起了重定位,则令当前定位的正在进行时间 cur_orientation_time = $t_{\text{end}}(p_j)$;如果没有引起重定位,考虑到这里的概率选择不再是选择零件之间安装的先后关系,而是规划过程中先后分配的关系,后选中的零件未必一定迟于先选中的零件安装,所以可能存在其他“进度更快”的工人在原有的定位下被分配到其他的零件,且其安装完成时间有可能迟于 $t_{\text{end}}(p_j)$ 。基于该考虑,令 cur_orientation_time = max($t_{\text{end}}(p_j)$, cur_orientation_time)。

至此,零件 p_j 的“安装工作”已经完成,根据 4.4.2.3 小节中的方法,利用 $t_{\text{end}}(p_j)$ 对它的每个子零件的最早安装时间进行设置。

然后,根据 4.3.2.2 小节中的优先关系图中的 WP 方法,设置 allow;并进行启发式信息的动态设置。设置完 allow 之后,蚂蚁重复进行上述过程,直到完成所有零件。同单人规划类似,多人序列规划也是起始于基础件,规划前 allow 之中只包含基础件。

当一次迭代完成之后,对所有个体解进行评价。首先是进行空间可行性的判断以及工具可操作性判断。对于不可行个体进行惩罚蒸发。然后,计算装配过程的耗时,更新全局最优解,并进行信息素更新,重新开始迭代,直到满足终止条件。除了本章叙述的内容以外,蚁群算法的其余设置,如信息素的上下界等,同第 4.3 节的 MMAS * 算法保持一致,不再赘述。

综上所述,本书的多人装配序列规划算法如下:

BEGINMULTI_ASP
　　指定蚁群数量 A;
　　执行探路迭代,得出装配序列代价的估计值 $L(0)$,根据式(4.22)计算 $\tau_{\max}(1)$;
　　利用 $\tau_{\max}(1)$ 作为 τ_{ini} 初始化信息素;
　　根据式(4.24)计算 $\tau_{\min}(0)$;
　　指定每个工人负责的方向;
　　DO{
　　　　计算信息素下界 $\tau_{\min}(t)$;
　　　　WHILE(蚁群所有个体){
　　　　　　清理工作记录,蚁群集中到基础件;
　　　　　　将基础件放入 allow;
　　　　　　DO{
　　　　　　　　根据式(4.45)进行概率转移;

计算是否需要重定位,相应的更新定位状态和时间;
更新工人的进程、工具以及选中的零件的安装时间;
设置选中的零件的子零件的最早安装时间;
利用 *PG* 中的 WP 方法设置 allow 集合;
计算 allow 中关于重定位的启发信息;
计算 allow 中关于工具更换的启发信息;
计算 allow 中关于工人更换安装方向的启发信息;
} UNTIL(形成完整的装配序列)
执行可行性检验及惩罚蒸发;
}
执行自然蒸发;
评价个体序列,更新全局最杰出序列 S_{gi};
利用 S_{gi} 积累信息素;
利用 $\tau_{max}(t)$、$\tau_{min}(t)$ 修改装配关系矩阵上的信息素;
利用全局最杰出序列的装配代价计算 $\tau_{max}(t+1)$;
根据迭代次数计算 $\tau_{min}(t+1)$;
} UNTIL($t=T$)
所有紧固件组内部排序,并插入序列中;
输出解序列及其评价结果;
END

4.4.2.6 多人装配序列规划的性能分析

如果一个蚂蚁个体"规划出"很多的重定位,尤其是反复的重定位,以及很多的等待空闲时间(等待重定位完成),则这是一个较差的规划结果;相反,如果在序列规划时尽量将所有在同一定位下可以安装的零件连续安装,然后再进行重定位,则该序列是一个较理想的序列。从第 3 章对蚁群算法的收敛性分析过程以及文献中可知,蚁群可以在随机的进化过程中,根据目标函数、代价值进行评价,可以自动寻找准最优解。一个解中重定位的次数较少,就可以获得较多的信息素积累,从而吸引较多的蚂蚁个体,这是本书算法实现多人重定位优化的方式。

在本章算法中,存在一些类似于基于知识的解决步骤,如设置零件的最早安装时间限制,根据工人的时间进度、重定位时间对零件的安装时间进行计算等。这些过程并不属于蚁群的工作过程,直观上看似乎本书加入了其他的启发过程,可能影响蚁群收敛过程。从公式(4.45)可以看出,影响蚁群的随机选择的因素主要包括启发式信息、信息素 $\eta_{ij}(worker_m, dir_x)$ 以及可行转移范围 allow。根据上述介绍,关于最早安装时间、重定位时间等过程仅仅影响了启发式信息。由第 4 章中的理论分析可知,只要启发式信息大于 0 且小于无穷大,就不会影响到算法的收敛性;而且通过实验证明,相对于信息素及其上下界而言,启发式信息对算法的收敛性质的影响是次要的。

另外,对于优化算法的运行过程,包括随机搜索、目标值计算、修改搜索策略等几个重要部分。而上述的计算零件安装时间等过程,除了影响启发式信息以外,更重要的是它们决定了(或者说“解释”出)蚂蚁个体搜索结果的目标值。因为蚂蚁的搜索结果仅仅是一系列装配矩阵元素的组合,仍旧无法体现出多人装配的任务分配情况,对零件安装时间、工人进度以及重定位时间的计算过程,是利用工程含义对蚁群搜索的结果进行了解释,从而实现了解的目标值计算。

下面的问题是,经过了本章的改造,面向多人序列规划的蚁群算法是否仍然能够符合第 4.3.3 小节描述的收敛要求。

本节的算法同第 4.3 节的区别主要体现在概率转移公式(4.45)以及装配关系矩阵元素的变化:

(1)多人序列规划中,启发式信息的值是根据式(4.44)动态计算的。但是根据该公式可知,启发式信息具有最小值为

$$\min(\eta_{ij}(worker, dir)) = 1/(\text{weight}_o \cdot o + \text{weight}_{tool} \cdot \text{tool} + \text{weight}_{\text{dir}} \cdot dir + \text{EPSILON}) \tag{4.46}$$

同时启发式信息的最大值为

$$\max(\eta_{ij}(worker, dir)) = 1/(\text{weight}_o \cdot o + \text{weight}_{tool} \cdot \text{tool} + \text{weight}_{\text{dir}} \cdot dir + \text{EPSILON}) = 1/\text{EPSILON} \tag{4.47}$$

显然,由于装配体中零件数量有限,并结合实际生产情况可知,存在两个常数 MIN、MAX,使得

$$0 < \text{MIN} = \min_{\substack{\text{矩阵中所有}\\\text{的启发信息}}}(\eta_{ij}(worker, dir)) \leqslant \max_{\substack{\text{矩阵中所有}\\\text{的启发信息}}}(\eta_{ij}(worker, dir)) = \text{MAX} < \infty \tag{4.48}$$

从这一点可以看出,在多人规划中启发式信息,仍然存在其最大最小极限。

根据 4.3.3 小节中的论述可知,这一点可以满足算法的收敛性要求。

(2)由于加入了多人、多工作方向等因素,本节对装配关系矩阵以及概率选择公式进行了较大的修改,但是可以换一个角度去理解本节的算法。利用一个较为直观的图来描述在这种修改结果上蚁群如何进行选择。假设有工人甲和乙,两个人都可以在两个方向 dir_1、dir_2 进行安装,令他们安装图 4.23 所示优先关系图描述的装配体。

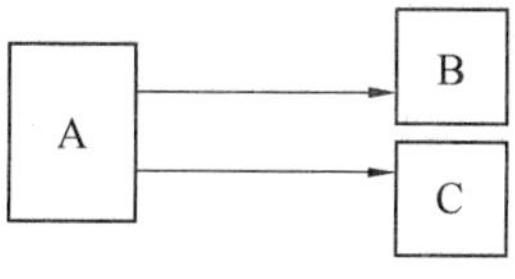

图 4.23　二人装配产品例子

图 4.24 所描述的就是本节对装配关系矩阵改造后的等效图,其中每条边都对应着装配关系矩阵元素中的一个子元素,每条边都拥有自己的信息素和启发信息。而一个装配关系矩阵的元素 m_{ij} 就对应着所有从零件 p_i 指向零件 p_j 的有向边。蚂蚁就是按照图 4.24 中的优先关系的指导,在图 4.24 中随机选择边,直到遍历完所有零件。所以,本章所描述的多人序列规划算法,本质上仍然是蚁群算法,只要按照第 4.3 节中描述的方法进行设置,该算法同样满足 4.3.3 小节中所述的收敛性。只是在面向多人规划时,搜索空间随着工人、工作方向的数量的增长而大大增加。

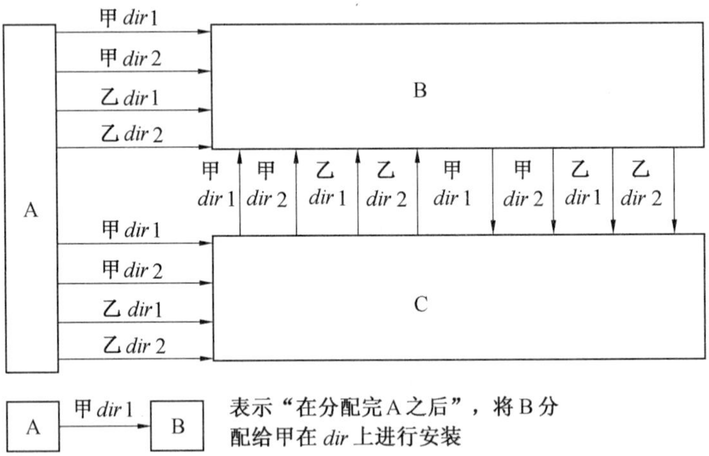

图 4.24　二人装配规划等效图

另外,本书所给出的算法所做的优化工作是关于零件、工人、工作方向的组合优化。这种离散的组合优化模型,同实际的工程问题还存在一些距离。对于多人序列规划而言,存在一个本节算法仍未解决的问题:如果在工人甲即将安装完零件 A 时,工人乙开始安装零件 B,且 B 影响安装 A 的工具操作,只需工人乙将 B 的安装时间稍稍推迟,等待 A 完成安装即可,但是本书的算法无法提供这种优化方式。原因是在本节的算法中,时间进度问题只是考虑到优先零件之间的起止问题,并且是针对蚂蚁的离散选择进行解释才得出关于时间进度的结果;蚂蚁并没有将连续的时间纳入其概率选择中。如果将零件开始安装的起点、工人、安装方向、零件都加入优化搜索空间,其解空间的规模将十分巨大,在实际应用时很难达到满意的优化效果。这个问题有待于进一步的研究。

4.4.3　应用实例

本节将多人装配序列规划应用到洗衣机缸体(图 2.23)上。指定该缸体由两个工人进行装配,其中每个工人都可以负责从上面(z)和下面($-z$)两个方向执行安装。然后假设紧固一个螺钉或螺母需要 3 s,不需要紧固螺钉的零件需要 1 s,将安装紧固件的时间作为设定零件基本安装时间的一个主要因素,设置各个零件的基本安装时间如下：外桶1 s,传动架 15 s,离合器 18 s,缓冲块 1 s,电机 1 s,缓冲块(在电机上面,需要用螺栓紧固的)3 s,排水阀 6 s,电磁阀 6 s,挡板 12 s,电容 6 s,油封 12 s,脱水筒 3 s,波轮 3 s,外桶盖 12 s。仍然假设工人更换一次工作方向需要 5 s,更换一次工具需要 5 s,装配体重定位一次需要 20 s。得出的双人安装工作安排如下：

工人 1:外桶(0 ~ 1 s)→传动架(1 ~ 16 s)→离合器(16 ~ 34 s)→更换工具(34 ~ 39 s)→缓冲块×2(39 ~ 41 s)→电机(41 ~ 42 s)→缓冲块×2(42 ~ 48 s)→更换工具(48 ~ 53 s)→更换方向(53 ~ 58 s)→脱水筒(58 ~ 61 s)→更换工具(61 ~ 66 s)→波轮(66 ~ 69 s)→更换工具(69 ~ 74 s)→外桶盖(74 ~ 86 s)

工人 2:油封(34 ~ 46 s)→更换方向(46 ~ 51 s)→挡板(51 ~ 63 s)→电容(63 ~ 69 s)→更换工具(69 ~ 74 s)→排水阀(74 ~ 80 s)→电磁阀(80 ~ 86 s)

这个结果在时间进度上满足了零件安装的可行性要求,比如,在工人 2 安装完油封时(34 ~ 46 s),脱水筒(58 ~ 61 s)还没有开始安装;而波轮(66 ~ 69 s)的安装时间也保证了脱水筒的正常插入。

在结果中没有规划出缸体的重定位,通过工人的工作方位的更换完成了两个方向零件的安装。

另外,工人 1 在这项工作中的总工作时间为 86 s,而工人 2 只工作了 52 s。其原因是在离合器安装之前的工作只需要一个人即可完成,而油封、脱水筒、波轮等,由于配合关系以及零件插入空间的要求,必须都迟于离合器安装。所以造成了工人 2 的大量空闲时间。

基于这个结果,可以在生产调度上进行改进,以提高工人 2 工作时间的利用率。

第 5 章 机电产品装配路径规划

5.1 基于动态坐标的 A^* 搜索装配路径规划

计算机辅助装配路径规划是计算机辅助装配规划里的一个重要问题，具有和计算机辅助装配序列规划相同的重要地位。计算装配路径规划有很多种方法，包括 C 空间障碍法、势场法、拓扑降维法、可视图法和 J 函数法。对于 C 空间障碍法需要在 C 空间中进行闵科夫斯基和(Minkowski Sum)，因而要求被研究对象是凸多面体。J 函数法在计算 J 函数时，也要求对象是凸多面体。虽然理论上任何凹多面体都可以转化成凸多面体的并集，但是对于复杂形体，尤其是工程上常见的螺纹孔、内壁的圆弧倒角等，要将凹多面体转化成凸多面体是非常复杂的事情。这些方法提出的目的虽然是为了避免干涉计算，但是随着计算机软硬件技术的发展，使快速进行干涉计算已经成为可能。如利用 UG/Open 提供的计算干涉的方法，在 PC 机(Intel PIII667)上，在 0.27 s 内可进行 15 次干涉计算。这为在三维实体模型环境下直接使用 A^* 搜索算法和干涉检查进行路径规划创造了条件。本章的主要内容是讨论利用干涉检查和启发式搜索算法进行路径规划的相关问题。

5.1.1 启发式搜索算法

在人工智能领域中，搜索算法主要是在产生式系统中进行状态空间搜索。在问题存在解空间时，适用不同的搜索策略，为找到解空间而搜索的空间的大小有很大差别。对于路径规划，状态空间规模较大，所以为求解解空间而必须进行大量的搜索，因此，必须选择好的搜索策略。启发式搜索算法是相对于盲目搜索算法而言的，在搜索解空间的过程中，考虑问题域的可应用知识，动态地确定规则的排序，优先调用较合适的规则。因此启发式搜索算法能利用问题拥有的启发信息来引导搜索，达到减少搜索范围、降低问题复杂度的目的。通常情况下，启发式搜索算法利用所谓评价函数(Evaluation function)来达到此目的。评价函数利用给定的规则，决定搜索的下一步所要扩展的节点，从而避免盲目搜索中出现的组合爆炸的现象。对于不同的评价函数，启发式搜索算法有不同的表现形式。A^* 搜索算法就是其中的一种。

评价函数 f 使得在任意节点上其函数值 $f(n)$ 能估算出从节点 S 到节点 n 的最小代价路径的代价与从节点 n 到某一目标节点的最小代价路径的代价总和，也就是说 $f(n)$ 是约

束通过节点 n 的一条最小代价路径的代价的一个估计。表达为

$$f(n)=g(n)+h(n) \tag{5.1}$$

其中 $g(n)$ 表示节点 S 到节点 n 的最小代价路径的估计，$h(n)$ 表示从节点 n 到目标节点最小代价路径的估计。通常情况下 $g(n)\geqslant g^*(n)$，$g^*(n)$ 表示 S 到 n 的实际代价。若存在 $h(n)\leqslant h^*(n)$（$h^*(n)$ 表示 n 到目标点的实际代价），并用 $h(n)$ 做评价函数的一部分，则此启发式算法称为 A* 算法。

5.1.1.1　规划空间建模

规划空间根据不同的求解问题而有不同的表现形式。对于三维空间中的路径规划，规划空间被表达为空间的栅格。空间的栅格表达是将规划空间表达为均等的栅格网络，由于栅格的一致性和规范性较好，栅格空间中的邻接关系表达简单。在赋予每个栅格点一个通行因子后，路径规划问题就变成在栅格网络上寻求两个栅格点间的最优路径。栅格中的一条路径由连接相邻栅格点的直线段构成。在三维几何空间中，对于没有旋转的运动规划，节点的扩展方法如图 5.1 所示[165-167]。

图 5.1 中节点扩展的起点为 O。以 O 为中心向四周扩展出 26 个点。设每个节点为 $v_i(i=1,2,\cdots,26)$，称 v_i 为 O 的子节点。向量 $\boldsymbol{OV}_i=0-v_i(i=1,2,\cdots,26)$ 形成了一个扩展方向集合 $D=\{\boldsymbol{OV}_i\mid i=1,2,\cdots,26\}$。称 D 中的任何一个元素为节点 O 的一个扩展方向。连接 O 和 v_i 的线段是路径的微观表现。图 5.1 中的每个栅格节点代表了运动零件在三维空间中的一个位置。因此每个栅格节点又是下一次扩展的起点。规划的路径是这些栅格节点的连线组成。因此栅格的划分影响路径规划的结果。

将起点到其他栅格节点在坐标轴方向上的距离称为栅格的尺度，也称步长。栅格划分得密，栅格节点之间的距离小，可能规划出更为精细的路径，但是会增加计算量。栅格划分得疏，栅格节点之间的距离大，规划出的路径粗糙，甚至可能不能规划出路径。实践当中将栅格的尺度和被规划的零件的尺度综合考虑，采用了动态变步长方法[165]。

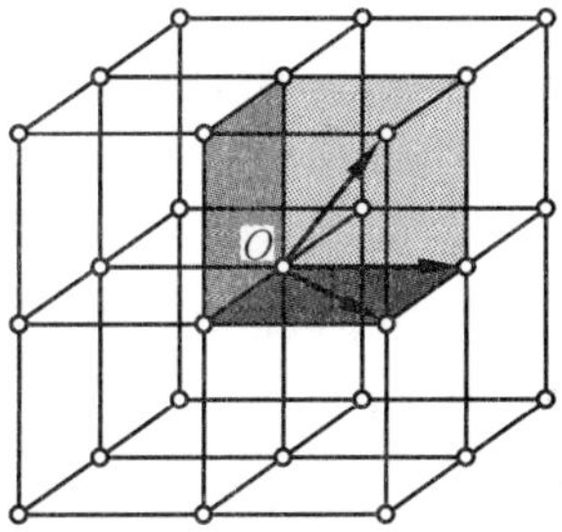

图 5.1　节点扩展方法示意图

5.1.1.2　A* 搜索算法在路径规划中的应用

A* 搜索算法用于路径规划中的主要思路是从被规划零件的起点开始扩展节点，然后根据评价函数选择下一个位置的节点，将被规划零件移动到被选择节点上，进行干涉检查。如果不存在干涉，则进行下一次节点扩展，否则回退。A* 搜索算法应用于路径规划的一般过程可以概述如下[168-169]。输入参数是装配体 A，被规划的零件 P，运动的目标点 T，输出参数是路径 PATH。

BEGIN PROC A*（A，P，T，PATH）

　　将零件 P 的当前位置为起始点放入到 OPEN 表中

```
    记录当前位置为 n
    在 OPEN 表中取出第一个搜索节点 n'
    DO
        将运动体移动到节点 n'上
        IF(节点 n'是目标)
        PATH=CLOSED
        算法成功结束,返回 PATH
        ELSE
            IF(零件 P 与装配体 A 中的其他零件干涉)
                运动体回退到 n
                放弃节点 n',并将其从 OPEN 表中删除
            ELSE
                将当节点 n'放入到 CLOSED 表中
                将当节点 n'放从 OPEN 表中删除
                    扩展节点 n',并将新产生的节点放入到 OPEN 表的尾部
        根据评价函数对 OPEN 表排序
            END IF
        END IF
        记录当前位置为 n
        IF (OPEN=NULL)
            算法失败
        END IF
        从 OPEN 表中取第一个节点 n'
    WHILE(OPEN≠NULL)
END PROC
```

算法中,根据评价函数排序是关键。评价函数的选取对 A^* 搜索算法非常重要。评估评价函数有三个方面,即:

(1)寻找路径时所扩展的节点数目;

(2)路径耗散值计算;

(3)计算 $h(n)$ 所需的计算工作量。

扩展的节点数目和评价函数值有关。$f(n)$ 越接近 $f^*(n)$,则扩展多余的节点越少。当 $f(n)=f^*(n)$ 时,则不会扩展多余的节点就可以找到最优路径。因此 A^* 搜索算法的效率在很大程度上取决于 $h(n)$。在满足 $h(n)\leqslant h^*(n)$ 的前提下,$h(n)$ 越接近 $h^*(n)$,启发函数携带的启发信息越多,搜索算法的效率也越高。

显然启发函数本身的计算也会增加算法的计算量的。当计算启发函数本身所需要的计算量超过扩展节点所带来的计算量,那么该启发函数也是不理想的。因此并不是启发扩展的节点越少越好。

对评价函数中 $g(n)$、$h(n)$ 的相对加权也是提高评价函数所包含信息的一个方法,但是会降低评价函数的可采纳性,增加函数的复杂程度。在文献[168]给出了如下的评价函数:

$$f(n)=g(n)+h(n)+\varepsilon[1-d(n)/N]h(n) \tag{5.2}$$

式中,$d(n)$ 是节点 n 在搜索树中的深度;N 是目标节点在搜索树中所估计的深度;$\varepsilon\geqslant 0$。由于对 N 的估计由问题决定,所以式(5.2)很难在实践当中掌握。

当 $h(n)$ 满足单调性限制时,评价函数就演变成为

$$f(n)=h(n) \tag{5.3}$$

对于三维路径规划,可以取 $h(n)$ 为 n 到目标点的直线距离。则 A^* 搜索算法评价函数可以表示为

$$h(n)=\sqrt{(t_x-n_x)^2+(t_y-n_y)^2+(t_z-n_z)^2} \tag{5.4}$$

式(5.4)中 n 表示当前节点,t_x、t_y 和 t_z 分别是目标 T 的 x、y 和 z 的坐标,n_x、n_y 和 n_z 分别是要计算点的 x、y 和 z 的坐标。

A^* 搜索算法在路径规划领域里得到了大量的应用。在三维实体模型环境下使用 A^* 搜索算法,扩展节点的方法非常重要,在某种特定条件下决定了算法成功与否。

5.1.2 A^* 搜索算法存在的问题

利用上面给出的节点扩展方法,在三维实体造型的环境下应用 A^* 搜索算法进行路径规划,会遇到以下两个问题,即孔轴配合的路径规划和路径规划中的直线运动问题。

5.1.2.1 孔轴配合的路径规划

对于图 5.2 中的螺栓和螺孔的配合,螺栓要从与之配合的螺孔中运动出来,如果节点的扩展不正确,就会导致路径规划的失败。

螺栓要从与之配合的螺孔中运动出来时,那么螺栓必须沿着孔(轴)的轴线运动,但是如果利用图 5.1 所示的传统的节点扩展方法,当扩展方向和运动方向不一致时,会导致规划失败。

图 5.3 所示为螺栓从与之配合的螺孔中运动出来的干涉误差示意图。实线图是运动前的物体,虚线图是运动后的物体。图 5.3 中,螺栓和螺孔的配合方向表示为单位向量 $\boldsymbol{K}$,也即 $\boldsymbol{K}$ 为螺栓的轴线方向。W 表示轴运动一个步长后,运动前后轴的几何中心的距离。

对于 $\forall\, \boldsymbol{OV}_i \in D(i=1,2,\cdots,26)$,当 $\boldsymbol{OV}_i \cdot \boldsymbol{K}\neq \boldsymbol{0}$ 时,存在夹角

(a) 装配体

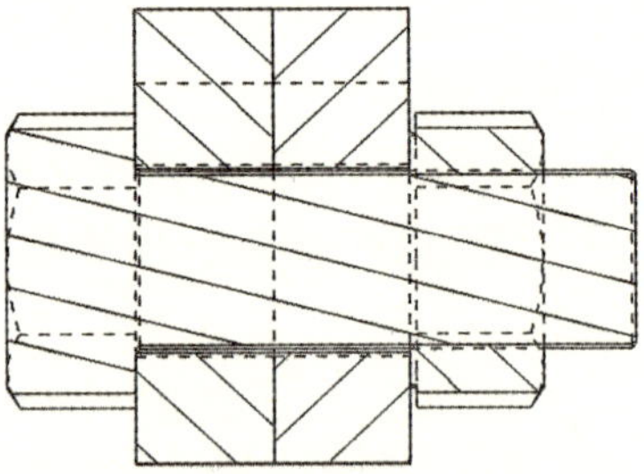

(b) 螺栓、螺孔配合

图 5.2 装配体示意图

$$\alpha=\arccos\frac{|\boldsymbol{OV}_i\cdot\boldsymbol{K}|}{|\boldsymbol{OV}_i||\boldsymbol{K}|}\neq 0$$

则当螺栓被按照扩展方向移动一个步长时,螺栓的轴线和螺孔的轴线偏离的距离为

$$\delta=W\cdot\sin\alpha\neq 0 \tag{5.5}$$

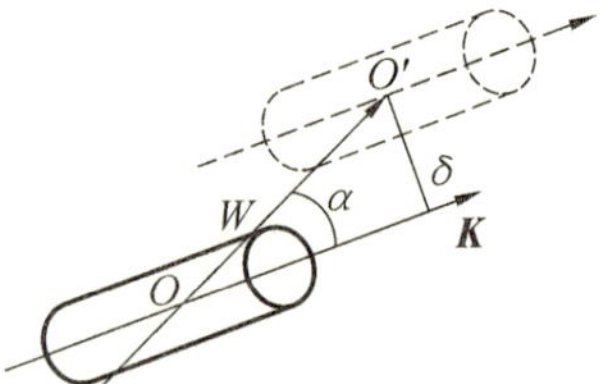

图 5.3 干涉误差示意图

当轴孔配合的间隙小于 δ 时,螺栓就和螺孔发生干涉。在这种情况下,任何一个扩展点都不是可用的节点,也就是说不存在可行路径,就使可以搜索出路径的方法变成不收敛的方法,这显然是错误的。只有当步长小于求解干涉的误差时,在运动一个步长后,不会发生干涉。实际运动中,将步长减少到非常小是不现实的。而对于轴孔之间没有间隙的情况,则必须要求 $\delta=0$,也即节点的一个扩展方向必须和孔轴的轴线平行。

5.1.2.2 路径规划中的直线运动

在路径规划的过程中,当运动方向和节点扩展的方向不一致时,即使是在直线运动的情况下,也会增加规划的节点数,从而导致搜索算法效率的降低。下面以一个二维空间的例子阐述,如图 5.4 所示。运动体从 A 点运动到 B 点,当运动方向和节点扩展方向不一致时,也即

$$|\boldsymbol{OV}_i\times\boldsymbol{K}|\neq\boldsymbol{0}(\boldsymbol{K}\text{ 为运动方向}) \tag{5.6}$$

规划出来的路径将是一条如图 5.4(a)所示的曲折的路径。在实践当中,路径规划完毕以后还要对这条曲折的路径进行修剪,使之尽量减少转折的次数。利用动态坐标的 A* 搜索算法,在扩展节点之前进行坐标变换,使 $\boldsymbol{OV}_i\cdot\boldsymbol{K}=0$ 就可以消除这种现象。结果如图 5.4(b)所示。

由于传统的节点扩展方法存在上述问题,为此本书提出了动态坐标的 A* 搜索算法。

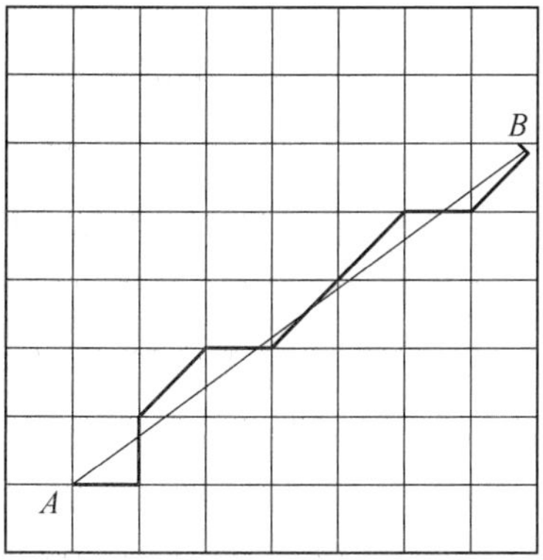

(a) 传统节点扩展方法

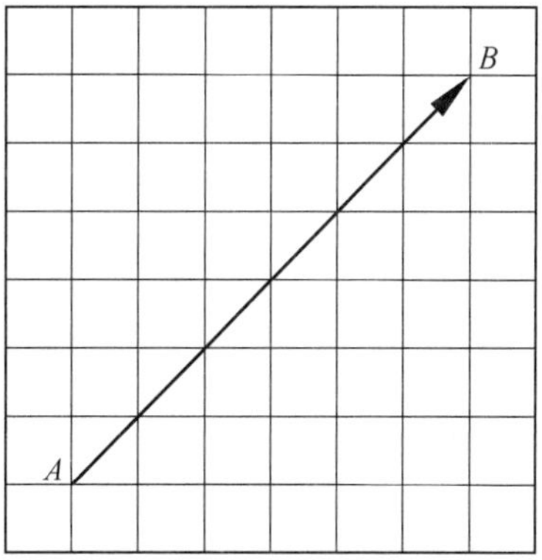

(b) 动态坐标扩展方法

图 5.4　传统节点扩展方法和动态坐标节点扩展方法比较

5.1.3　动态坐标的 A* 搜索算法

5.1.3.1　动态坐标 A* 搜索算法的原理

根据上面的分析,产生问题的原因是运动体运动方向和节点扩展方向不一致。动态坐标的 A* 搜索算法针对这一原因,在扩展时检查节点扩展方向和运动方向是否一致。如果出现不一致,通过对坐标系变换,使扩展节点的方向和运动方向相同,即式(5.3)中的 δ 为零。基于动态坐标的 A* 搜索算法的流程图如图 5.5 所示。

从图 5.5 中可以看出,同传统的 A* 搜索算法相比,动态坐标的 A* 搜索算法增加了运动方向计算和坐标变换。这里运动方向包括被规划零件的初始拆卸方向。零件的初始拆卸方向是根据零件的配合面的性质计算的。通常的算法有基于特征的零件装配方向的确定法[160]、基于球面几何推理的局部拆卸方向计算法和原理方向集法[170]。

动态坐标的 A* 搜索算法和传统的 A* 搜索算法的另外一个不同是扩展节点的方法。传统的 A* 搜索算法在固定的坐标系下扩展节点,不进行坐标变换。在动态坐标方法中,在节点扩展之前需要根据局部拆卸方向或运动方向做坐标变换。变换坐标的策略很重要,它决定了算法效率。下面给出坐标变换的原则。

(1) 设 $\boldsymbol{D}$ 为被规划对象的运动方向,对于 $\forall \boldsymbol{OV}_i \in D$(其中 D 为扩展方向集合),如果 $\boldsymbol{OV}_i \cdot \boldsymbol{D} \neq 0$,则进行坐标变换。变换后得到新的扩展方向集合 D',使得 $\exists \boldsymbol{OV}_i \in D'$,$\boldsymbol{OV}_i \cdot D' = 0$。$D'$ 表示坐标变换之后的运动方向。

(2) 设当前位置指向目标位置的向量为 $\boldsymbol{T}$,则对于 $\forall \boldsymbol{OV}_i \in D$,如果 $\boldsymbol{OV}_i \cdot \boldsymbol{T} \neq 0$,进行坐标变换。变换后得到新的扩展方向集合 D',使得 $\exists \boldsymbol{OV}_i \in D'$,$\boldsymbol{OV}_i \cdot T' = 0$。$T'$ 表示坐标变换之后的指向目标位置的方向。

(3) 当 $\boldsymbol{D}$ 和 $\boldsymbol{T}$ 相互垂直时,取 $\boldsymbol{D}$ 和 $\boldsymbol{T}$ 为新扩展方向集合 D' 的坐标方向。当 $\boldsymbol{D}$ 和 $\boldsymbol{T}$

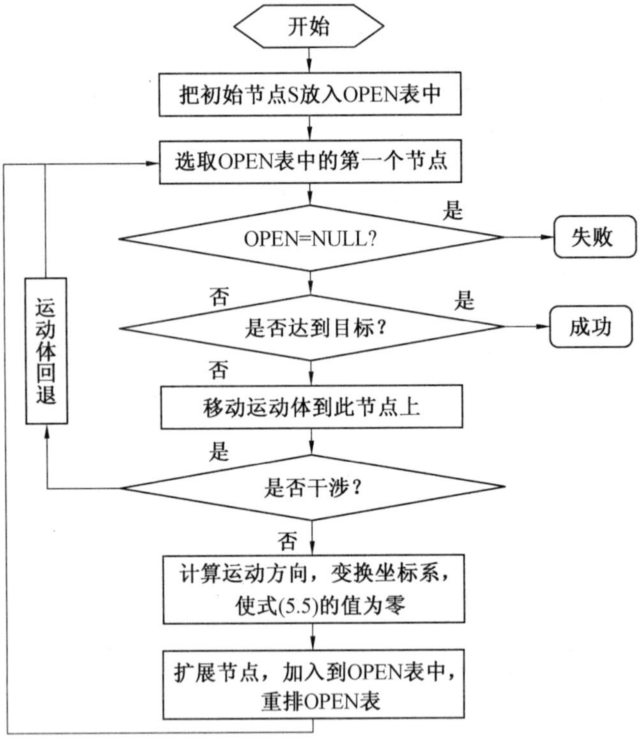

图 5.5　动态坐标的 A* 搜索算法

相互不垂直时，以 **D** 的方向为坐标方向，参照规则(1)进行坐标变换。因为 **D** 方向是根据零件之间的接触关系计算出来的局部拆卸方向。

利用上面的 3 个原则，动态启发式搜索算法可以很好地解决本书提出的问题。对于孔轴的路径规划问题，由于在节点扩展时，使节点扩展方向和孔(轴)的轴线方向一致，从根本上解决了由于节点扩展所导致的搜索不收敛。对于路径规划中的直线运动问题，动态坐标的 A* 搜索算法的优点是明显的。动态坐标方法的优点在于

$$f^*(n'_i) \leqslant f^*(n_i) \tag{5.7}$$

式中的 $f^*(\cdot)$ 表示从初始节点 S 出发，约束通过节点 n 到达目标节点 T 上的最小耗散值。n_i 表示坐标变换前的节点，n'_i 表示坐标变换后的节点。事实上，n_i 和 n'_i 在空间中是相同的点，只是所在的坐标系不同。式(5.7)意味着利用动态坐标的 A* 搜索算法产生的路径比传统的 A* 算法短。直观上看，将节点扩展的方向变换到物体的运动方向，如图 5.4(b)所示，则规划出来的路径将比较平直，从而避免了路径修剪过程。

5.1.3.2　动态坐标的 A* 搜索算法性能分析

当在算法 A 的评价函数中，使用的启发函数 $h(n)$ 是处在 $h^*(n)$ 的下界范围，即满足

$h(n) \leqslant h^*(n)$时，这个算法称为算法A^*。下面首先证明动态坐标的A^*搜索算法是一种A^*搜索算法。

命题5.1 采用式(5.4)为评价函数的动态坐标的A^*搜索算法是一种A^*搜索算法。

证明 因为式(5.4)计算的是两点间的直线距离，所以必有

$$h(n) \leqslant h^*(n) \tag{5.8}$$

命题得证。

命题5.2 动态坐标的A^*搜索算法是收敛的。

证明 根据命题5.1，可以知道动态坐标的A^*搜索算法是一种A^*搜索算法，因为A^*搜索算法是收敛的，所以动态坐标的A^*搜索算法也是收敛的。

命题5.3 采用式(5.4)为评价函数的动态坐标的A^*搜索算法满足单调限制条件。

证明 对于一个评价函数h，如果对所有的节点n_i和n_j(n_j是n_i的子节点)都有

$$h(n_i)-h(n_j) \leqslant C(n_i,n_j) \tag{5.9}$$

则称评价函数h满足单调限制条件。其中$C(n_i,n_j)$表示n_i到n_j的弧线耗散值。

将式(5.4)代入到式(5.9)的左边，并根据三角形的性质，可得

$$\sqrt{(t_x-n_{ix})^2+(t_y-n_{iy})^2+(t_z-n_{iz})^2}-\sqrt{(t_x-n_{jx})^2+(t_y-n_{jy})^2+(t_z-n_{jz})^2}< \sqrt{(n_{ix}-n_{jx})^2+(n_{ix}-n_{jy})^2+(n_{ix}-n_{jz})^2} \tag{5.10}$$

式(5.10)的右边是$C(n_i,n_j)$的估计，故有

$$\sqrt{(n_{ix}-n_{jx})^2+(n_{ix}-n_{jy})^2+(n_{ix}-n_{jz})^2} \leqslant C(n_i,n_j) \tag{5.11}$$

联合式(5.10)和式(5.11)有

$$h(n_i)-h(n_j) \leqslant C(n_i,n_j) \tag{5.12}$$

命题得证。

前面指出，动态坐标的A^*搜索算法由于具有式(5.5)的性质，这是动态坐标的A^*搜索算法比A^*搜索算法性能好的地方。在证明式(5.5)之前，先阐述如下定理。

定理5.1 在同一坐标系下，若评价函数$h(n)$满足单调限制条件，则算法扩展了节点n之后，就已经找到了到达节点n的最佳路径。即若A^*搜索算法选n来扩展，在单调限制条件下有$g(n)=g^*(n)$[171]。

定理5.2 在仅有一次的坐标变换的搜索中，变换后节点最短路径耗散值不大于原来节点的最短路径耗散值，即$f^*(n'_i) \leqslant f^*(n_i)$，其中$n_i$表示变换前的节点，变换后用$n'_i$表示。

证明 假设在n_i进行了坐标变换，变换后为n'_i则

$$f^*(n_i)=g^*(n_i)+h^*(n_i) \tag{5.13}$$

$$f^*(n'_i)=g^*(n'_i)+h^*(n'_i) \tag{5.14}$$

因为在变换之前，坐标系没有改变，根据定理5.1，有

$$g(n)=g^*(n_i)=g^*(n'_i) \tag{5.15}$$

因为只有1次坐标变换，n_i和n'_i虽然处于不同的坐标系下，但处在相同的位置。变换后$h^*(n'_i)$的值为n'_i到目标点T的直线距离。而由于$\boldsymbol{h}_i\boldsymbol{h}_{i+1}\notin D_i$，($D_i$为$n_i$节点扩展节点方向集合)，所以$h^*(n_i)$是从$n_i$到$T$的由有限段长度大于步长的直线段组成，因此必有$h^*(n'_i)\leqslant h^*(n_i)$

命题得证。

事实上，在路径规划的过程中，当零配件从装配体上脱离之后，只需1次就可以将坐标系调整到位。在零件从装配体上脱离之前，一般也只需要1次坐标变换，将节点扩展方向转到和局部拆卸方向一致。当运动体遇到障碍后，理论上动态坐标A*搜索算法也可以利用坐标变换，使得走出来的路径逼近障碍的轮廓。但是此时根据障碍轮廓求解运动方向非常复杂，失去了变换坐标的意义。

5.1.3.3 动态坐标的A*搜索算法时间复杂性分析

A*搜索算法的时间复杂性是$O(2^N)$[168]，其中N是扩展节点的数目。因为坐标变换的时间复杂性是固定的，因此如果假设在动态坐标的A*搜索算法中有n次坐标变换，则动态坐标的A*搜索算法的时间复杂性为$O(2^N)+O(n)$。按照最坏性能分析，在每次扩展节点之前都要进行坐标变换，那么动态坐标的A*搜索算法的时间复杂性是$O(2^N)+O(N)$。

虽然动态坐标的A*搜索算法的时间复杂性比A*搜索算法高，但是动态坐标的A*搜索算法产生的路径比A*搜索算法平直，基本不需要进行路径剪裁的计算。如果按照文献[170]所述的方法进行路径剪裁计算，则路径剪裁计算的时间复杂性是$O(N^2+N)$。所以从总体性能上看，动态坐标的A*搜索算法还有较高的效率。

5.1.4 应用实例

图5.6是阀门装配体的装配路径规划示意。被规划的物体是一个紧固pipe1和sub_ass1(参见图2.11)的螺母。要将螺母从螺栓上移走，首先是轴孔配合的路径规划，然后是直线路径规划。图中的细线是规划出的路径轨迹。对于传统的A*搜索算法，由于螺母和螺栓的配合方向不是节点扩展方向，所以必然会导致螺母和螺栓干涉，从而使规划失败。而对于动态坐标的A*搜索算法，在节点扩展前进行坐标变换，从而使螺母和螺栓的配合方向和节点的扩展方向相同，即螺母的局部拆卸方向和节点的扩展方向相同，从而避免了规划失败。

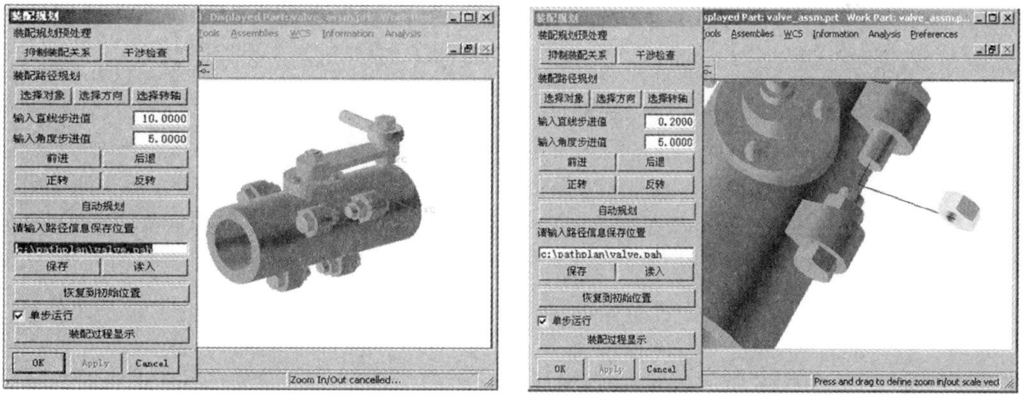

(a) 拆卸前　　　　(b) 拆卸后

图 5.6　螺母拆卸/装配路径

5.2　基于遗传算法的装配路径规划

装配路径规划是考虑装配零部件从装配起点（传送带等工件运输设备）到装配目标点（产品中最终位置）的路径问题。本书运用 C 空间法（Configuration Space）进行装配零部件的无碰路径规划，在已得到规划空间的基础上，本章研究装配零件在规划空间中从起始点到目标点的寻路径问题，这是基于全局信息的全局规划算法。对于考虑的结构化环境中的静态障碍，路径规划问题常转化为获得无碰撞路径的几何分析问题。本章将建立基于遗传的全局搜索策略，同时装配环境中无碰路径规划问题也给遗传算法的运用提出了许多新的要求。本节首先简述了有障碍约束的路径规划研究概况，然后探讨了遗传算法的特点，接着讨论了环境模型的栅格化，分析了动态编码策略、滑动式均匀交换策略，并讨论了保证染色体为有效染色体的处理技术，同时引入部分基因保留和“移民”技术，可较大地提高基因算法的性能，提高所得解的质量，针对装配路径规划的特点，先对运动零件进行预处理以提高效率，系统能较快实现二维装配路径规划工作的同时，也可较快完成三维路径规划工作。

5.2.1　有障碍约束的路径规划研究概况

当对给定问题用状态空间表示后，问题的求解过程就归结为对状态空间的搜索。当问题存在解时，使用不同的搜索策略，找到解的搜索空间范围是有区别的。对于装配路径搜索，搜索空间相对较大，因此要选择理想的搜索策略。

搜索策略的主要任务是确定选择规则的方式，一般有两种基本方式：一种是不考虑给定问题所具有的特定知识，系统根据事先确定好的某种固定排序，依次调用规则或随机调用规则,这就是所谓的盲目搜索;另一种是考虑问题领域可应用的知识,动态地确定规则的排序,优先调用较合适的规则使用,此即启发式搜索策略。启发式搜索是利用问题拥有的启发信息来引导搜索,达到缩小搜索范围,降低问题复杂度的目的。一般说来启发信息过弱,在找到一条路径前将扩展过多的节点,亦即求得路径所需搜索的耗散值较大;相反引入较强的启发信息,有可能大大降低搜索工作量,但不能保证找到最小耗散值的路径。在大多数实际问题中,人们希望使路径的耗散值和求得路径所需搜索的耗散值两者的某种组合最小,启发能力的度量只能根据使用方法的实际经验作出判断。搜索直接关系到路径规划的效率,寻求快速有效的路径搜索策略是路径规划的关键。

由于遗传算法在寻找全局最优解方面的高效性和计算的鲁棒性,对于搜索空间基本上不需要什么限制性的假设,可有效地用于分析很难估算的非线性系统和有多个局部最优解的多峰问题,因此路径规划中引入遗传算法(GA)的一个重要应用领域。Davidor[172]研究了把机器人当作模型,运用遗传算法优化机器人的连续轨迹精度。Yun 和 Xi[173]研究了在 2D 结构化环境中用运动元素进行动态编码求机器人的无碰路径。Pearce[174]用遗传算法学习机器人行为间的协调参数。Zhao 等[175]运用 GA 对带有操作手的移动机器人进行路径规划。Ueyama 和 Fukuda[176]以及 Shibata[177]等运用 GA 研究了细胞机器人系统的结构位形优化、运动规划以及行为协调。孙增圻[178]将遗传算法和人工势场法结合用于 2D 结构化环境中点的路径搜索,可直接对连续规划空间进行寻优。在对路径搜索的最优性和寻优效率上有待进一步提高和完善。

结构化环境下的无碰路径规划是全局规划算法,由于全局环境模型的不精确以及存在的不确定因素等的误差,常常使全局规划的路径在实时运行中失效,另外,全局规划的计算复杂度大,难以实时进行,针对这种情况,理想的运动体路径规划器应为:

(1)利用全局传感器快速建立环境模型,快速规划全局满意的粗糙路径,即先进行高层全局路径规划。

(2)利用局部传感器,运用局部优化算法快速修正优化路径,得到局部精确路径。若局部路径规划发现全局路径失效,则返回(1)重新进行全局规划,即低层局部路径规划。

5.2.2 遗传算法的特点

遗传算法是一种自适应启发式群体型概率性迭代式全局搜索算法,来源于进化论和群体遗传学。遗传算法自 1975 年出现以来,因其较强的鲁棒性和自适应性,为解决复杂的组合优化问题提供了新途径,并在实际生产中发挥着越来越大的作用,是一种在理论和经验上被证实具有鲁棒性的搜索方法,所谓鲁棒性是指针对不同的问题和环境可通过效率和功能间的协调平衡以求生存的能力。

遗传算法是 Holland 教授基于生物进化论中自然选择和群体遗传学规律而提出的一种优化搜索方法[179]。它不同于禁忌搜索方法和模拟退火法,它是基于群体渐进发展过程的,而不是针对单个个体的。这种群体渐进发展的过程,即进化过程,主要是由选择(或复制)、交叉和变异操作来完成的。遗传算法正是模拟和体现了这种进化过程。

(1)复制操作。复制操作的作用是从旧的群体中选择优良个体以产生新的群体,这种选择体现了"适者生存",即它的主要思想是根据旧群体中每个个体的适宜度的高低来决定群体中复制的个体,即个体的复制概率正比于其适宜度。但适宜度的分布与问题有关。通常把适宜度尺度交换和最优串保留等策略视为基因复制的一部分。常用的复制操作是回放式随机采样(轮盘赌复制)、余数随机采样等比例复制方法,但比例复制对某些情况下不一定合适,故而可采用适宜度尺度交换等方法进行弥补。排序复制方法则与适宜度的分布和正负无关。发展各种复制操作的目的是为了避免基因缺失,提高全局收敛性和效率。复制操作策略与编码方式无关。标准的简单遗传算法(SGA)在换代时将父代个体全部由子代个体代替,这样父代中有较高适应度的个体不能保留下来,子代个体适应度不能总超过父代而出现进化振荡现象。Markov 证明了 SGA 不是全局收敛的,不适合静态函数优化问题,建议改变复制策略以达到全局收敛。Goldberg 等用马尔科夫链证明了最优串保留 GA 的概率性全局收敛[179]。

(2)交换操作。交换操作首先从群体中选择两个母本,然后按照一定的构造交换这两个母本之间的遗传物质。它是基于"好"的个体间通过交换有可能产生"更好"的后代个体的思想出发而实施的。交换操作是按一定的概率 P_c(交叉概率)进行的。采用符号编码、实数编码及组合优化中序号编码时所用的交换策略不一样,目前较典型的交换方式有单点交叉、双点交叉、均匀交叉和多点交叉等。交换操作的许多重要特性及适用范围有待深入研究。交换操作体现了生物学中的遗传规律,是 GA 区别于其他进化算法的重要特征。当交换操作产生的后代的适宜度不再比它们的前辈好又未达到全局最优解时,就会发生早熟收敛,早熟收敛的根源是发生了有效基因缺失,这里,所谓的有效基因是指全局最优 $s*$ 串中每一基因位的基因;而有效基因缺失是指群体中所有串的某一基因位上都没有该基因位的有效基因[180]。这时,为克服这种情况,只有依赖于突变。

(3)变异操作。变异操作是指按一定的概率 P_m(变异概率)改变个体的基因。变异操作的主要作用是将那些失去的或尚未搜索的遗传物质恢复到群体中去,以保持群体基因的多样性,从而防止遗传算法过早地收敛于局部最优。它体现了生物进化中的突然变异现象,但常规位突变的效果不明确又很慢,突变在 GA 中的作用是第二位的。目前较典型的变异操作有常规位突变、有效基因突变和均匀突变等。

另外,还有许多高级基因操作得到了研究,如倒位操作、分离和易位操作、增加和缺失操作及迁移操作等,这些基因操作来源于群体遗传学,目前应用较少,其机理及作用有待进一步的深入研究。遗传算法的实施过程就是从由 N 个个体组成的初始群体出发,循环地执行选择、交叉和变异操作,直至满足终止条件。

5.2.2.1 遗传算法的运行机理

遗传算法模拟生物进化的过程是有理论基础的。到目前为止，主要有两种理论解释了遗传算法的运行机理：模式定理和欺骗问题[181]。其中，模式定理是研究较广、影响较大的 GA 理论，它将遗传算法的运算过程理解为模式操作过程，并从模式运算的角度解释 GA 的性能特点，是遗传算法的基本理论，是深刻理解和分析遗传算法的全局收敛性及运行效率的数学基础。欺骗问题的研究是为了预测给定问题用 GA 求解的难易程度的。

高适合度串中有重要的相似性有利于搜索，下面主要介绍模式定理。

染色体用字符串表示时，把串中的相似样板称为模式（Schema），模式表示基因串中某些特征位相同的结构，二进制串中的模式是如下的形式，即

$$(a_1,a_2,\cdots,a_i,\cdots,a_n) \quad (a_i \in \{0,1,*\})$$

式中，“ * ”——任意符，既可以是“1”，也可以是“0”。

模式是串的集合，这些串与模式在所有基因位上与不是“ * ”的基因匹配。因此，模式中“ * ”越多，则描述的串越多。一个长度是 5 的模式 *111*，描述如下串的集合，即

$$*111* = \{(11110),(01110),(01111),(11111)\}$$

一个模式 H 包含 4 个参数：原始长度 l，阶 $o(H)$，定义长度 $\delta(H)$ 及模式的维数 $D(H)$，l 是串的长度，阶 $o(H)$ 是模式中固定位的个数，$\delta(H)$ 是最前和最后固定位间的距离，例如：$o(*111*)=3$，$\delta(*111*)=4-2=2$，$D(H)$ 表示模式中包含串的个数，即

$$D(H)=2^{l-o(H)} \tag{5.16}$$

假设第 k 代遗传时，在群体 $P(k)$ 中有 m 个某特定模式 H，写成 $m(H,k)$，在复制过程中，含 H 的串按 $p_r=F(H)/\sum F$ 的概率复制，其中 $F(H)$ 是含 H 的串的适宜度，复制数为 $nF(H)/\sum F_j$，令 $F(H)$ 为所有含 H 的串的平均适宜度，$m(H,k+1)$ 为

$$m(H,k+1)=m(H,k)\frac{n\overline{F(H)}}{\sum_{j=1}^{n}F_j} \tag{5.17}$$

由于群体的平均适宜度 $\overline{F}$ 为

$$\overline{F}=\frac{\sum_{j=1}^{n}F_j}{n} \tag{5.18}$$

故式(5.18)改写为

$$m(H,k+1)=m(H,k)\frac{\overline{F(H)}}{\overline{F}} \tag{5.19}$$

假设 H 的适宜度为

$$\overline{F(H)}=(1+c)\overline{F} \tag{5.20}$$

则

$$m(H,k+1)=(1+c)m(H,k) \tag{5.21}$$

若从 $k=0$ 开始，c 恒定，则可得

$$m(H,k)=(1+c)^k m(H,0) \tag{5.22}$$

由式(5.22)可知：复制操作的定量作用是使超出（或低于 $\overline{F}$）的模式按指数形式增加（或减少）。

由单点交叉引起模式 H 被破坏的概率可用 $P_c\delta(H)/(l-1)$ 表示，同样由变异引起模式被破坏的概率可表示为 $o(H)P_m$，综合两者的影响，模式定理表述为

$$m(H,k+1)\geqslant m(H,k)\frac{\overline{F(H)}}{\overline{F}}\left(1-P_c\frac{\delta(H)}{l-1}-o(H)P_m\right) \tag{5.23}$$

式中 l——串长；

P_c、P_m——交叉操作和变异操作的概率。

模式定理说明：定义长度 $\delta(H)$ 短、低阶 $o(H)$ 且适合度优于平均适宜度的模式（称为有效模式）的数量在遗传过程中将以指数的形式增加。由于交叉、变异的作用，并非优于平均的模式都是有效模式，但在一个规模为 N 的群体中，有 $o(N^3)$ 个模式是有效的，即每一代 GA 处理 N 个个体的同时，却获得了对 N^3 个模式的并行处理，并且无须额外的存储量，这一性质称为隐并行性，也就是 GA 在群体中搜索的过程可看作隐含的对模式的抽样过程，然后通过遗传算子的作用将短的低阶模式的信息组合起来，形成高阶模式，直至搜索到最优解。

遗传算法通常比基于领域知识的分析方法要慢，但比随机方法快，适合一些较复杂、非线性较强、空间不连续、多模型及无模型的问题，但遗传算法所解决问题的非线性强度是有限度的，因为非线性非常强的问题构成的串中基因的异位显性往往比较高，这意味着许多基因的作用依赖于其他基因的有无，与解相关的模式必定是定义长度 $o(H)$ 长，阶 $\delta(H)$ 高，而这违背模式定理，使遗传算法的效率降低。因此，要判断 GA 是否适用于某一问题，测量该问题的非线性程度或表达后串的异位显性程度是重要的。因此，遗传算法较适用于非线性中等程度的问题，如图5.7所示。

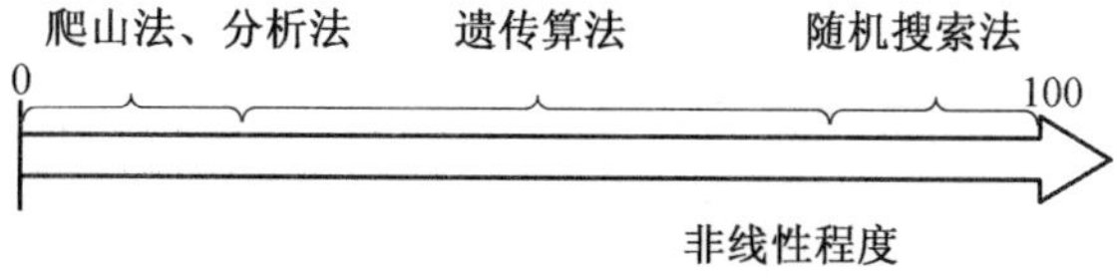

图5.7 非线性尺度与适用算法

5.2.2.2 遗传算法的编码与解码

遗传算法涉及4个空间：问题参数空间、串空间、模式空间和适合度空间，其功能的循

环关系如图 5.8 所示。遗传操作的显著特点是在串空间进行的，是在代码空间和参数空间之间交替运作：进化在代码空间进行而评估在参数空间进行。

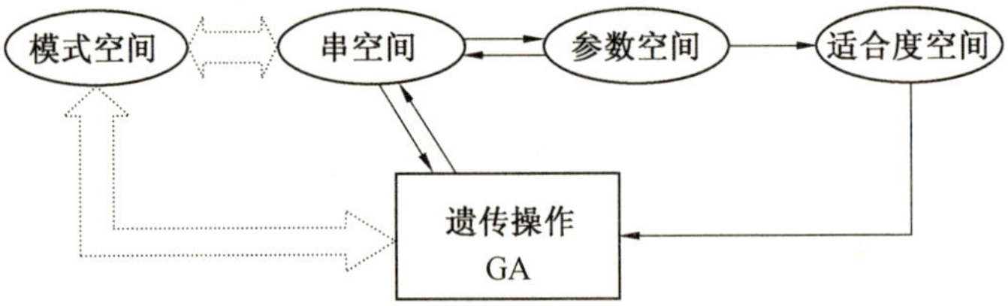

图 5.8　遗传过程与 4 个空间

遗传算法的一个基本特征是它如何编制解的代码，同时也是遗传算法的关键问题之一。Holland 模式定理建议采用二进制编码，这得到许多学者的支持，但二进制编码的遗传算法在进行数值计算时，有精度不高和易于早熟的缺点。由于浮点数编码有精度高、便于大空间搜索的优点，使其越来越受到重视，相对二进制编码以基因为进化层次，浮点数编码的进化层次是个体。另外，Krishnakumar[182] 用模糊量进行编码，Kozal 还发展了用计算机程序来编码。一般来说，编码和解码时，要考虑如下两个问题：

(1)代码的合法性。代码的合法性是指代码空间中的代码是否可以映射到参数空间中的一个解。凡是可以映射到参数空间中的代码都是合法的，否则就是非法的。代码的非法性是由编码技术的性质所造成的。对于许多组合优化问题，针对问题的特殊编码往往通过一简单的单点交叉操作容易产生非法的后代。因为一个非法代码是不能解码为一个可行解的，这意味着无法对其进行评估，所以，经常需要“补”技术将非法代码转变成一合法的代码。

(2)代码空间和解码空间的映射关系。从代码空间到解码空间的映射可以是以下三种情况之一：

① 1 对 1 映射；

② X 对 1 映射；

③ 1 对 X 映射。

其中，$X>1$。显然，上述三种情况中，1 对 1 的映射是最好的，而 1 对 X 的映射是最不值得提倡的。

5.2.2.3　遗传算法的参数选择

遗传算法的参数对遗传算法的性能好坏是至关重要的，所以，在应用遗传算法时，一定要考虑参数的选择是否适当。遗传算法的参数主要有群体数目、交叉概率以及变异概率。下面将讨论这些参数对遗传算法的影响机理和通常的选择范围。

(1)群体数目 N 。群体数目的选取不当会影响遗传算法的全局收敛性。影响遗传算法全局收敛性的主要因素之一是有效基因的缺失，随机产生的初始化群体的有效基因缺

失的概率 $P_{ag}=1/2^N$，可见，群体数目 N 越大，有效基因缺失的概率就越小，全局收敛性也就越好；但并不是说 N 值越大越好，N 值太大会增加计算量，影响遗传算法的搜索效率。一般来说，群体数目 N 的典型值在 30 ~ 100 之间。文献[183—184]等建议 N 的参数选择与所求问题的非线性程度有关，非线性程度越大，N 越大。

(2)交叉概率(P_c)和变异概率(P_m)。遗传算法是通过在搜索空间中的超平面(Hyperplane)的探索(Exploration)和开发(Exploitation)来寻找最优解的。大多数基于微积分的优化方法(如爬山法)都只是基于对搜索空间的开发而实施的。交叉和变异是遗传算法探索和开发搜索空间的主要来源。探索和开发之间存在着权衡问题，这对变异来说最为明显：随着变异概率的增加，变异所引起的扰动变得较剧烈，以至于开发的作用完全被淹没。若变异概率小，算法只在某一特定的超平面进行开发；若变异概率高，算法就会在不同的超平面进行开发。在一个简单的遗传算法中，由于变异概率(P_m)是预先确定的常数，所以存在着探索和开发之间的权衡问题。交叉也具有探索作用，但不同的是它是通过共享两个成功个体的信息来实现的。虽然交叉所提供的探索数目受到交叉概率(P_c)的影响，但它也受到选择的影响，随着选择压力的增加，群体中的差异性减小，以至于通过交叉重组的探索之间的差别很小。总之，交叉会受到探索和开发之间权衡的影响。通过交叉产生的探索数目受到通过选择产生的开发数目的限制。一般来说，交叉概率(P_c)的选取范围为 0.5 ~ 1.0，变异概率(P_m)的选取范围为 0.001 ~ 0.05。

总之，交叉概率和变异概率对遗传算法所具有的两个特征，即探索和开发之间的权衡是至关重要的。通常对于小群体 GA($N=30$)，一般用较大的交叉率和突变率，典型值为：交叉率 0.9，突变率 0.01；对于大群体 GA($N=100$)，一般用较小的交叉率和突变率，典型值为：交叉率 0.6，突变率 0.001。在简单遗传算法(SGA)或标准遗传算法(CGA)中，交叉概率(P_c)和变异概率(P_m)是不变的，但越来越多的学者认识到这两个参数应随着遗传进程而自适应变化，这种有自组织性能的遗传算法具有更高的鲁棒性、全局最优性能和效率。例如，Krishnakumar 和 Patnaik[182] 为了达到探索与开发之间的权衡，提出了随着解的适合度的大小自适应地改变 P_c 和 P_m：当群体陷于局部最优时，增大 P_c 和 P_m；当群体散落在解空间时，减小 P_c 和 P_m。

遗传算法的应用研究比理论研究更为丰富，已渗透到许多学科。遗传算法的应用按其方式可分为三大部分，即基于遗传的优化计算、基于遗传的优化编程和基于遗传的机器学习，分别简称为遗传计算(Genetic Computation)、遗传编程(Genetic Programming)和遗传学习(Genetic Learing)。其中遗传计算是 GA 最直接、最简单的应用，其应用面也最广。与函数优化问题区别最大的是组合优化问题，组合优化问题使用序号编码，使用特殊的交换操作。在机器人学路径规划和轨迹规划中的遗传计算是 GA 的一个重要应用领域。

5.2.3 基于遗传的无碰路径规划

5.2.3.1 环境建模

由于遗传算法在离散化的空间进行搜索,因此对环境进行离散化建模是必要的。规划空间的各种不同建模方法,目的在于将运动空间分解成可通和不可通区域。这些区域按一定通行规则联系起来,使之构成一个表达自由空间的图。空间的栅格表达是将规划空间表达成均等的栅格网,由于栅格的一致性和规范性较好,栅格空间中的邻接关系表达简单。对于已求得 C-空间障碍边界的情况下,用栅格来表达 C-空间是简单有效的。

将网格宽度作为设定值,为基本扩展步长。障碍则是由 C-空间障碍所占的栅格点组成。规划空间中对 C-空间障碍的边界围成的封闭边界线内的所有栅格就是被禁止通行的栅格,称为障碍栅格;而含有部分 C-空间障碍边界的栅格称为混合栅格。其中位于 C-空间障碍的边界上的栅格点称为临界栅格点,其余为自由栅格,栅格化二维环境如图 5.9 所示。其中混合栅格和自由栅格为可扩展栅格。由一系列线段构成的路径称为栅格路径,栅格路径不能与障碍相交,路径段的端点是路径点。在二维空间中,一个栅格点有 8 个相邻的栅格点,也就是说从一个栅格点出发,共有 8 个元路径,如图 5.10 所示,每个元路径从 0 ~7 进行标号,代表从该栅格点出发的 8 条不同方向。将实体分解成单元结构的方法有许多种,两种常用的分解方法为空间位置排列法和八叉树法。

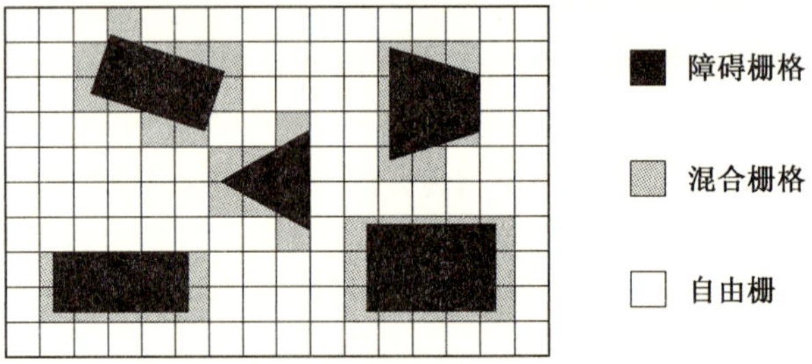

图 5.9 栅格化二维环境示意图

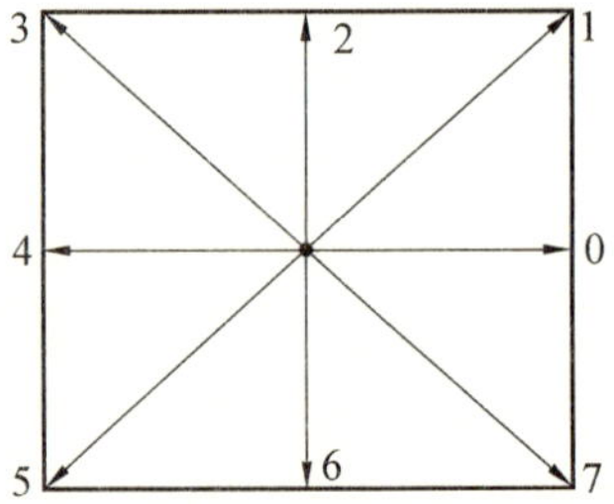

图 5.10 一个栅格点的 8 条元路径

对于三维空间，利用八叉树方法进行的路径搜索是一种既传统又有效的方法[41,42,185-187]。其基本做法是将被描述的区域均分成 $2v\times2v\times2v$ 个小立方体，其中 v 根据精度要求而定，将那些包含障碍的块定为“满”。数据的存储采用八叉树的数据结构。八叉树是一个有八度的树，它对作为树根的正方体内包含的空间进行启发式分级描述，树中某结点的子结点为 8 个小立方体。若一结点全部在障碍中称之为“满”，结点不包含障碍称之为“空”，结点部分包含障碍称为“混合”。这种分割方式使树中各级关节有一定关系。自由空间由八叉树表示，随着精度要求的提高和对混合单元的逐步细分，搜索空间逐渐增大，计算量也增大。三维空间中的一个栅格点有 26 个相邻栅格点，即从一个栅格点出发有 26 条元路径，如图 5.11 所示。

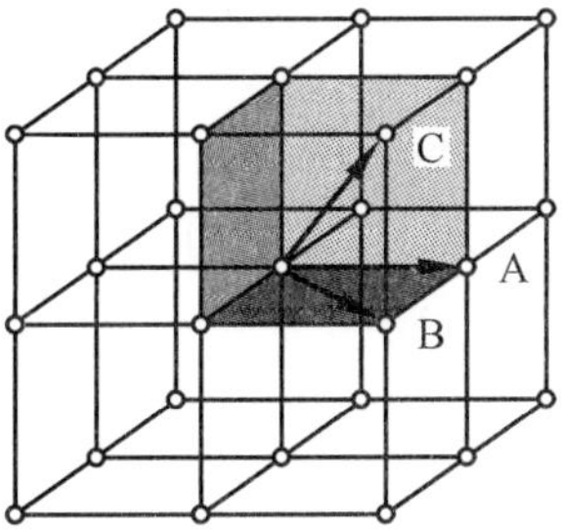

图 5.11　三维栅格中一个栅格点的 26 条元路径（只标了 3 条）

栅格表达方法是一种基本手段，但由于搜索的空间很大，如何更好地进行空间表达，以便更有效地进行路径搜索，是路径规划的关键问题。大多数对栅格改进的表达方法考虑了环境的结构信息和空间的分解层次，本书提出一种面向搜索过程的栅格表达方法，首先将空间表达成高精度的栅格，但这种高精度的栅格并没有进行存储，只是将网格宽度作为设定值，网格的栅格宽度为 1，对应的实际长度由规划空间大小与栅格精度确定，栅格宽度定义为基本步长 B_{step}，B_{step} 的大小可根据环境中障碍的大小、形状及分布情况来确定，原则上可以定得适当小，由于不进行存储，所以不会牺牲存储空间。在进行路径搜索时，B_{step} 并不一定是扩展结点时的步长，在扩展结点时，可以用几个 B_{step} 来作为步长，每次扩展结点时，可能用不同的步长，它们均为 B_{step} 的整数倍，即 $e * B_{\text{step}}, e \in N$，这样的步长称为动态步长，用 D_{step} 表示。D_{step} 一般不能取得太大，可设置一个变量 $\max(e)$ 来限制 D_{step} 的最大值，对于每一个扩展点，$D_{\text{step}} < \max(e) * B_{\text{step}}$。

对于三维栅格空间，设动态步长为 D_{step}，则结点 n 与其后继节点 $\text{SCS}(n)$ 之间的耗费值 C 有三种情况，即

$$C_1 = D_{\text{step}} \tag{5.24}$$

$$C_2 = \sqrt{2} D_{\text{step}} \tag{5.25}$$

$$C_3 = \sqrt{3} D_{\text{step}} \tag{5.26}$$

如图 5. 11 中的 A、B、C 三点，若取 $D_{step} = B_{step}$，则 C 分别取 C_1、C_2、C_3。用边界来描述障碍是基于 C-空间障碍的以下性质：

(1) C-空间障碍一定由封闭的曲线构成边界；

(2) C-空间障碍是由简单的封闭线段构成的；

(3) 工作空间中的一个障碍可以映射成 C-空间中的一个或多个有限数量的 C-空间障碍。

规划空间的精度取决于网格的大小，若要求模型有较高的精度，网格宽度应相应减小，这就需要较大的存储空间和较长的计算时间，而且搜索空间变得相当大。针对基于栅格规划的局限性，有许多研究者对栅格表达空间的方法进行了一些有益探索，Boschian[188]提出了一种自适应栅格建模方法，将规划空间用非齐次栅格来表达，网格的宽度和长度由环境决定。

用多边形来表示二维空间中的障碍，纵横分割线隔成的许多小的单元大小依障碍形状而变化。这种建模方法，需要较少的存储空间，适于进行路径搜索，但自适应建模需要较多的计算时间。Hou[107]提出了一种基于势场的规划空间的分层分解技术，这种分层分解方法不是将空间分解成四边形网格，而是分层分解成整个或半个六边形，对每个这样的单元分配以空/满/混合这样的属性，用人工势场进行六边形单元的无碰路径搜索。像其他人工势场方法一样，该算法并没有完全避免局部最小问题。

在一个栅格中，两个栅格点间的无环路径数目是栅格分辨率和每个栅格点元路径数目的指数函数，这些路径是两栅格点间所有元路径的可能的组合。例如，对于一个 4×4 栅格点，从 s 到 g 的所有路径中，最小元路径的数目是 3，只有一条这样的路径，如图 5. 12(a) 所示；图 5. 12(b) 为具有 4 条元路径的一条从 s 到 g 的路径。

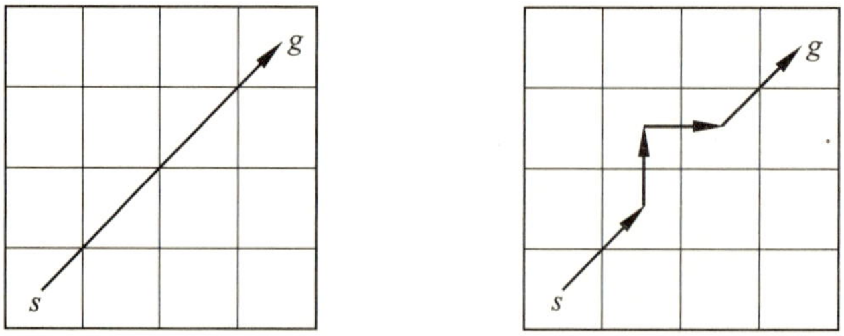

(a) 具有3条元路径的路径　　(b) 具有4条元路径的路径

图 5. 12　具有不同元路径的从 s 到 g 的路径

对某种环境，如果能产生使运动体始终接近目标的路径，则称该环境对运动体的当前任务是简单环境，否则称为复杂环境。图 5. 13(a) 是简单环境，图 5. 13(b) 是复杂环境。环境是简单还是复杂与运动体当前位置及目标构成的任务有关，简单环境的特点是运动体不需采用远离目标的移动即可到达目标，复杂环境复杂多变，如各种迷宫等。

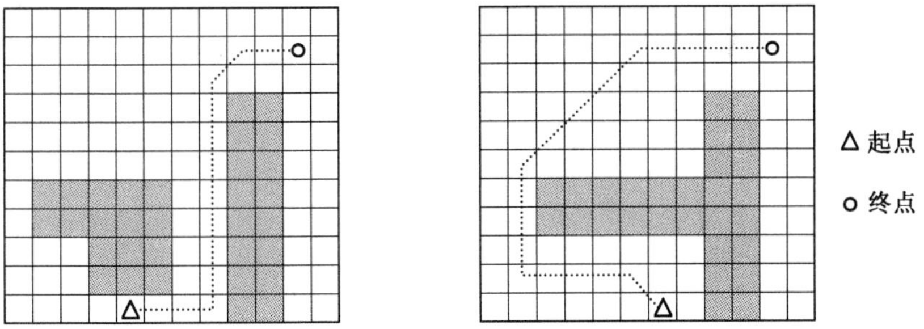

(a) 简单环境　　(b) 复杂环境

图 5.13　简单环境和复杂环境

5.2.3.2　**动态编码方式**

结构化环境下的路径规划也属于组合优化问题，许多学者研究了应用遗传算法解决 TSP 和 Job-shop 等组合优化问题，均采用状态编码的策略。对栅格表达空间的每一网格对应一个状态，设起点栅格点为 0，终点栅格点为 63，共 64 个状态的二维网格环境，如图 5.14 所示，传统的状态编码为 64 个状态的组合排列，如 0 1 9 17 24 33 42 . . . 63，假设运动体只能走向相邻的一格，例如，运动体在状态 18，则下一步可达到 9，10，11，17，19，25，26，27，于是最优串为 0 9 18 27 36 45 54 63 * * * * * * * * * * * *，其中“ * ”为任意状态，这种编码策略有以下缺点：

①串空间大，共有 $(n+1)!$ 个状态，n 为状态数；

②由于障碍的存在及运动体只能走相邻栅格的约束，许多状态不能直接通达，存在大量无效序列，状态编码不能有效表达路径；

③常规的基因操作不适用。

对于运动规划这类动态问题，本书设计了一种动态编码策略。其基本特点是不以状态的绝对编码值构成位置变化序列串，而对每一步的基本运动元素和相应的动态步长编码构成反映运动过程的编码串，二维按图 5.10 定义 8 个基本运动元素为一个栅格点对应的不同方向上的 8 条元路径，三维按图 5.11 定义 26 个基本运动元素为一个栅格点对应的不同方向上的 26 条元路径，其对应的动态步长决定了当前运动路径相对于元路径的长短。由基本运动元素 a 和其对应的动态步长 b 构成基因 (a,b)，路径是一组动态序列，对于图 5.14 所示环境，若编码串为(0,2) (2,2) (0,2) (6,2) (0,2) (1,1) (2,2) (3,3) (1,1) (0,2)，则表示的路径如图 5.15 所示。

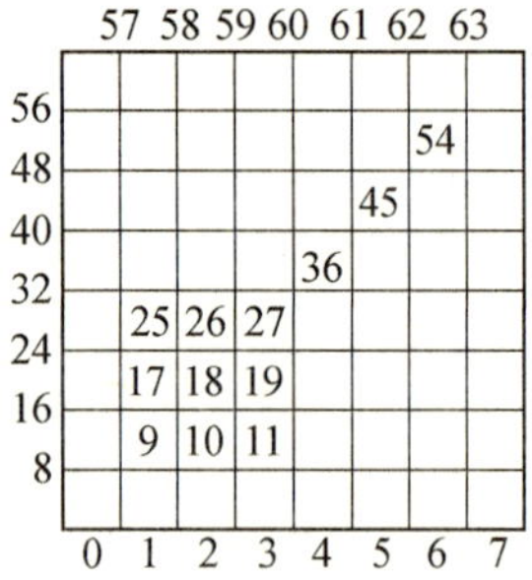

图 5.14 二维网格化环境

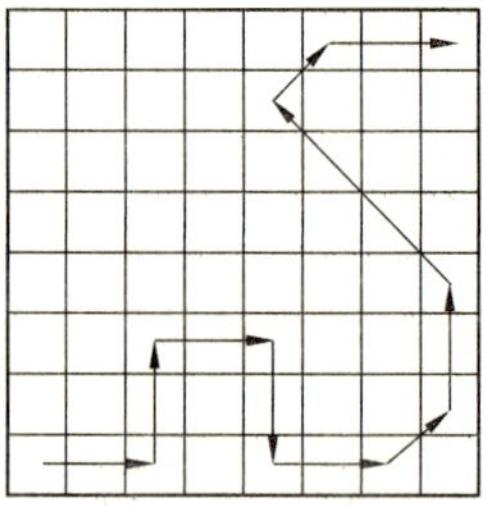

图 5.15 一条路径

动态编码的优点是：

(1)串空间小，空间大小是 G^l，其中 G 是基因种类，l 是串长；

(2)可用常规的基因操作方式。

动态编码的缺点是解码时不能直接得到运动体的状态序列，串长度及串中基因种类的选择依赖于环境特征。首先定义以下概念。

使运动体当前位置与目标位置缩短的运动元素称为正运动元素，反之称为负运动元素，距离保持不变的称为零运动元素。对二维栅格距离定义为

$$d=|x_t-x_r|+|y_t-y_r| \tag{5.27}$$

式中 (x_r,y_r)、(x_t,y_t) ——当前点和终点的坐标。

对于复杂环境，路径须由正负运动元素构成；对于简单环境，路径仅需由正运动元素构成。

对于动态编码的串，后面基因的作用(走进目标还是碰上障碍)取决于前面基因，即基因 g_i 的作用与前面 $i-1$ 个基因 $g_1,g_2,\cdots,g_{i-1}$ 有关，随着 i 的增加，g_i 的作用难以预测，但又是确定性的，同时也可知，越靠前的基因影响力越大，但每个基因的作用相同，由于路径规划的特殊性，能到达目标的串才有意义。因此，遗传算法的终止指标很明确，基本要求就是由运动元素构成的串能到达目标，这便于评价算法的运行性能。

5.2.3.3 基因操作策略

在遗传过程开始时，希望在串的头部进行基因重组的机会最大，若一开始串中的运动元素即碰上障碍，则后面运动元素的交换就没有意义了。随着遗传的进行，希望有较高适合度的串的头部相对保持稳定，因为一旦被破坏，则后面基因的意义全部改变，为此，使用滑动式均匀交换策略，如图 5.16 所示，每一基因有一基本交换概率 P_s，一般取较低值，有一滑块，长度为 l_s，随着基因的进行向前滑动，滑块头所在的位置 P_s 由下式确定，即

$$P_s=\frac{lk}{G} \tag{5.28}$$

式中　l——串长；

k——遗传代数；

G——要进行的总的遗传代数。$k=G$ 时，即遗传结束时，滑块头正好在串尾，每次遗传滑过的基因数为 $|l/G|$，为保证遗传过程中，滑块能滑过所有的基因，l_s 取值为

$$l_s \geqslant 2\,\frac{l}{G}$$

按照基本交换概率和滑动交换概率叠加后的概率产生均匀交换模板，图 5.16 中，基本交换概率为 0.05，滑动长度为 5，滑动交换概率为 0.5，则前面 5 个基因的交换概率为 0.55，按此概率随机生成 1 或 0 构成均匀交换模板，是 1 则交换该位基因。

基本交换概率：	0.05	0.05	0.05	0.05	0.05	0.05	0.05	0.05	0.05	0.05
滑动交换概率：	0.5	0.5	0.5	0.5	0.5					
均匀交换模板：	1	0	1	1	0	0	0	0	1	0
祖先串1：	0	1	2	1	1	0	0	1	2	2
祖先串2：	2	2	1	0	0	1	2	2	0	1
子串1：	2	1	1	0	1	0	0	1	0	2
子串2：	0	2	2	1	0	1	2	0	2	1

图 5.16　滑动均匀交换

在交换操作时，采用部分基因保存以提高搜索效率，促进全局收敛性。部分基因保存是对于每代中一定数量的较优个体，其不参加交换操作而直接进入下一代，防止优良个体由于交换操作中的偶然因素而被破坏，这样就会使基因交换产生的新个体成员具有更大的继承性，新一代群体与老一代群体之间的差异保持一定的限度，有利于继承上一代群体的优良特征，即充分利用先辈的进化特征。如果不采用部分基因保存，在问题解空间比较大的情况下，往往容易破坏上一代群体中的优良个体。从生物的进化过程，也可以体会到部分基因保存的有益之处。生物个体在继承了前辈的优良特征后，才能表现出更优良的特征，进一步发展自己。选取 20% ~25% 的部分基因保留，如果部分基因保留量太大，就不利于个体成员的变迁和进化，不利于产生更优良的个体，从而使群体的进化速度放慢，影响算法的收敛速度；如果部分基因保留量太小，则群体的继承性会变差，不利于保持先辈的优良特性，从而使算法退化。

按运动元素进行的动态编码，因运动元素是两两对称的，相邻的两个同步长反向运动元素可相互抵消，因而动态编码下的遗传算法是带有对称性质的遗传算法。为此引入“移民”技术以提高基因算法的性能，改善解的质量。所谓“移民”就是指在群体成员发生劣变时，重新加入一些新的个体成员到算法群体中，使算法保持着一个优质的群体，以利

于加快算法的收敛速度。为完成“移民”工作，首先从当前群体中选取一部分优良的个体作为“移民”源，在群体成员发生劣变时或每一代群体中加入一定量的“移民”成员，“移民”源中的“移民”成员数量要采取适量淘汰的措施加以控制。“移民”工作同变异操作一样，是以小概率进行的。

以运动元素编码的染色体对应的路径必须是从起点到终点的避障路径才是合法的染色体，即该路径对应的栅格点不能是障碍栅格中的栅格点，而只能是混合栅格或自由栅格上的栅格点。动态编码的染色体在执行各种遗传操作后得到的子串，其终点不一定能到达目标点，或运动元素与障碍相交而成为非法染色体，因此对遗传操作得到的子串，必须采用补技术将非法代码转变成一合法的代码。对子串 R，各运动元素对应一路径段，所有路径段不能与障碍 CO(obs) 相交或在其内部，须判断各路径段与 CO(obs) 的相交性，即检查各运动元素的有效性。设子串 R 的任一个运动元素前结点为 $n(nx,ny,nz)$，其后结点为 $scsn(scsx,scsy,scsz)$，则连接 n 及其后结点 $scsn$ 的线段 L 的方程为式(5.29)。运动元素的有效性等同于线段 L 与障碍 CO(obs) 的相交性。设路径规划起点为 s，规划终点为 g，对于子串 R，按其染色体各基因值可得到其终点，若两点 g 和 g' 不重合，则子串 R 为非法染色体，须进行两点的目标可见性测试，即检查能否直接到达目标点 g，如果能够直接到达目标点，则称相对于 g 是可见的，构造相应的运动元素加入到子串 R 中。

$$\begin{cases} x = nx + (scsx - nx)t \\ y = ny + (scsy - ny)t \\ z = nz + (scsz - nz)t \end{cases} \tag{5.29}$$

5.2.3.4 适合度函数

遗传算法中适合度函数的作用相当于算法中耗散函数的作用，是运动任务能否实现的关键。计算适合度可看成是遗传算法与优化问题的一个接口，用遗传算法评价一个解的好坏，不是取决于它的解结构，而是取决于该解的适合度。遗传算法用于数值优化时，适合度函数容易确定；用于组合优化问题时，定义适合度函数要综合考虑系统的各种情况并进行具体的实验。

结构化环境中路径规划的适合度函数定义为

$$\text{fitness} = \beta\left(\frac{d^2}{sD} + \xi\,\frac{d}{D}\right) \tag{5.30}$$

式中 D——起点到终点间的距离；

d——运动体走过的距离；

s——运动体所用的步数；

β——惩罚系数，$\beta<1$；

ξ——系数。

括号内第一项鼓励减少步数，该项实质为缩短距离，第二项鼓励向目标接进。

同逆向分析的装配序列规划一样，以拆卸路径来研究装配路径。针对装配路径规划的特点，在路径规划前，先对运动物体进行预处理。当运动物体与其余物体间存在[INS_IN]、[SCR_IN]装配操作时，或者该运动件的局部分解方向域不为零且为单自由度或直线时，则先检测运动物体在自由度方向上是否存在足够的分解空间，有则将运动物体按自由度方向分解一定距离再进行基于遗传的路径规划，这样既可以避免栅格精度与计算量间的矛盾，也可以减少空间搜索的工作量，较大地提高系统的运行效率。

基于遗传算法的装配路径规划算法步骤为：

(1)检查运动件对应的装配操作和可拆卸方向，判断是否作预处理；

(2)初始路径集的产生。在可扩展空间中的随机搜索与目标可见性测试相结合产生初始路径集；设第一代路径集为

$$\Psi' = \{(R_1^1, R_2^1, \cdots, R_n^1)\}$$

(3)计算这组路径集中每条路径的长度，并求这组路径集中的最短路径；

(4)初始路径集产生后，再按复制概率对路径集进行“复制”操作，即根据路径长度确定适应值，再根据适应值按概率进行复制。同时将复制出的 $2m(2m<n)$ 条路径放到一个缓冲区，复制品将在这个缓冲区中完成交叉重组的操作，称该缓冲区为交叉区；第 i 条路径被选中的概率为

$$P_i^1 = A_i^1 / \sum_{j=1}^{n} A_j^1$$

其中的 A_i^1 为第一代路径集中第 i 条路径的适应值。

(5)将复制出的路径部分保留和“交叉重组”操作。将交叉区中的路径按概率 q 对路径集选取保留的路径集，对剩余路径按概率 r 选取“移民源”路径集。同时对剩余路径两两配对，得到 m 对路径，按基本交换概率和滑动交换概率叠加产生均匀交换模板，将此 m 对路径以均匀交换模板进行交叉重组可得到 $2m$ 条路径 $(R_k^2)'(k=1,2,\cdots,2m)$，然后用补技术使更新的路径成为合法路径并计算其长度；

(6)对交叉重组后的合法路径集进行优胜劣汰的操作，将上一代中较差的路径淘汰，更新为一组新的路径集。该步骤表示为：

设 $R_{ij}^1,(j=1,2,\cdots,t)$ 为 $\Psi^1 = \{(R_1^1, R_2^1, \cdots, R_n^1)\}$ 较优的 t 条保留路径。则第二代路径集为

$$\psi^2 = \{R_{i_1}^1, R_{i_2}^1, \cdots, R_{i_t}^1, (R_1^2)', \cdots, (R_{2m}^2)'\}$$

对新一代的路径集重复(3)~(6)的操作，当出现连续几代最优路径改变较小时，从“移民源”中选取部分“移民成员”加入群体中重复(3)~(6)的操作直至最优路径符合要求或连续几代最优路径没有改变。

5.2.4 应用实例

根据本节提出的基于遗传的装配路径规划算法，在 Pentium 150 微机上用 Visual C++ 6.0 和 OpenGL 图形库在第 2 章建立的装配模型基础上进行了二维和三维的路径规划仿真研究。图 5.17 与图 5.18 是二维的路径规划应用实例，规划时间为 5 ~ 10 s，图 5.19、5.20、5.21 是三维的路径规划应用实例，规划时间为 132 ~ 178 s。在规划空间、规划环境的复杂性和规划时间上较文献[111,112]都有较大提高。先应用带符号的有向半边数据结构求解 C-空间障碍得到规划空间，然后在规划空间中运用基于遗传的装配路径搜索算法，从而得到优化的装配/拆卸路径。图 5.19(a)、5.20(a)、5.21(a)是初始状态，图 5.19(b)、5.20(b)、5.21(b)是运动件螺钉相对指定拆卸目标点进行路径规划的结果显示图，图示的拆卸路径即为待求的装配路径。因运动件螺钉为单自由度运动件，在进行基于遗传的路径规划前进行了预处理，即按自由度方向先分解一定距离，预处理可以较好地减小路径规划的工作量，提高效率。由仿真结果可见，本节提出的路径规划算法是有效的。

图 5.17　二维路径规划实例 1

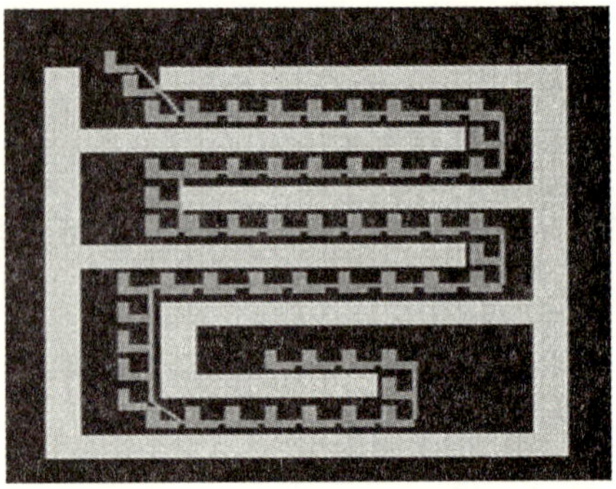

图 5.18　二维路径规划实例 2

(a)

(b)

图 5.19　三维路径规划实例 1

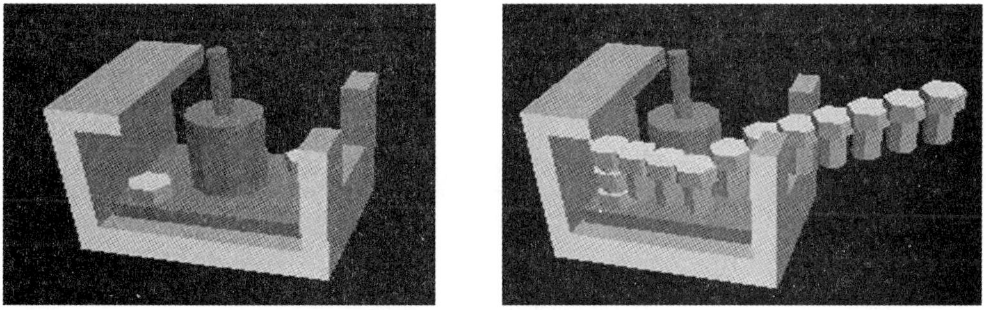

(a) (b)

图5.20 三维路径规划实例2

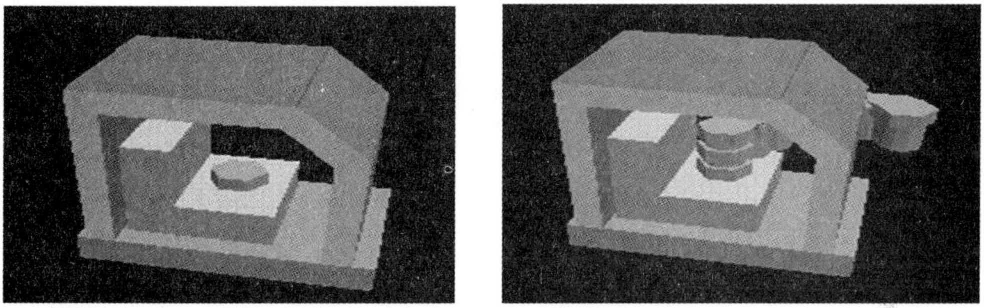

(a) (b)

图5.21 三维路径规划实例3

第6章　机电产品管线自动敷设规划

为便于本章论述,先引入一些概念:

(1)敷设模型:进行管线自动敷设的机械设备三维CAD模型。

(2)敷设空间:在敷设模型上,通过预处理得到的空间称为敷设空间。

(3)轨迹点:组成一根管线轨迹的控制点(不包括起点、终点),如图6.1所示。

(4)可行轨迹点:组成一根管线轨迹的可行控制点(与环境不发生干涉)。

(5)轨迹点空间:在敷设空间内,供管线轨迹点选择的空间称为轨迹点空间。

(6)可行轨迹点空间:在敷设空间内,供管线可行轨迹点选择的空间称为可行轨迹点空间。

(7)解空间:构成一条管线轨迹的轨迹点为一个解,所有的解构成解空间。

(8)可行解空间:构成一条管线轨迹的可行轨迹点满足管线敷设约束条件为一个可行解,所有的可行解构成可行解空间。

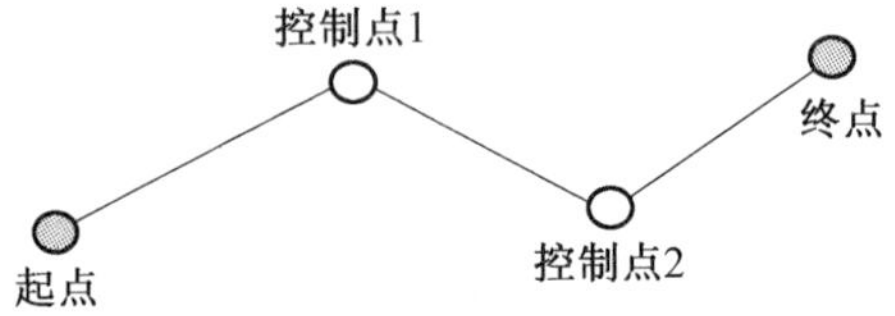

图6.1　轨迹点示意图

6.1　管线自动敷设评价方法

管线自动敷设设计的一个主要功能是为管线实际敷设提供一个可行、优化的敷设设计方案。为了确定该设计方案的可行性以及优化程度,需要对管线敷设设计的可行性以及敷设代价进行评价。只有在合理的评价规则下,才能及时发现管线敷设设计中或者管线敷设过程中出现的错误,管线自动敷设设计才能明确规划的目标和方向。

因此,管线敷设设计的最终目的是在特定的应用环境或工作条件下使管线敷设的各项性指标能满足敷设的约束条件,并使设定的目标达到最优状态。评价一项管线系统设计工作成功与否的关键在于设计结果是否为满足全部或多数设计目标的最佳方案。作为空间规划问题的一个范例,管线系统布置具有更加复杂的特性。这是因为管线系统的规划布置并非只是简单的空间几何与位置规划问题，它还是需要满足多种使用性能要求的设计问题。由于多数情况下，管线系统布置需要依附于机械设备的主体设计行为，使得影响管线系统布置的限制性（约束）因素具有复杂、多变的性质。例如，管线系统规划布置中不易确定的限制性因素有：布置空间（或环境）的几何形态，管线及其附件的几何尺寸、空间位置，管线系统的工程技术要求以及各项设计指标等。实际上，正是由于这些限制性因素的动态性和复杂性，增加了获取最优管线系统布置方案的难度。

本章针对管线自动敷设的难点，通过对管线的敷设轨迹进行分析，判断该敷设轨迹是否可行，是否对应着较小的敷设代价，来解决管线自动敷设的可行性以及优化程度评价问题。

6.1.1　管线自动敷设可行性规则

管线自动敷设约束模型是管线自动敷设的基础。一般地，管线自动敷设设计系统建立在CAD系统的基础上，如UG、ProE等平台上。在这些CAD系统中往往只能提供一些装配和空间干涉信息，对于管线自动敷设的约束要求没有提供。管线自动敷设约束模型是为满足管线在三维空间中敷设与工作要求而提出的。通常管线敷设要求是管线在三维空间中敷设的避障要求，管线敷设的工作要考虑成本方面的要求。

机械设备内部管线系统结构复杂，同时又有可靠性、维护性等要求，管线系统的设计要同时满足这些要求，必须遵守一定的准则，这些准则也是管线自动敷设系统的原始素材和依据。由于目前还没有形成统一的管线敷设标准，所以根据中华人民共和国航天部相应标准，参考航空发动机系列管线敷设系统准则，制定如下要求：

（1）管的公称尺寸。遵照航标HB4-2-2002，此标准规定了导管的公称外径、公称壁厚、公称内径和假定直径的定义及扩口管线连接用的相应管线尺寸系列。

（2）导管尺寸。遵照航标HB4-31-2002。

（3）经济原则。管线敷设应遵循管线尽量短、尽量不弯曲、尽量避免锐角的原则。

（4）尽量沿安装边敷设规则。考虑到管线安装固定方便，端口沿与安装边平行敷设，如图6.2所示。

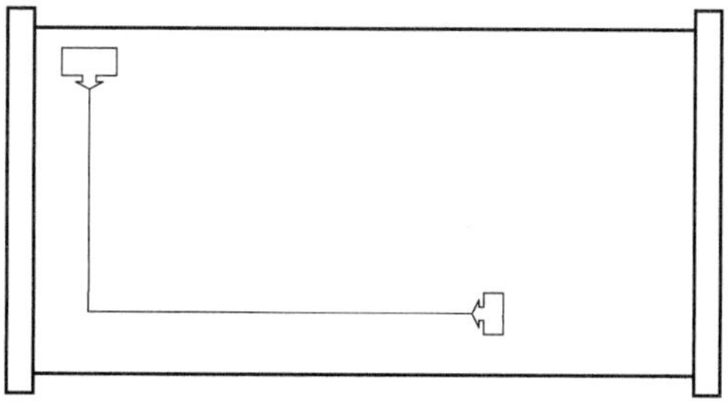

图6.2　沿安装边敷设

(5)管线端口处延伸规则。管线敷设按照国标规定,接插件端口处不能直接弯管,需要沿着端口(Port)矢量方向延伸一直线段,缺省设定该直线段长度为2倍弯曲半径(管线直径),如图6.3所示。

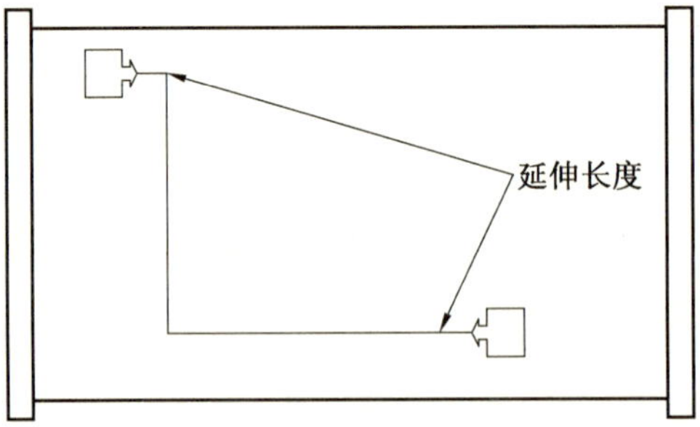

图6.3 管线端口形式

(6)管线敷设弯曲规则。管线敷设轨迹尽量采用直线,减少弯管。通常,同一批次管线敷设,先敷设粗管,后敷设细管。在敷设弯管时,弯管处半径满足大于2.5倍的管径。

(7)管线敷设可装配性原则。在管线敷设可行性要求中,装配工具的可操作性要求不容忽视。管线间应有足够的空间,便于工具接近,以利于检查和维修。

(8)管线敷设最小间隙规则。管线与管线间,管线与机械设备内壁间,管线与设备、零件间的距离要满足不小于最小间隙要求。管线敷设的最小间隙参阅国标的要求(管线与机体结构的最小间隙一般为3 mm;导管与活动体的最小间隙一般为8 mm;导管与电缆的最小间隙一般为30 mm),如图6.4所示。

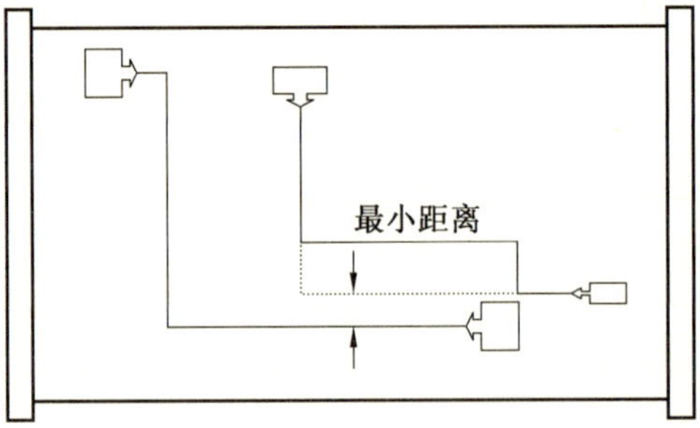

图6.4 管路间隙约束

(9)空间规则。避开机械设备内的设备,连接给定的起止点。

(10)远离热源。尽量避开散热设备,减少热对管线的干扰。

(11)流体管线敷设。流体管线不应在电器设备和有电气连接的设备上方敷设,以避免泄漏造成设备损坏。

(12)长管线敷设。尽量沿管壁敷设以便安装支撑。燃油管线不应安装在排气管或其他高温导管的上方,且与高温导管的平行间距应不小于 150 mm,如果管线已进行了包覆或隔热,则管线安装不受此限制,但不应相互接触。

6.1.2　管线成本评价模型

管线在三维空间敷设时,为避开设备和热源的干涉,敷设轨迹往往不是一条连接起点和终点的直线,而是多条直线组成的折线,或是经过关键轨迹点的曲线。为了获得优化的单根管线敷设轨迹,将管线的弯角数目和总长度作为目标函数,同时管线敷设中必须满足的规则运行条件作为约束条件。其数学模型描述为

$$\min\{N_{\text{bend}}\} \tag{6.1}$$

$$\min[f(d_1,\cdots,d_i,\cdots,d_n)] = \min\left(\sum_{i=1}^{n} d_i\right) \tag{6.2}$$

$$\text{bend}_i > 2.5D \tag{6.3}$$

$$\text{angle}_i \geqslant \frac{\pi}{2} \tag{6.4}$$

$$\text{length} > L_1 \tag{6.5}$$

$$d_s < L_2 \tag{6.6}$$

$$d_f > L_3 \tag{6.7}$$

式中　N_{bend}—— 管线中弯角数量;

d_i—— 管线第 i 段的长度;

bend_i—— 管线第 i 段弯角半径;

angle_i—— 管线第 i 弯角角度;

D—— 管线外径;

length—— 管线起点和终点延长的直线;

d_s—— 管线支撑距离;

d_f—— 管线与设备距离;

L_1—— 按行业标准选取;

L_2—— 按行业标准选取;

L_3—— 按行业标准选取。

6.2　基于混沌过程预处理模型

机械设备模型是管线自动敷设设计系统的基础。通常,机械设备模型建立在 CAD 系统的基础之上,如 UG、ProE 等。管线自动敷设设计就是在机械设备模型上进行的。由于

机械设备模型种类繁多，零部件数量庞大，空间结构复杂，管线在机械设备中自动敷设相当困难。其中一个主要因素就是敷设时间，因为管线自动敷设是在三维空间中进行的，这会使求解的时间复杂度显著增加，大大降低敷设的效率，提高敷设的时间成本。另一个主要原因是敷设空间，因为管线自动敷设的对象是复杂的机械设备，敷设空间不规则，这给管线自动敷设带来很大的困难。针对机械设备模型内部的敷设空间，预处理模型提供了对其进行前处理的工具，它可以大大简化管线自动敷设解空间的规模。

在已有的管线自动敷设研究中，通常采用栅格或单元格法来预处理管线敷设空间。W E Howden 在 1968 年提出了栅格(Grid)法，他在进行路径规划时采用栅格表示地图，在处理障碍物的边界时，避免了复杂的计算。可以看出，栅格粒度越小，障碍物的表示会越精确，但同时会占用大量的存储空间，算法的搜索范围将呈指数增加。栅格的粒度太大，规划的路径会很不精确。所以栅格粒度大小的确定，是栅格法中的主要问题[189]。单元格法在管线敷设算法中被广泛采用，它将敷设空间中的障碍物和管线用单元格表示，来达到降低求解复杂度的目的。但是单元格大小的选取同样会影响求解精度，对于敷设空间中障碍物尺寸差别比较大的敷设环境，单元格尺寸的选择尤其困难。对于结构比较复杂的敷设环境，单元格更是难以精确表示敷设环境内设备的准确形状。通常，单元格法都需要对敷设环境进行简化处理，在求解管线敷设问题时，管线敷设形状都是正交的，这时敷设结果往往不是最优结果[190]。

本节以栅格法为基础，引入混沌过程，建立混沌栅格预处理模型。通过示例给出可以适应多种工程要求的预处理模型。机械设备模型通过混沌栅格预处理模型的处理，得到了管线自动敷设空间。

6.2.1 管线自动敷设预处理模型性质

在管线自动敷设设计中，对敷设空间的处理一直是各种研究算法关注的热点和难点。随着管线敷设空间由早期的二维空间转向三维空间，除了使设计结果更直观外，同时也带来了敷设时间复杂度大幅度地增加，让许多在二维空间成功应用的算法，在三维空间中无法有效地应用。尽管栅格法、单元格法被广泛应用在管线敷设中，但对于复杂的机械设备三维敷设空间，还是会产生复杂度过高的情况。针对管线自动敷设空间的要求，管线自动敷设预处理模型应具有如下性质：

(1)代表性。经过预处理模型处理的敷设空间要能够代表原敷设空间。代表性要求敷设空间中的可行轨迹点的分布具有全局性、均衡性。

(2)降维性。经过预处理模型处理的敷设空间要能够有效地降低原敷设空间的求解维度。降维性要求在满足代表性规则的基础上，可行轨迹点的个数尽量少。

(3)一致性。经过预处理模型处理的敷设空间的障碍物要和原敷设空间的障碍物一致。一致性要求障碍物的表达尽量保持零件的原貌。

(4)精度性。经过预处理模型处理的敷设空间要能满足管线自动敷设的精度要求。

(5)重复性。每次经过预处理模型处理,敷设空间都得到相同的结果。重复性要求无论对相同的敷设模型预处理多少次都会得到相同的敷设空间。

6.2.2　混沌过程

混沌(Chaos)是一种貌似无规则的运动,是指在确定非线性系统中,不需要附加任何随机因素亦可出现类似随机的行为(内在随机性)。1976年,美国数学生态学家May R在美国《自然》杂志上发表的题为《具有极复杂的动力学的简单数学模型》一文中指出,在生态学中一些非常简单的确定性的数学模型却能产生看似随机的行为[191-193],如

$$x_{n+1} = f(x_n, \mu) = \mu x_n(1 - x_n) = \mu x_n - \mu x_n^2 \tag{6.8}$$

式中　μ—— 控制参数,且 $0 \leqslant \mu \leqslant 4$;

n—— 世代数;

x_n—— 第 n 世代的群体数,$x_n \in [0,1]$;

x_{n+1}—— 第 $n+1$ 世代的群体数,$x_{n+1} \in [0,1]$。

式(6.8)称为人口(虫口)方程,即著名的罗杰斯蒂(Logistic)模型,是一类单峰映射中最为简单的一个,它描述了生物群体数目随世代的变化。由式(6.8)可见,其右边第一项表示第 $n+1$ 世代的群体数 x_{n+1} 与第 n 世代的群体数 x_n 成正比,第二项则反映环境限制因素引起的非线性项以及群体与环境的相互作用导致 x_{n+1} 存活率降低。该模型看似简单,并且是确定性的,但参数 μ 在一定范围变化时,它却具有极为复杂的动力学行为,其中包括了分岔和混沌。

现有的研究表明:混沌并不是错综复杂、杂乱无章的一片混乱,而是具有精致的内在结构,是一种"奇异吸引子",能把系统的运动吸引并束缚在特定的范围内。系统运动没有什么特定的轨道而言,系统各点在混沌区内自由游荡,随机跳跃,远近不定。因而,无法预测其未来状态,初始条件极其微小的差异都会引起无法估量的巨大变化。针对混沌运动的上述特点,可以看出混沌是一种较为普遍的非线性现象,它看似一片混乱的变化过程,实际上含有内在的规律性。

一个混沌变量在一定范围内有如下特点:

(1)随机性,即它的表现同随机变量一样杂乱;

(2)遍历性,即它不重复地历经空间内的所有状态;

(3)规律性,该变量是由确定的迭代方程导出的。

6.2.3　混沌参数确定

根据罗杰斯蒂模型,当 $\mu > 3.57$ 时,式(6.8)进入了混沌状态。以下实验给出了进入混沌状态后 μ 的取值对序列的影响。从实验结果(图6.5)可以看出,尽管当 $\mu > 3.57$ 时,

式(6.8)进入了混沌状态,但是序列对于整个[0,1]空间并未满映射。当$\mu=4.0$时,整个空间处于混沌状态并对于整个[0,1]空间满映射。为此,作者在$\mu=4.0$下,对初值进行试验。

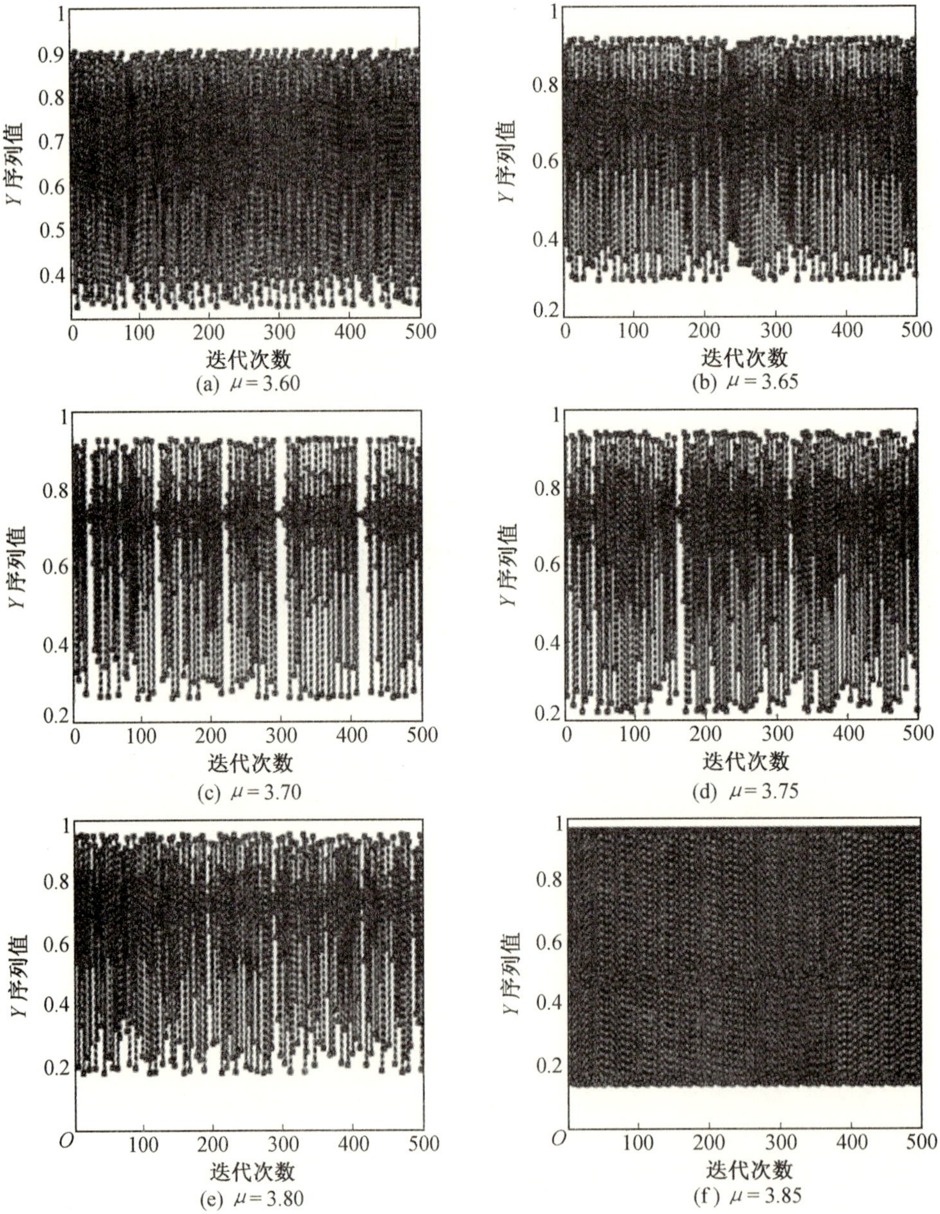

图6.5　不同μ值下的混沌映射轨迹

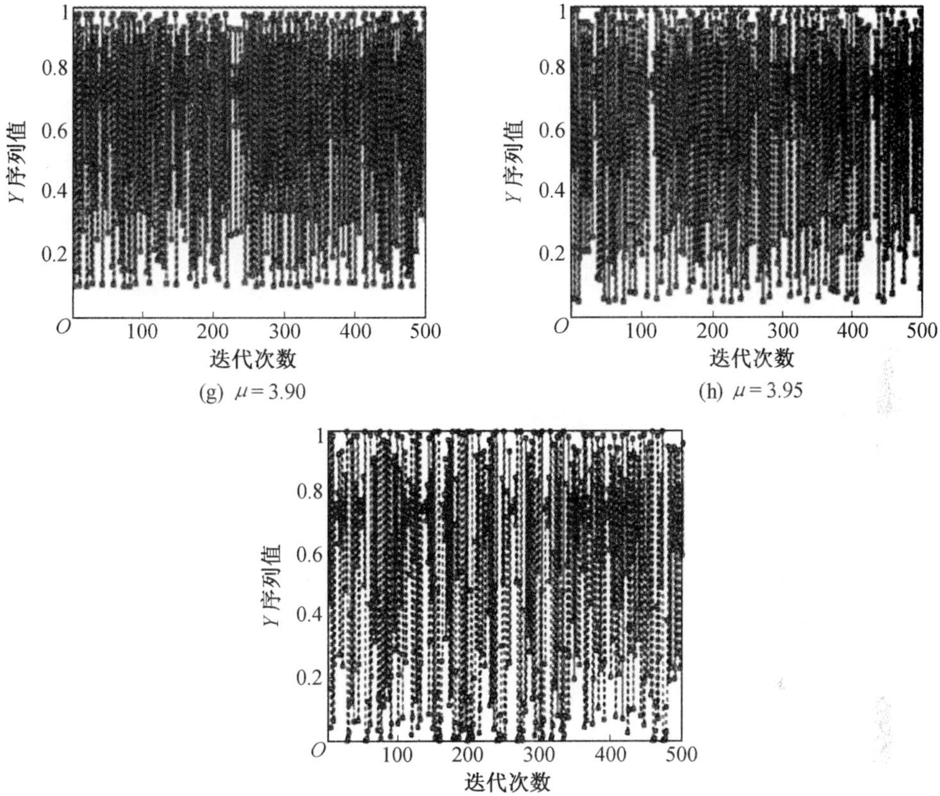

(g) $\mu=3.90$

(h) $\mu=3.95$

(i) $\mu=4.0$

图 6.5 （续）

建立混沌预处理模型前,首先要确定混沌初值的大小和取值范围对混沌栅格预处理模型的影响。为此给出了混沌初值仿真试验,混沌初值在(0,1)之间的 10 个区间内分别随机取值,得到相应的混沌映射轨迹。从图 6.6(a) ~(j)可以看出混沌初值不同,混沌映射轨迹不同,但分布趋势保持解空间内的满映射;从图 6.6(k) ~(m)可以看出,当混沌初值为 0.25、0.5、0.75 和 1 时,混沌特性便消失了。为此,对混沌初值的取值只要避开这些值,便可以满足预处理模型的要求。

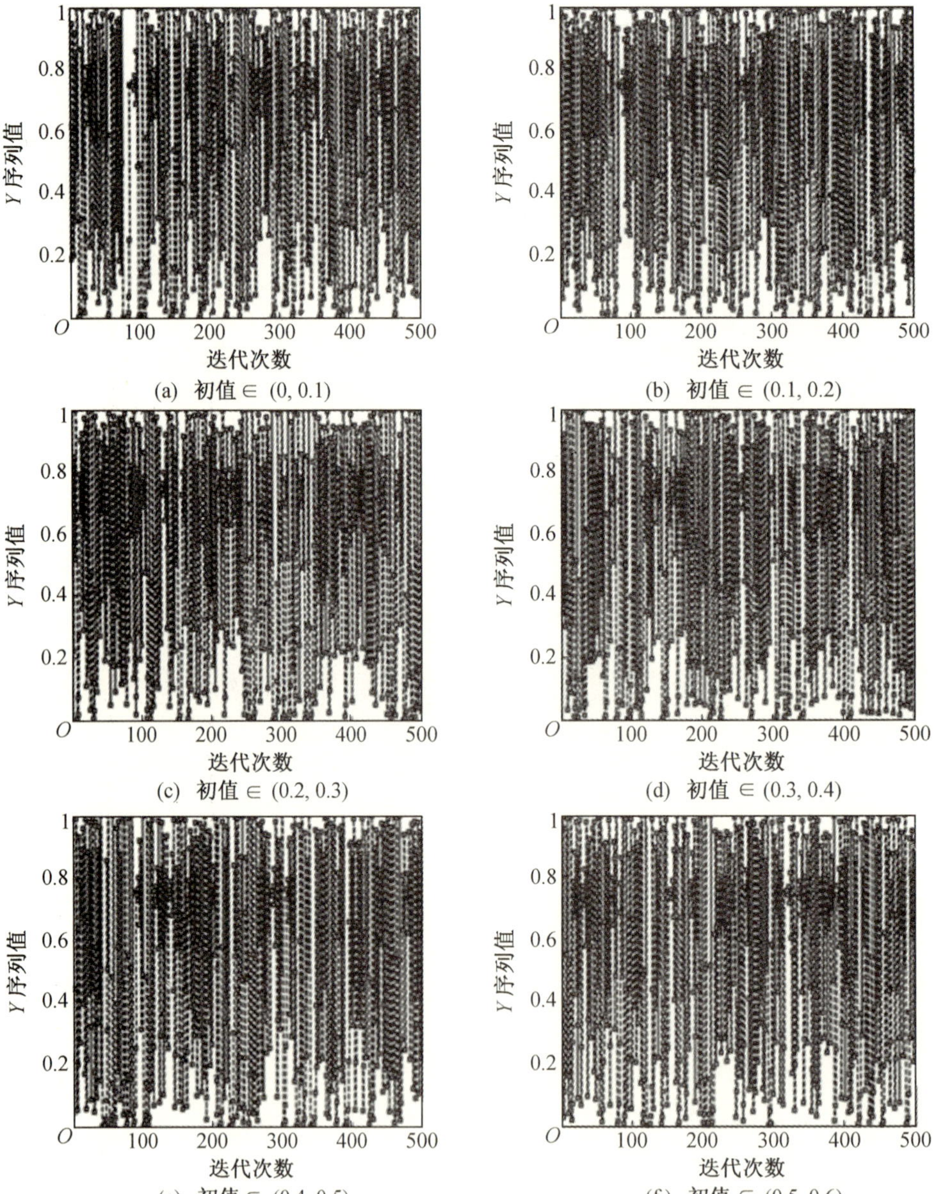

图6.6　不同初值下的混沌映射轨迹

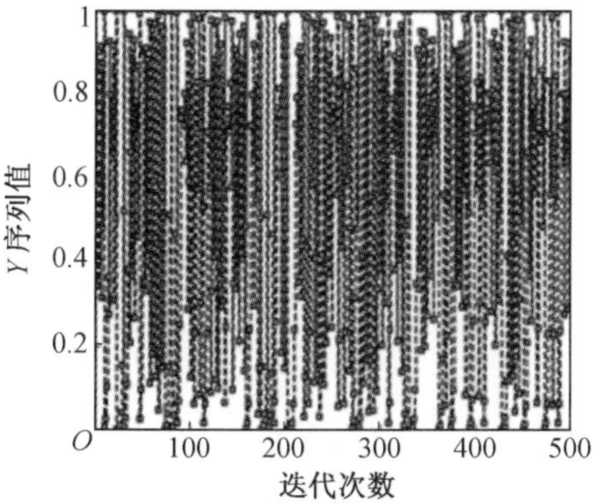

(g) 初值 ∈ (0.6, 0.7)

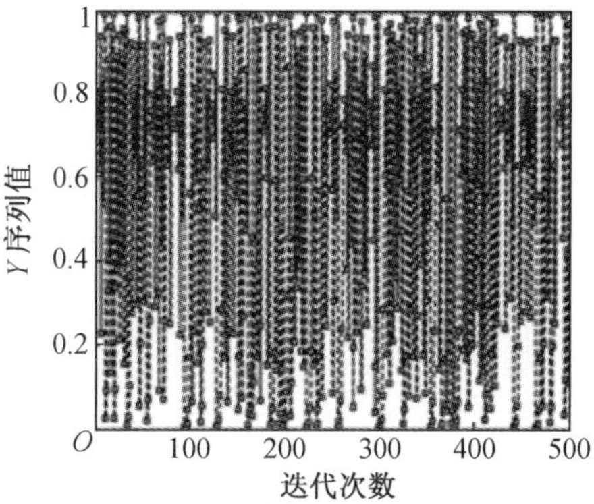

(h) 初值 ∈ (0.7, 0.8)

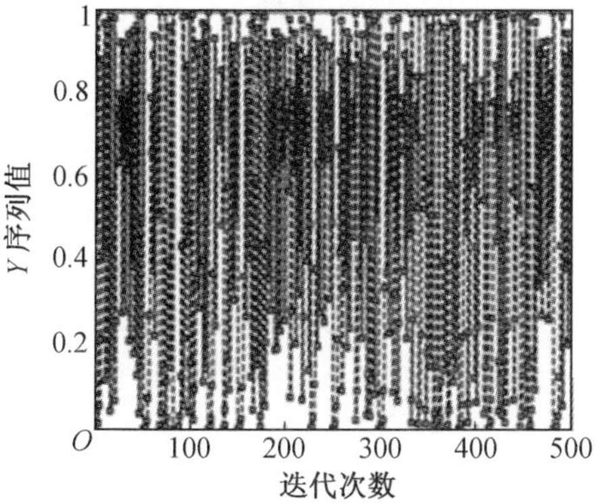

(i) 初值∈(0.8, 0.9)

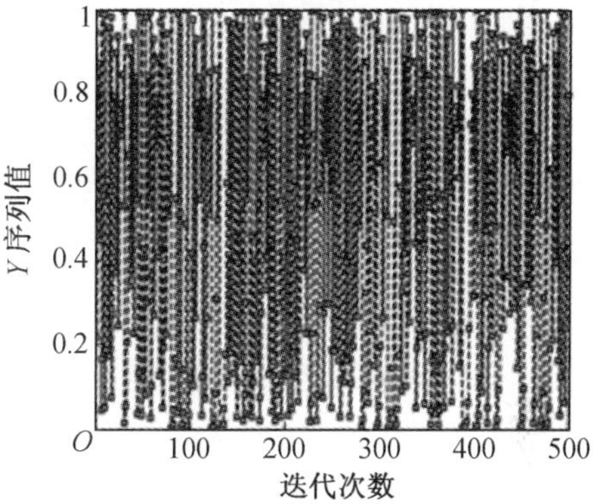

(j) 初值∈(0.9, 1.0)

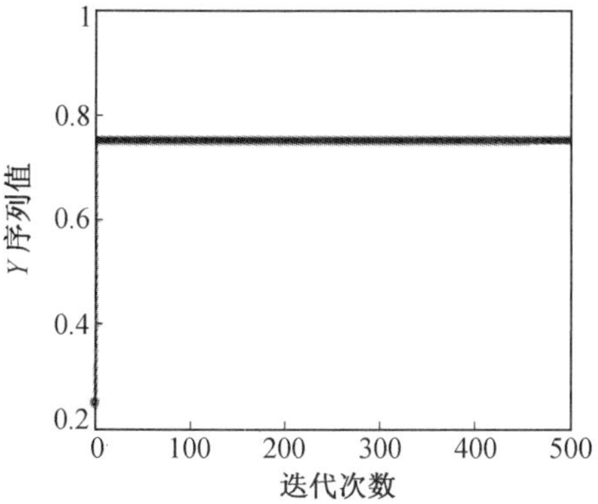

(k) 初值=0.25

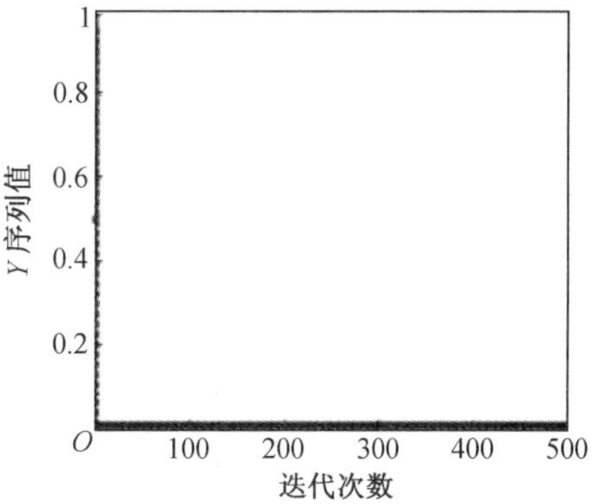

(1) 初值=0.5

图 6.6 （续）

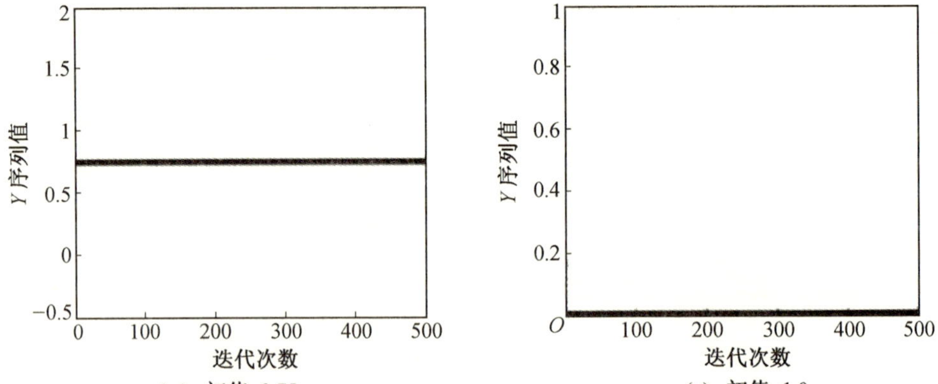

(m) 初值=0.75　　(n) 初值=1.0

图6.6 （续）

6.2.4 构建混沌栅格预处理模型

本节针对预处理阶段的需要,引入混沌过程,建立了混沌栅格预处理模型。利用混沌过程的随机性保证敷设空间的全局性;利用混沌过程的遍历性与无重复性保证生成敷设空间的高效性;利用混沌过程产生自确定方程使生成的敷设空间既具有随机性优点,又具有可重复性。

同时受到网络中流媒体压缩原理的启发:当视频容量较大,不能满足网络实时性的要求时,通常会将视频数据按照一定的规则从图像中提取出一些像素,从而达到以尽可能少的像素来表示不失真图像的数据信息。利用图像压缩的逆过程,混沌栅格预处理模型先利用栅格法离散求解空间,然后利用 Logistic 映射产生远小于栅格数的可行轨迹点空间。

文中算法选择公式(6.8)所示的 Logistic 映射作为产生轨迹点的控制方程,当 $\mu=4$ 时,式(6.8) 完全处于混沌状态,给定式(6.8) 一个随机的初值,即可得到 N 个全局分布的混沌轨迹点。对于三维笛卡尔坐标系,需要引入 3 个初始值,迭代 N 次,产生 N 个不同混沌轨迹点,将它们分别映射到解空间中,可以确定 N 个坐标点,即新的解空间。考虑到管线在敷设过程中不能与周围物体发生碰撞更不会进入物体里面,本算法将预处理模型得到的坐标点用小球(小球直径与管线外径相同)代替,并进行干涉检查(判断小球是否和物体发生碰撞或处在物体里面),如果存在干涉则删去,保证轨迹点为可行轨迹点。

在混沌栅格预处理模型中,由于引入了混沌过程,可行轨迹点具有全局性、均衡性,满足预处理模型代表性的要求;由于可行轨迹点的数量远远少于栅格点数,解空间的维度显著降低,满足预处理模型降维性的要求;由于混沌栅格预处理模型对敷设空间中设备没有进行任何限制处理,满足预处理模型一致性的要求;敷设空间的精度是由预处理模型的栅格粒度决定的,尽管预处理模型对敷设空间进行了降维处理,但在引入混沌的过程中并未改变栅格的粒度,并且由于降维性的保证,可以在相同解空间维度下,取更小的栅格粒度,从而提高了求解精度,满足预处理模型精度性的要求。由于采用的混沌过程来自于确定方程,所以只要取相同的初值就会有相同的结果,满足预处理模型重复性要求。

本书构建混沌栅格预处理模型就是为了在保证敷设精度的前提下,提高敷设算法的可实施性。为了在复杂机械设备中更好地应用预处理模型,基于上节对混沌初值范围的试验,提出了 4 种混沌栅格预处理模型。

6.2.4.1　规则体混沌栅格预处理模型

综合上面的描述,本小节给出规则体混沌栅格预处理模型(R-CGPM):

BEGIN R-CGPM

栅格法离散三维管线敷设空间;

初始化变量,$N, r = 0, t = 0, x_i^r = x_i(0), x_j^r = x_j(0), x_k^r = x_k(0)$,$r$ 为混沌算法的迭代标志,t 为细搜索标志,$x_i(0), x_j(0), x_k(0)$ 为笛卡尔坐标系下 x, y, z 轴混沌算子初值,且满足不取0、0.25、0.75、1 这些混沌不动点值,在本书中分别取0.147、0.272、0.343。i, j, k 分别代表 x, y, z 轴。Diameter = D,diameter 为小球直径,D 为管线外径。$a_i^t = a_i, b_i^t = b_i, a_j^t = a_j, b_j^t = b_j; a_k^t = a_k, b_k^t = b_k$。$a_i$、$b_i$ 为三维解空间在 x 轴投影的区间的边界;a_j、b_j 为三维解空间在 y 轴投影的区间的边界;a_k、b_k 为三维解空间在 z 轴投影的区间的边界。

WHILE(产生 N 个轨迹点){

利用式(6.8)计算下一时刻的混沌轨迹点,分别为

$$x_i^{r+1} = \mu x_i^r(1.0 - x_i^r)$$

$$x_j^{r+1} = \mu x_j^r(1.0 - x_j^r)$$

$$x_k^{r+1} = \mu x_k^r(1.0 - x_k^r)$$

将混沌轨迹点序列线性映射到三维解空间,分别为

$$X_i^r = a_i^t + x_i^r(b_i^t - a_i^t)$$

$$X_j^r = a_j^t + x_j^r(b_j^t - a_j^t)$$

$$X_k^r = a_k^t + x_k^r(b_k^t - a_k^t)$$

IF (圆柱体){

IF ($\sqrt{(X_i^r)^2 + (X_j^r)^2} \leqslant$ 圆柱底面半径)

保留 X_i^r、X_j^r、X_k^r;

ELSE

删除 X_i^r、X_j^r、X_k^r;

ENDIF

}

END IF

```
        生成与管线等径的小球;
        进行干涉检查;
        IF(生成的小球与周围物体不发生干涉);
            保留小球轨迹点;
        ELSE
            小球轨迹点被抛除;
        ENDIF
    }
  ENDWHILE
END
```

图6.7(a)为立方体空间经过R－CGPM处理后产生的可行轨迹点空间;图6.7(b)为圆柱空间经过R－CGPM处理后产生的轨迹点空间。

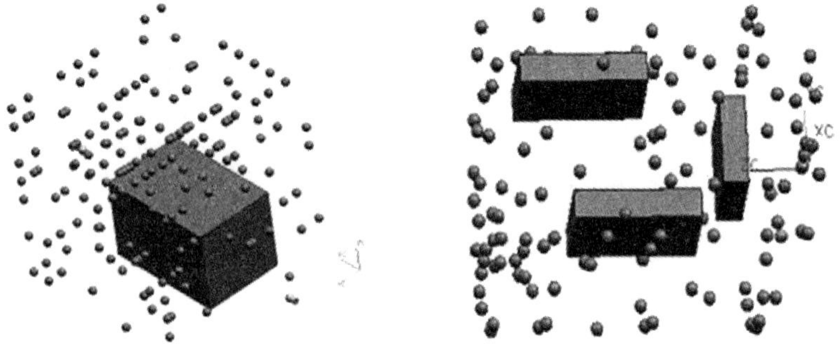

(a) 立方体可行轨迹点空间　　(b) 圆柱可行轨迹点空间

图6.7　规则体可行轨迹点空间

6.2.4.2　不规则体混沌栅格预处理模型

为了应用于不规则机械设备,本小节给出不规则体混沌栅格预处理模型(IR－CGPM):

BEGIN IR－CGPM

栅格法离散三维管线敷设空间(此空间为不规则体的外包络规则体);

初始化变量,$N,r=0,t=0,x_i^r=x_i(0),x_j^r=x_j(0),x_k^r=x_k(0)$,$r$为混沌算法的迭代标志,$t$为细搜索标志,$x_i(0),x_j(0),x_k(0)$为笛卡尔坐标系下$x,y,z$轴混沌算子初值,且不等于0,0.25,0.75,1这些混沌不动点,在本书中分别取0.147、0.272、0.343。i,j,k分别代表x,y,z轴。Diameter $=D$, diameter为小球直径,D为管线外径。$a_i^t=a_i,b_i^t=b_i,a_j^t=a_j,b_j^t=b_j;a_k^t=a_k,b_k^t=b_k$。$a_i$、$b_i$为三维解空间在$x$轴投影的区间的边界;$a_j$、$b_j$为三维解空间在$y$轴投影的区间的边界;$a_k$、$b_k$为三维解空间在$z$轴投影的区间的边界;

```
WHILE(产生 N 个轨迹点){
利用式(6.8) 计算下一时刻的混沌轨迹点,分别为
```

$$x_i^{r+1} = \mu x_i^r(1.0 - x_i^r)$$
$$x_j^{r+1} = \mu x_j^r(1.0 - x_j^r)$$
$$x_k^{r+1} = \mu x_k^r(1.0 - x_k^r)$$

将混沌轨迹点序列线性映射到三维解空间,分别为

$$X_i^r = a_i^t + x_i^r(b_i^t - a_i^t)$$
$$X_j^r = a_j^t + x_j^r(b_j^t - a_j^t)$$
$$X_k^r = a_k^t + x_k^r(b_k^t - a_k^t)$$

IF (圆柱体){

　　IF ($\sqrt{(X_i^r)^2 + (X_j^r)^2} \leqslant$ 圆柱底面半径)

　　保留 X_i^r、X_j^r、X_k^r;

　　ELSE

　　删除 X_i^r、X_j^r、X_k^r;

　　END IF

}

END IF

生成与管线等径的小球

进行干涉检查

IF(生成的小球与周围物体不发生干涉)

保留小球轨迹点

　　ELSE

　　小球轨迹点被抛除

　　END IF

}

END WHLIE

DO{

　　顺时针生成 4 个彼此相距 90° 的圆柱体(以每个与管径等径的小球的球心为圆心,以小球半径为半径,以规则体的最长对角线为高,与 z 轴垂直的平面内)

　　对每个小球生成的圆柱体与外壳进行干涉检查

　　IF(干涉数量为 4)

　　则保留

　　IF(小于 4)

则舍弃

} UNTIL(所用的可行轨迹点)

得到为不规则体的轨迹点

END

为了应用于不规则机械设备,构建了不规则体的敷设空间(图6.8)。通过在这个不规则的空间内构建可行轨迹点空间,可以验证预处理模型对于不规则机械设备的适应情况。

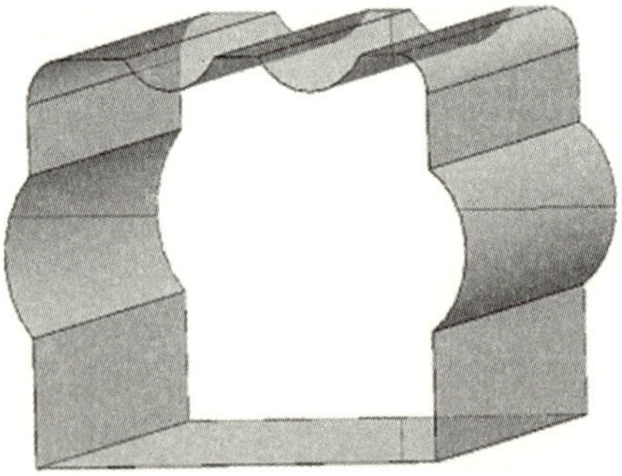

图6.8 不规则体敷设空间

由图6.9可以看出不规则体可行轨迹点空间的构建过程。首先,构建规则体可行轨迹点空间(包含不规则体);然后,判断轨迹点在不规则体外还是在不规则体内(通过向四周发射探测器并进行干涉检查,记录干涉数量);最后,生成不规则体可行轨迹点(删除不规则体外的轨迹点,并保留不规则体内的轨迹点)。

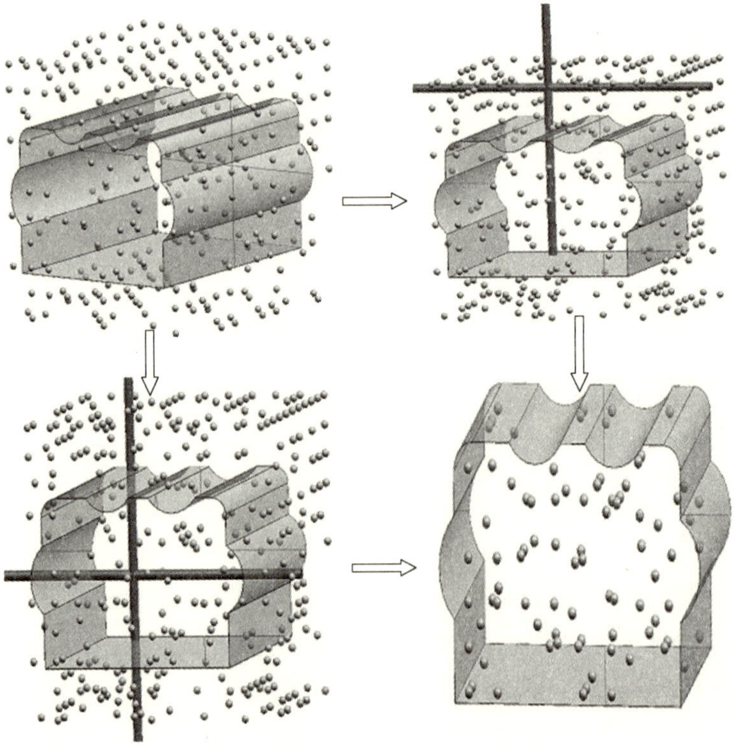

图6.9 构建不规则体可行轨迹点空间

6.2.4.3 规则面混沌栅格预处理模型

为了更好地满足敷设的约束规则，本小节给出规则面混沌栅格预处理模型（RS - CGPM）：

BEGIN RS - CGPM

对规则面用栅格法离散三维管线敷设空间；

初始化变量，$N, r=0, t=0, x_i^r = x_i(0), x_j^r = x_j(0), x_k^r = x_k(0)$，$r$ 为混沌算法的迭代标志，t 为细搜索标志，$x_i(0), x_j(0), x_k(0)$ 为笛卡尔坐标系下 x, y, z 轴混沌算子初值，且不等于0，0.25，0.75，1这些混沌不动点，在本书中分别取0.147、0.272、0.343。i, j, k 分别代表 x, y, z 轴。Diameter = D，diameter为小球直径，D 为管线外径。$a_i^t = a_i, b_i^t = b_i, a_j^t = a_j, b_j^t = b_j; a_k^t = a_k, b_k^t = b_k$。$a_i$、$b_i$ 为三维解空间在 x 轴投影的区间的边界；a_j、b_j 为三维解空间在 y 轴投影的区间的边界；a_k、b_k 为三维解空间在 z 轴投影的区间的边界；

WHILE（产生 N 个轨迹点）{

利用式（6.8）计算下一时刻的混沌轨迹点，分别为

$$x_i^{r+1} = \mu x_i^r (1.0 - x_i^r)$$

$$x_j^{r+1} = \mu x_j^r (1.0 - x_j^r)$$

$$x_k^{r+1} = \mu x_k^r (1.0 - x_k^r)$$

将混沌轨迹点序列线性映射到三维解空间，分别为

$$X_i^r = a_i^t + x_i^r (b_i^t - a_i^t)$$

$$X_j^r = a_j^t + x_j^r (b_j^t - a_j^t)$$

$$X_k^r = a_k^t + x_k^r (b_k^t - a_k^t)$$

生成与管线等径的小球

进行干涉检查

IF（生成的小球与周围物体不发生干涉）

  保留小球轨迹点

ELSE

  小球轨迹点被抛除

END IF

}

END WHILE

END

在工程应用中，经常要求管线沿着壁面敷设，为此，本节给出了规则面轨迹点空间。由图6.10可以看出规则面可行轨迹点空间分布（本书给出立方体表面和圆柱表面两种规则面的可行轨迹点空间）。

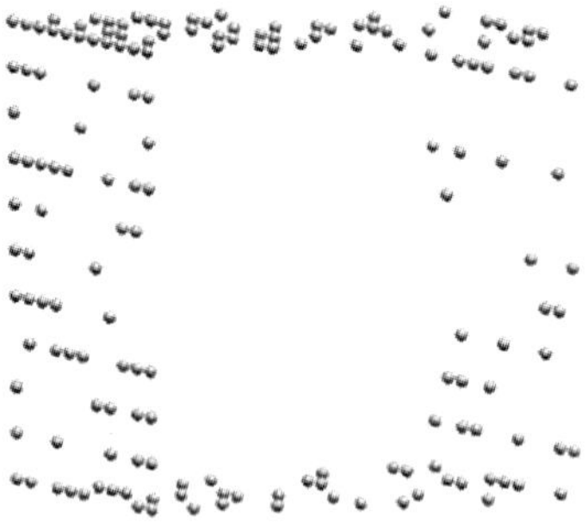

(a) 立方面

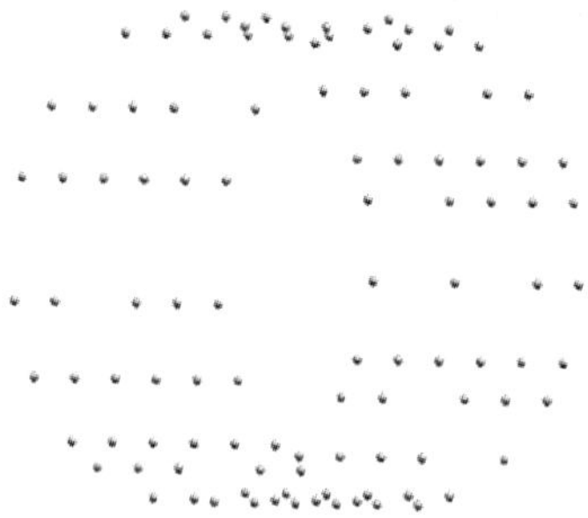

(b) 圆柱面

图 6.10 规则面可行轨迹点空间

6.2.4.4 不规则面混沌栅格预处理模型

为了更好地满足不规则机械设备的敷设约束规则,本小节给出不规则面混沌栅格预处理模型(IRS - CGPM):

BEGIN IRS - CGPM

对不规则面用栅格法离散三维管线敷设空间(此空间为不规则体的外包络圆柱面);

初始化变量,$N, r=0, t=0, x_i^r=x_i(0), x_j^r=x_j(0), x_k^r=x_k(0)$, r 为混沌算法的迭代标志,t 为细搜索标志,$x_i(0), x_j(0), x_k(0)$ 为笛卡尔坐标系下 x,y,z 轴混沌算子初值,且不等于0,0.25,0.75,1这些混沌不动点,在本书中分别取0.147、0.272、0.343。i,j,k 分别代表 x,y,z 轴。diameter = D, diameter 为小球直径,D 为管线外径。$a_i^t=a_i, b_i^t=b_i, a_j^t=a_j, b_j^t=b_j; a_k^t=a_k, b_k^t=b_k$。$a_i$、$b_i$ 为三维解空间在 x 轴投影的区间的边界;a_j、b_j 为三维解空间在 y 轴投影的区间的边界;a_k、b_k 为三维解空间在 z 轴投影的区间的边界;

WHILE(产生 N 个轨迹点){

利用式(6.8)计算下一时刻的混沌轨迹点,分别为

$$x_i^{r+1}=\mu x_i^r(1.0-x_i^r)$$
$$x_j^{r+1}=\mu x_j^r(1.0-x_j^r)$$
$$x_k^{r+1}=\mu x_k^r(1.0-x_k^r)$$

将混沌轨迹点序列线性映射到三维解空间,分别为

$$X_i^r=a_i^t+x_i^r(b_i^t-a_i^t)$$
$$X_j^r=a_j^t+x_j^r(b_j^t-a_j^t)$$
$$X_k^r=a_k^t+x_k^r(b_k^t-a_k^t)$$

生成与管线等径的小球

}

END WHLIE

每个小球沿着圆柱的半径方向,以小球半径为步长向不规则体前进,每前进一步生成新的小球;

```
DO{
    WHILE(每个新生成小球){
        新生成小球与模型外壳进行干涉检查
        IF(存在干涉){
        删除小球,以小球半径为半径,以沿着圆柱的半径方向前进L距离的位置为圆心,生成新的小球;
        停止继续前进
        }
        ELSE
        继续前进
        END IF
    }
    END WHILE
}UNTIL(所有的小球停止)
调整小球位置
得到为不规则体表面的轨迹点
END
```

由图 6.11 可以看出不规则面可行轨迹点空间的构建过程。首先,构建规则面可行轨迹点空间(包含不规则体);然后,规则面可行轨迹点向敷设空间中心前进,并进行干涉检查,进入不规则体内停止运动;之后,对所有不规则体内轨迹点位置进行微调;最后,生成不规则面可行轨迹点(删除不规则体外的轨迹点,并保留不规则体内的轨迹点)。

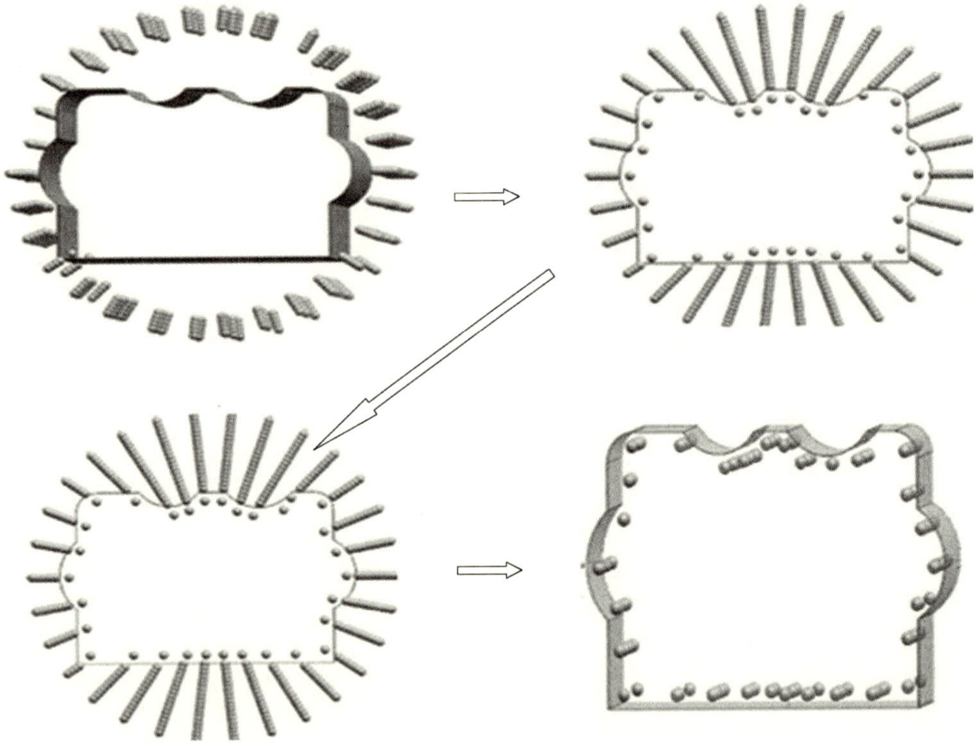

图 6.11　构建不规则面可行轨迹点空间

6.2.4.5　轨迹点 N 的确定

通过上述混沌预处理模型,可得到 $N-L$(L 为存在干涉点个数) 个混沌产生的可行轨迹点。N 的大小对于优化搜索阶段的效果有一定影响:如果 N 过小,虽然优化搜索阶段时间复杂度比较低,但求解的精度也会降低;如果 N 过大,求解的时间复杂度又会提高。为了表明 N 的大小对空间的影响情况,给出了测试实验(本书中的实验都是在 VC ++ 、Unigraphics NX 环境下实现的)。

实验在一个立方体区域产生可行轨迹点,如用栅格法沿 x 轴、y 轴和 z 轴各划分 10 个栅格,则在整个三维解空间中产生 1 331 个轨迹点。通过引入混沌过程后,轨迹点数量可以大大减少。根据测试实验发现 N 的大小取栅格个数的 1/5 ~ 1/2 较为合适。图6.12 给出了不同 N 对应的轨迹点空间分布。这些实验结果可以为设计者根据特定的敷设环境选择适当的 N 提供参考。

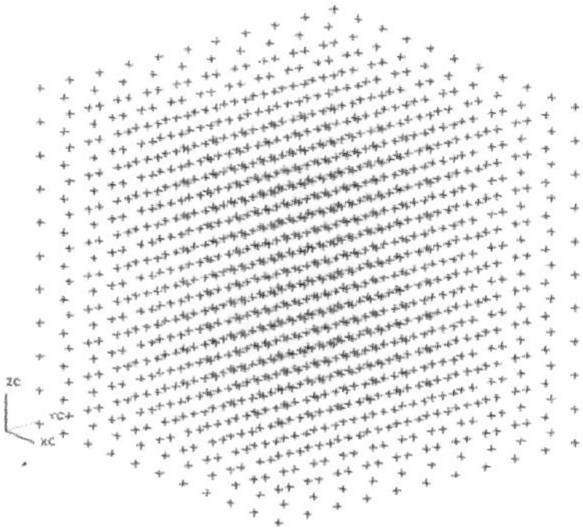

(a) 1 331 点

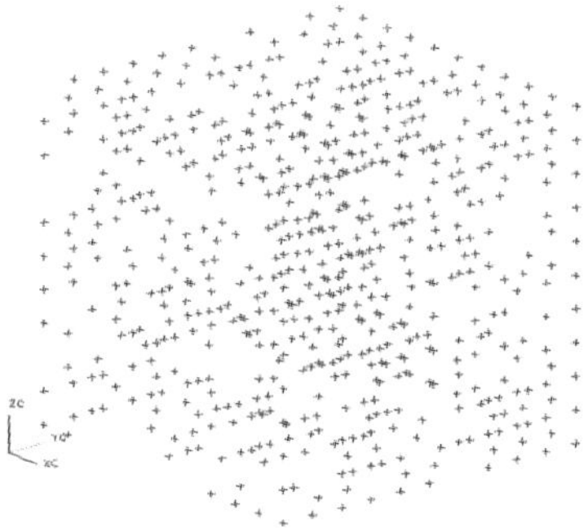

(b) 1 000 点

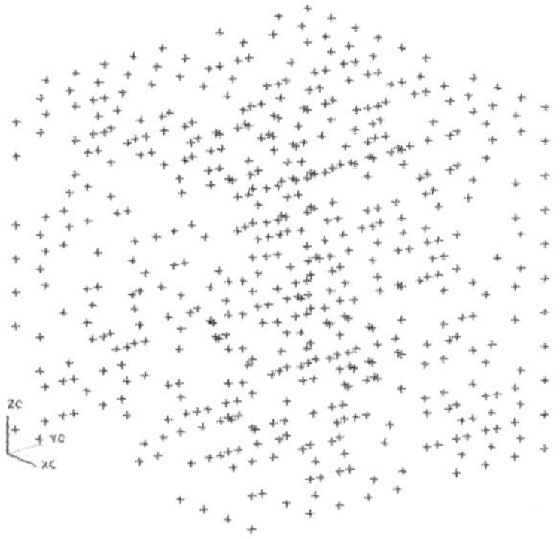

(c) 800 点

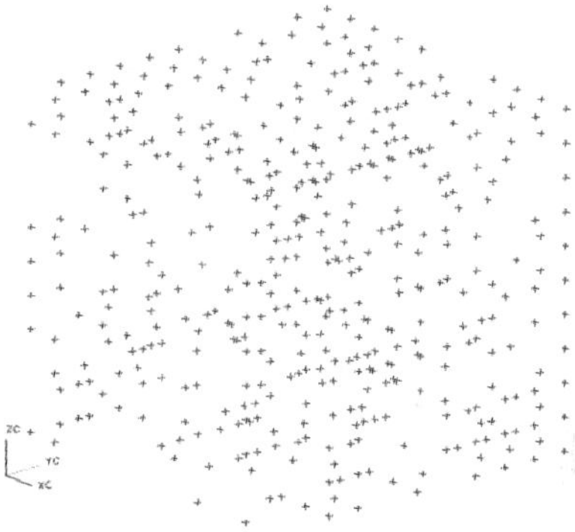

(d) 600 点

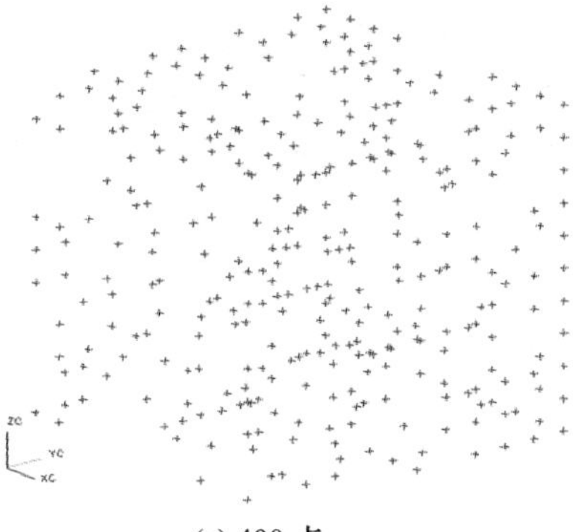

(e) 400 点

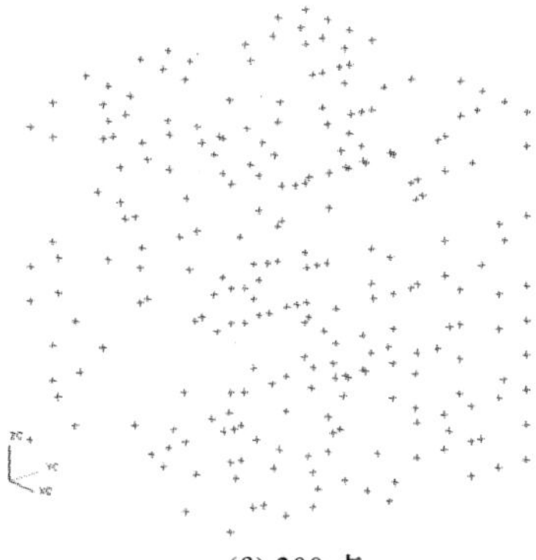

(f) 300 点

图 6.12　不同数量的轨迹点空间

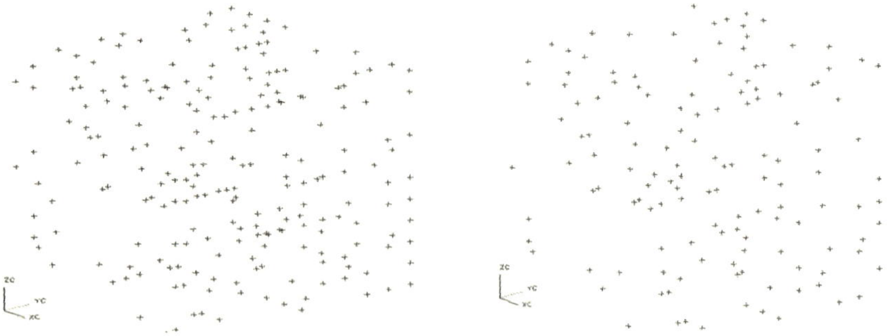

(g) 200 点　　　　(h) 150 点

图 6.12 （续）

6.2.5　管线自动敷设解空间表达方法

为了使优化算法更有效地检查管线敷设的约束状态和高效地进行优化搜索，本节提出一种管线自动敷设解空间表达方法。

根据管线自动敷设的基本概念，一个单管线的敷设设计是由一系列控制点和具有起始关系的控制点间的连接状态组成的，图 6.13 给出了管线敷设设计过程。从图中我们可以清楚地看到从起点到终点，一条设计轨迹要经过一系列的控制点，每个控制点都来自一个被选控制点集合。控制点和与其有起始关系的控制点之间有三种连接关系，每种连接关系均考虑管线敷设的约束模型。

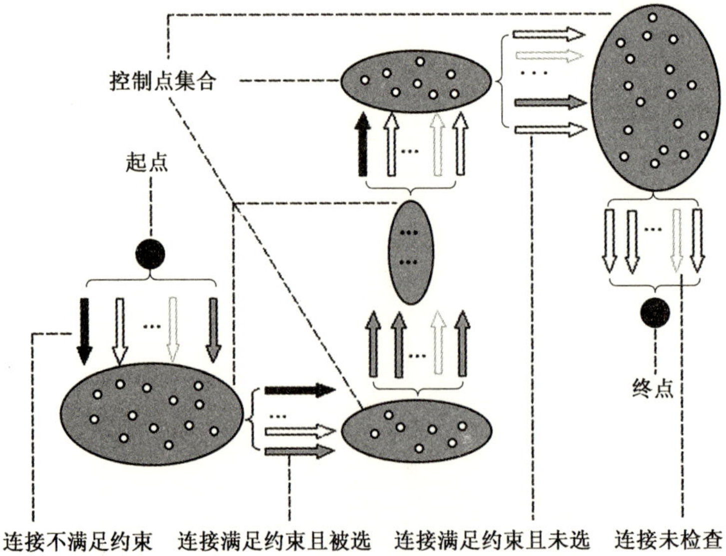

图 6.13　管路自动敷设设计过程图

针对管线敷设设计中的四种连接关系，本节利用矩阵形式给出表示管线敷设设计的解空间——可达性矩阵。可达性矩阵中含有四种元素：-1、1、0和2。-1元素对应两个具有起始关系的控制点间的连接不满足管线敷设的约束条件；1元素对应两个具有起始关系的控制点间的连接满足管线敷设的约束条件，且在以前的求解中已经选中；0元素对应两个具有起始关系的控制点间的连接满足管线敷设的约束条件，且在以前的求解中未被选中；2元素对应两个具有起始关系的控制点间的连接关系未探明。$P^i(p_1^i,p_2^i,\cdots,p_i^i,\cdots,p_n^i)$ 与 $P^j(p_1^j,p_2^j,\cdots,p_i^j,\cdots,p_m^j)$ 是具有起始关系的待选控制点集合，它们的连接关系可以用可达性矩阵表达，如图6.14所示。

	p_1^i	p_2^i	…	p_i^i	…	p_m^i
p_1^j	0	1	…	2	…	0
p_2^j	1	0	…	1	…	-1
…	…	…	…	…	…	…
p_i^j	2	-1	…	0	…	0
…	…	…	…	…	…	…
p_n^j	0	0	…	-1	…	0

图6.14　可达性矩阵

利用可达性矩阵，提出了管线自动敷设解空间的表示方法。管线自动敷设设计的一个解可以通过一系列可达性矩阵的元素组成。如一个解 X 由 n 个可行轨迹点组成，它可以表示为{2，-1，-1，…，0，1，…，-1，0}（图6.15）。

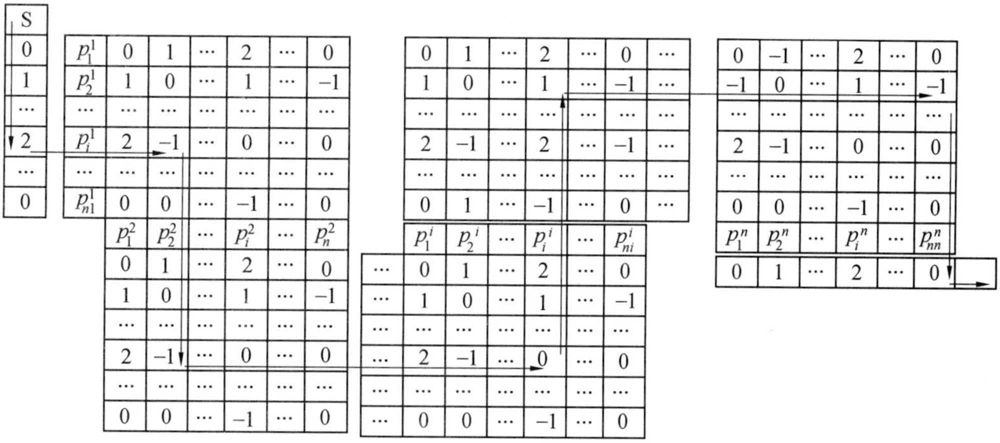

图6.15　管路敷设解空间

为了检查管线自动敷设解的状态，本节定义了 S、>>和&三种操作算子来进行检查。假设管线自动敷设的一个解为 $X(x_1,x_2,\cdots,x_i,\cdots,x_{n-1})$，$x_i$ 表示第 i 个控制点和第 $i+1$ 个控制点的连接关系，即可达性矩阵对应元素。

(1) S 算子定义如下：

$$S(X)=\mathrm{Sign}(\mathrm{Min}(x_1,x_2,\cdots,x_i,\cdots,x_{n-1})) \tag{6.9}$$

$$\mathrm{Sign}(x)=\begin{cases}1 & (x>0)\\ 0 & (x=0)\\ -1 & (x<0)\end{cases} \tag{6.10}$$

(2) >> 算子定义如下：

$$>>(X)=\mathrm{Max}\ (x_1,x_2,\cdots,x_i,\cdots,x_{n-1})\ >>1 \tag{6.11}$$

式中　>>1—— 表示向右移一位。

(3) & 算子定义如下：

$$\&(X)=x_1\&x_2\&\cdots\&x_i\&\cdots\&x_{n-1} \tag{6.12}$$

式中　&—— 表示与操作。

S 算子可以检查管线敷设的解是否满足约束条件，如 $S(X)=-1$ 表示解不满足约束条件；>> 算子可以检查管线敷设的解中待定的连接关系，如 $>>(X)=1$ 表示解中连接关系待定；& 算子用来检查管线敷设的解是否被选中，如 $\&(X)=0$ 表示解还未被选中，$\&(X)=1$ 表示解已被选中。

6.2.6　应用示例

在管线自动敷设可行性规则中，容易量化的规则通常会被考虑，但不容易量化的规则往往很难被自动敷设算法考虑。本节结合混沌栅格预处理模型，通过机械设备示例给出管线自动敷设可行性规则的实现（图 6.16）。

示例采用混沌栅格预处理模型来处理机械设备管线敷设模型。由于混沌栅格预处理模型针对工程中机械设备的体和面建立的，故采用混沌栅格预处理模型可以有效地保障尽量沿边敷设规则。通过图 6.16 标识 1 可以看到指定端点时，会延伸出一直线段以保障管线端口处延伸规则。管线敷设弯曲规则在管线优化算法中保证。通过图6.16标识2可以看到，通过对轨迹点采用势场法处理可以将管线周围的操作空间预留出来，以便保障管线敷设可装配性原则。图6.16 中标识2 和4 通过势场法可以将管线和设备间的最小距离预留出来，保证了管线敷设最小间隙规则。管线敷设的空间规则，在管线敷设算法中通过管线轨迹的干涉检查来保证。图6.16 中标识3 通过势场法产生一个禁入区来保证尽量避开热源规则。通过图6.16 中标识5 混沌栅格预处理模型有选择地在指定设备上不产生轨迹点来保证流体管线不应在电器设备上敷设。通过示例，较全面地说明了管线敷设中的可行性规则。

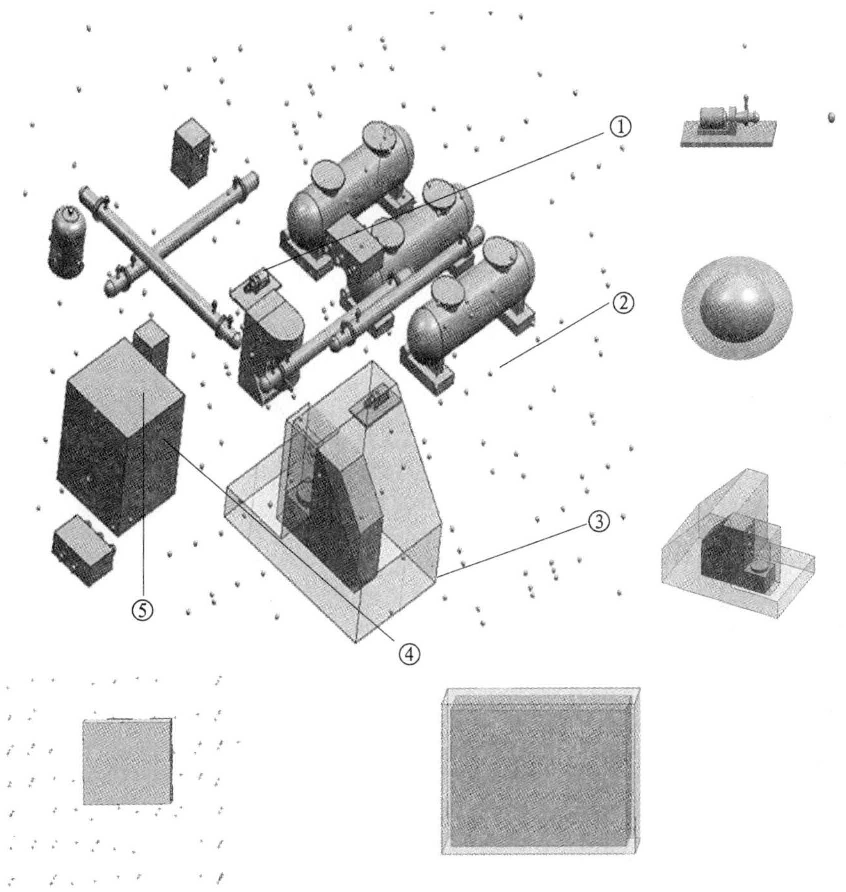

图 6.16　管路敷设可行性规则应用示例

6.3　基于 M - PSO 算法单管线自动敷设方法

对于管线系统而言,管线自动敷设设计就是在机械设备内部为连接设备的管线系统安排一个满足各种可行性要求、优化要求的管线中心轨迹。由于管线的敷设空间是三维空间,管线自动敷设设计的时间复杂度高,引入混沌栅格预处理模型来提取解空间,大大缩小了管线自动敷设设计解空间的规模,如图 6.17 所示。

本节针对管线自动敷设设计问题的特点和算法的收敛性及优化性能,对粒子群算法进行改造,利用该算法在混沌栅格预处理模型提取的解空间中,找到满足管线敷设可行性、优化性的设计方案。

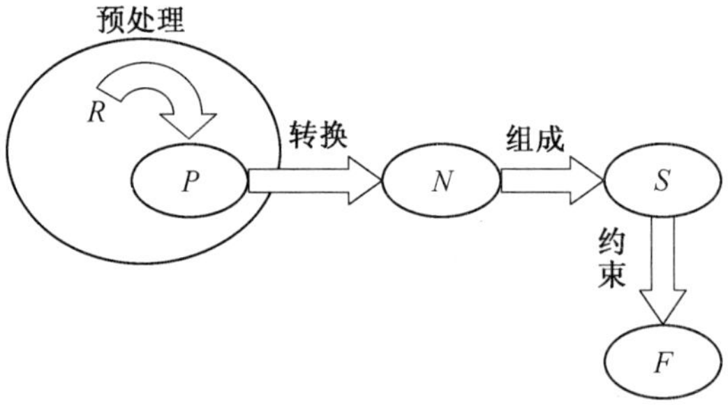

图 6.17　管线自动敷设解空间结构

6.3.1　粒子群优化算法简介

粒子群优化算法(Particle Swarm Optimization, PSO)是由 Kennedy 和 Eberhart 等人[194]于 1995 年提出的一种模拟群体(Swarm)智能行为的优化算法。

这类算法的仿生基点是:群集动物(如蚂蚁、鸟、鱼等)通过群聚而有效地觅食和逃避追捕。在这类群集的动物中,每个个体的行为是建立在群体行为的基础之上的,即在整个群体中的信息是共享的,而且在个体之间存在着信息的交换与协作(如在蚁群中,当每个个体发现事物之后,它将通过接触或者化学信号来招募同伴,使整个群落找到食源。在鸟群的飞行中,每只鸟在初始状态下处于随机位置,且各个方向随机飞行,但随着时间推移,这些初始处于随机状态的鸟通过相互学习(相互跟踪)自组织地聚集成一个个小的群落,并以相同的速度朝着相同的方向飞行,最终整个群落聚集在同一个位置 —— 食源)。这些群集动物所表现出的智能常称为"群体智能",它可表述为:一组相互之间可以进行直接通信或间接通信(通过改变局部环境)的主体,能够通过合作对问题进行分布求解。换言之,一组无智能的主体通过合作能表现出智能行为特征。

PSO 以模拟鸟的群集智能为特征,以求解连续变量优化问题为背景。在 PSO 中,每只鸟被称为一个粒子(Particle),每个粒子以其几何位置与速度向量表示。在问题求解中,每个粒子参考自己的既定方向、所经历的最优方向和整个鸟群所公认的最优方向来决定自己的飞行。

6.3.1.1　粒子群优化算法描述

PSO 算法中每个粒子 P 可表示为 $P=(X,V)$,X 为几何位置,V 为速度。通常 PSO 算法以如下流程来求解问题:

(1) 初始化。随机产生 n 个粒子 $P_i=<X_i,V_i>$ $(i=1,2,\cdots,n)$,构成初始粒子群体。

$$P(0)=(P_1(0),P_2(0),\cdots,P_n(0))=\\((X_1(0),V_1(0)),(X_2(0),V_2(0)),\cdots,(X_n(0),V_n(0)))\qquad(6.13)$$

(2) 种群演化。

设 $t=0$。

① 选择。

a. 假定以概率 1 选择 $P(t)$ 中每一个体;

b. 求出每只粒子 i 到目前为止所找到的最优,记为 $P_{sb}^{i}(t)=(X_{sb}^{i}(t),V_{sb}^{i}(t))$;

c. 求出当前种群 $P(t)$ 到目前为止找到的最优,记为 $P_{gb}(t)=(X_{gb}(t),V_{gb}(t))$。

② 繁殖。

对于每个粒子 $P_i(t)=(X_i(t),V_i(t))$,令

$$X_i(t+1)=X_i(t)+V_i(t+1) \tag{6.14}$$

$$V_i(t+1)=wV_i(t)+c_1 r(0,1)[X_{sb}^{i}(t)-X_i(t)]+c_2 r(0,1)[X_{gb}(t)-X_i(t)] \tag{6.15}$$

由此形成第 $t+1$ 代粒子群,即

$$\begin{aligned}P(t+1)=&(P_1(t+1),P_2(t+1),\cdots,P_n(t+1))=\\&(X_1(t+1),V_1(t+1)),(X_2(t+1),V_2(t+1)),\cdots,\\&(X_n(t+1),V_n(t+1)))\end{aligned} \tag{6.16}$$

(3) 终止检验。如 $P(t+1)$ 已产生满足精度的近似解,或已达到进化时限的要求,则停机并输出 $P(t+1)$ 的最佳个体为近似解,否则对于 $t=t+1$ 转步骤(2)。

在上述 PSO 算法中,式(6.15) 中的 w 常被称为惯性系数,$r(0,1)$ 表示(0,1) 中的随机数,c_1 称为认知系数,而 c_2 称为社会学习系数,它们分别表示相信自己的程度、相信经验的程度和相信周围个体的程度。这三个部分之间的相互平衡和制约决定了算法的主要性能。式(6.15) 的几何意义参见图 6.18。

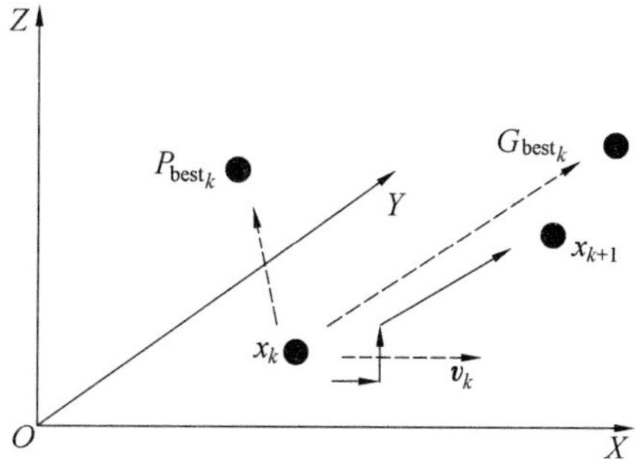

图 6.18　PSO 方向校正示意图

6.3.1.2　粒子群优化算法的研究与不足

由于 PSO 算法概念简单、实现容易、参数较少、能有效解决复杂优化任务[194-217],所以在很多领域得到广泛应用。

目前,PSO 算法作为一种崭新的随机搜索算法,仍旧存在着早熟收敛和收敛较慢这两

个难题,并且具有种群多样性随代数增加下降过快、有可能不收敛到全局最优解等缺点。为了避免早熟收敛,一些研究者提出了通过控制种群多样性来提高算法性能的方法。一方面,通过解决微粒间的冲突和聚集[195,196]、分析微粒和种群最优位置的距离[197]、增加环境检测和响应、种群随机多代初始化[198]等思想,给出了不同策略来增强种群多样性,使算法不至于过早陷入局部极小。另一方面,通过引入遗传算法的"变异"操作来增强全局搜索性能也是一种十分有效的方式[199-207]。文献[199]通过对微粒速度或位置引入了一个小概率随机变异操作来增强种群多样性(Dissipative PSO,DPSO),使算法能够有效地进行全局搜索,但是过大的变异率在增加种群多样性的同时也将导致群体发生混乱,使种群不能进行精确的局部搜索,延缓了算法的收敛速度。DPSO 算法引入了随机变异操作,使粒子有更大的概率逃出局部极小点。公式描述如下:

IF($r_3 < c_v$) THEN

$$v_{id} = r_4 \times \frac{V_{max}}{c_m} \tag{6.17}$$

其中 r_3, r_4—— 相互独立的均匀分布在[0,1]区间的随机变量;

c_v—— 控制速度的变异率,c_m 是常量,用来控制变异度的大小。

文献[200-202]深入分析了不同均值和方差的高斯变异操作对增强算法性能的影响。文献[203]提出了一种改善微粒多样性的途径——自组织临界点控制。算法对每个微粒增加了当前临界值属性,如果两个微粒间的距离小于预定阈值,则增加彼此的临界值,重新分配其在搜索空间中的位置,以达到控制种群多样性的目的。文献[204]在自组织算法的基础上给出了一种变异操作随时间变化的自适应层次 PSO 算法(Self-organizing Hierarchical PSO,HPSO)以进一步提高搜索性能,同时也给出了适合变异操作的自适应参数选择方式,但是 HPSO 算法消除了速度公式中的惯性部分,其发生变异的条件是微粒速度为 0,使微粒不能快速、有效地逃出局部极小点。HPSO 在引入变异操作的同时,消除了速度的惯性部分,给出了新的参数自适应方法、速度公式变异条件为

$$v_{id}(t+1) = c_1 \times r_1 \times (p_{id}(t) - x_{id}(t)) + c_2 \times r_2 \times (p_{gd}(t) - x_{id}(t)) \tag{6.18}$$

IF ($v_{id} = 0$) THEN

$$v_{id} = r_6 \times r_5 \times v \tag{6.19}$$

式中 v—— 重新初始化的速度;

r_5—— 均匀分布在[0,1]的随机变量;

r_6—— 随机变量,当随机数小于 0.5 时为 1,大于 0.5 时为 -1。

虽然这些研究工作已经给出了提高 PSO 算法全局搜索能力的方法,但是它们很难在提高搜索速度和保持种群多样性之间达到平衡。

6.3.2　M - PSO 算法

6.3.2.1　M - PSO 算法描述

本书在优化搜索阶段,提出了改进的粒子群算法(M - PSO)。通过分析 PSO 算法的特性和人类社会迁徙的特点,注意到在人类现实生存环境中,当地广人稀生存空间较大时,人类群体会在自己的生存空间中各自开拓发展;当发展到一定阶段后,随着贫富差距的出现,贫瘠地区的人开始向富足地区迁移;当富足地区的人口密度过大时,又会出现一批有开拓精神的人去开垦新的疆土。本书优化算法利用了这一人类迁徙的特点,对 PSO 算法模型进行了改进,给出了一种改进粒子群算法。描述如下:

步骤1:初始化。常见的粒子群算法采用随机方法来产生 n 个粒子。本算法为了更好地保证种群的多样性,将解空间分为 n 个子空间,n 个粒子在 n 个子空间中随机产生。

步骤 2:种群演化。

步骤 2.1:子空间局部搜索。在每个子空间内,每个粒子只考虑自身的历史最优记录,这和开拓初期,人们会安心在自己生存空间里发展,不会盲目流动一样。由于子空间的均衡分布,保证了粒子的独立性,因此更好地保证了种群的多样性。

$$v_i(t+1) = w_1 v_i(t) + c_1 r_1 [p^i_{\mathrm{sb}}(t) - p_i(t)] \tag{6.20}$$

$$p_i(t+1) = p_i(t) + v_i(t+1) \tag{6.21}$$

步骤 2.2:解空间全局搜索。当每个粒子发展到一定阶段后,伴随“贫富差距”的出现,粒子开始迁徙,此时粒子除了要考虑自身的历史最优纪录,还要向全局最优学习。迁徙条件用速度阈值 a 和迭代步来控制。

IF $v_i < a$ 或 $T < S_t$ THEN

$$v_i(t+1) = w_2 v_i(t) + c_2 r_2 [p^i_{\mathrm{sb}}(t) - p_i(t)] + c_3 r_3 [p_{\mathrm{gb}}(t) - p_i(t)] \tag{6.22}$$

$$p_i(t+1) = p_i(t) + v_i(t+1) \tag{6.23}$$

步骤2.3:补空间开拓搜索。当“富足地区”聚集了过多的粒子后,粒子便失去了开拓精神,从而使种群的多样性降低;此时引入迁移机制,让没有活力的粒子和挑选出来的粒子迁移到补空间 Ω^r 内。$\Omega^r = \Omega - \Omega^a$,$\Omega$ 为解空间,Ω^a 为达空间。引入补空间后迁移粒子不会访问已经经过的位置点,从而使搜索更高效。迁移操作的条件用速度阈值 b 和迁移率 β 来控制。

IF $v_i < b$ 或 随机数 $< \beta$ THEN

$$v_i = r_4 \times v, \quad p_i = p \quad (p \in \Omega^r) \tag{6.24}$$

式中　v—— 初始化的速度;

r_4—— 均匀分布在[0,1]的随机变量;

p—— 补空间内随机位置点。

步骤 3:终止检查。

6.3.2.2 M - PSO 算法流程

```
BEGIN M - PSO
初始化;
基于混沌栅格预处理模型生成可行轨迹点空间;
将可行轨迹点空间划分为 n 部分;
基于可达性矩阵建立解空间;
将解空间均匀分割为 n_sub 个子空间;
进行规则检查,并设置解空间状态;
在每个解空间中,随机分布一个粒子;
WHILE(迭代次数大于 N)
{
    IF(迭代次数大于 N1 OR v1 = 0)
    {
      IF(v2 = 0 OR 随机数 < β)
       {
       位置迁移到补空间内;
       更新速度,根据式(6.24)
         }
         ELSE
         {
          更新每个粒子的速度,根据式(6.22);
          更新每个粒子的位置,根据式(6.23);
         }
         END IF
      }
      ELSE
       {
       更新每个粒子的速度,根据式(6.20);
       更新每个粒子的位置,根据式(6.21);
       }
   END IF
}
END WHILE
细化搜索;
```

END

在 M - PSO 算法流程中，初始化阶段给定算法中参数的初值，如 ω_1、ω_2、c_1、c_2、c_3 粒子速度初值、最大速度、最小速度、迭代次数 N、N_1；将可行轨迹点空间分成 n 部分，n 的取值与管线的轨迹点数相同；n_sub 为划分子空间的数目；v_1 为粒子的局部搜索速度；v_2 为粒子的全局搜索速度；β 为迁移率。本章的算法采用混沌栅格预处理模型来降低求解的复杂性，但这也导致了敷设空间细节信息的损失，因此引入细节搜索来补偿敷设空间的细节缺失。细节搜索在管线的轨迹点周围产生小的邻域空间来进一步搜索，达到精确搜索的目的，因为邻域空间比较小，对求解的复杂度影响不大，确保了在降低求解复杂度的同时，保证精度要求。

6.3.3　M - PSO 算法收敛性分析

管线敷设设计实质就是对轨迹点位置的设计。根据 M - PSO 算法给出收敛性分析。

根据上述算法，分析本书所提出的 M - POS 算法的收敛性。首先给出以下假设：

(1) 管线敷设设计问题总是具有可行的最优解；

(2) 管线敷设设计问题的解空间为可以表示的有限空间。

以上的假设只是为了便于分析算法收敛性，并非对管线敷设的应用范围进行限制。

现在证明：

(1) 在运行时间 T 趋向无穷大时，M - POS 算法得到一个全局最优解的概率趋向于 1；

(2) 假设在第 m 次迭代中某个全局最优解被发现，则在运行时间 T 趋向无穷大时，所有粒子逐渐收敛到这个最优解。

M - PSO 算法经过初始化和局部搜索阶段后，在种群演化过程中保持了粒子群粒子的多样性。由算法描述可得

$$\Omega = \Omega_1 \cup \Omega_2 \cup \cdots \cup \Omega_i \cup \cdots \cup \Omega_n \tag{6.25}$$

$$\Omega_i \cap \Omega_j = \varnothing，且\ \Omega_i \in \Omega, \Omega_j \in \Omega, 1 \leqslant i \leqslant n, 1 \leqslant j \leqslant n, i \neq j \tag{6.26}$$

$$\boldsymbol{P}^i(p_i^0, p_i^1, \cdots, p_i^i, \cdots, p_i^m) \in \Omega_i \tag{6.27}$$

$$p^i \cap p^j = \varnothing \tag{6.28}$$

式中　Ω —— 整个解空间；

Ω_i —— 第 i 个子空间；

n —— 子空间个数；

$\boldsymbol{P}^i$ —— 第 i 个粒子的位置向量；

p_i^i —— 第 i 个粒子第 i 代的位置元素。

设第一次进行迁移前为迭代 k 次，搜索出 m_1 个解，则搜索到最优解的概率为$\dfrac{m_1}{N}$；

在 k 代搜索不到最优解的概率为 $1-\frac{m_1}{N}$；

第二次迁移搜索不到最优解的概率为 $1-\frac{m_2}{N-m_1}$；

第 n 次迁移搜索不到最优解的概率为 $1-\frac{m_n}{N-m_1-m_2-\cdots-m_{n-1}-m_n}$；

设 $m_{\min}=\min\{m_1,m_2,\cdots,m_i,\cdots,m_{n-1},m_n\}$，以 F_t 表示在第 t 次迁移中“某个”全局最优解第一次被某个粒子发现这一事件。用 $w*$ 表示这个全局最优解。

则 $\bar{F}_1\wedge\bar{F}_2\wedge\ldots\wedge\bar{F}_t\Rightarrow w*$ 从未被任何粒子发现，其概率为

$$P(\bar{F}_1\wedge\bar{F}_2\wedge\ldots\wedge\bar{F}_n)=P(w*\text{ 从未被发现})=$$

$$\prod_{t=0}^{n}P(w*\text{ 在第 }t\text{ 次迁移中没有发现})=$$

$$\left(1-\frac{m_1}{N}\right)\left(1-\frac{m_2}{N-m_1}\right)\cdots\left(1-\frac{m_n}{N-m_1-m_2-\cdots-m_{n-1}-m_n}\right)<$$

$$\left(1-\frac{m_1}{N}\right)\left(1-\frac{m_2}{N}\right)\cdots\left(1-\frac{m_n}{N}\right)\leqslant\left(1-\frac{m_{\min}}{N}\right)^n \tag{6.29}$$

因为
$$0<\left(1-\frac{m_{\min}}{N}\right)<1$$

则
$$\left(1-\frac{m_{\min}}{N}\right)^n=\varepsilon$$

当 n 足够大时，ε 为任意小正数。根据极限定义，$\forall\varepsilon>0$，对于 $\exists M$，当 $n>M$，则

$$|P(\bar{F}_1\wedge\bar{F}_2\wedge\cdots\wedge\bar{F}_t)-0|<\varepsilon$$

即

$$\lim_{n->\infty}P(\bar{F}_1\wedge\bar{F}_2\wedge\cdots\wedge\bar{F}_t)=0$$

所以

$$\lim_{n->\infty}P(w*)=1$$

这就意味着在迭代次数趋向于无穷时，由于迁移到补空间的操作，粒子群不能发现全局最优序列的概率趋向于0，即全局最优解被发现的概率趋向于1。

本书假设任何管线敷设设计存在可行的最优解，即 $w*$ 一定可行。第 k 代，粒子群找到了 $w*$，由于 $w*$ 为全局最优解，则

$$f_k(w*)\leqslant f_{k-1}(pg)\leqslant\cdots\leqslant f_0(pg)$$

由粒子群算法 pg 定义，$f_k(w*)=f_k(pg)=f_{k+1}(pg)=\cdots=f_{k+i}(pg)=\cdots$

根据文献[205,206]对 POS 进行动态系统理论分析，有

$$\lim_{k\to\infty} v_{id}(k) = 0 \tag{6.30}$$

$$\lim_{k\to\infty} p_{id}(k) = pg(k) = f_k(w*) \tag{6.31}$$

容易得出,在第 k 次迭代中发现了全局最优解 $w*$ 之后,在 $k\to\infty$ 的情况下,所有的粒子个体将逐渐聚拢到 $w*$。

从算法的演化过程可以看出在子空间局部搜索阶段,增加了粒子群的多样性,提高粒子抗早熟和全局搜索能力。经过全局搜索和种群迁移,使粒子群更加有效地找到全局最优解,并收敛到全局最优解。

6.3.4　M – PSO 算法性能分析

6.3.4.1　算法对比分析

为了分析 M – PSO 算法的收敛速度、全局搜索性能和惯性权重对算法执行性能的影响,本书选择 PSO 算法和文献[204]中的 HPSO 算法进行比对实验,引入 5 000 个轨迹点进行分析。所用的实验种群规模为 8,每个管线采用 3 个控制节点(不包括起始点),每个算法独立运行 100 次,每次运行 1 500 代。对于基本 PSO 算法,传统理论分析显示,线性下降的惯性权重有利于种群搜索,所以,选择 w 在[0.95,0.4]之间随代数线性递减,$c_1 = 1.4$,$c_2 = 1.4$;对于 HPSO 算法选用文献[204]中的默认参数,HPSO 的加速变量 c_1,c_2 均采用线性策略在[0.5,2.5]之间。本书算法参数取文献中常用值 $w = 0.95$,$c_1 = 2.0$,$c_2 = 2.0$,$\beta = 0.5$ 进行对比。

通过实验仿真,得到结果如图 6.19 ~ 6.24 所示。图中分别给出了 PSO 算法、引入变异的 HPSO 算法[204]和本书提出的 M – PSO 算法的收敛结果(每种算法独立运行 100 次)和一次运行的演化曲线。从图 6.19 ~ 6.24 中可以看出,PSO 算法陷于早熟收敛,没有有效的措施跳出局部极小,在 100 次独立运行中没有一次找到全局最优解;HPSO 算法由于引进了变异操作,在解决优化问题时,提高了抗早熟收敛的能力,从图中可以看到经过变异后,算法全局性能提高了,得到了比 PSO 更好的结果;本书提出的 M – PSO 算法在开始时,采用了子空间局部搜索,提高了粒子的多样性,使全局搜索能力大大提高;经过解空间全局搜索阶段和补空间开拓搜索阶段后,有效地保持了粒子的多样性和搜索的高效性,得到了 3 种算法中最好的结果。

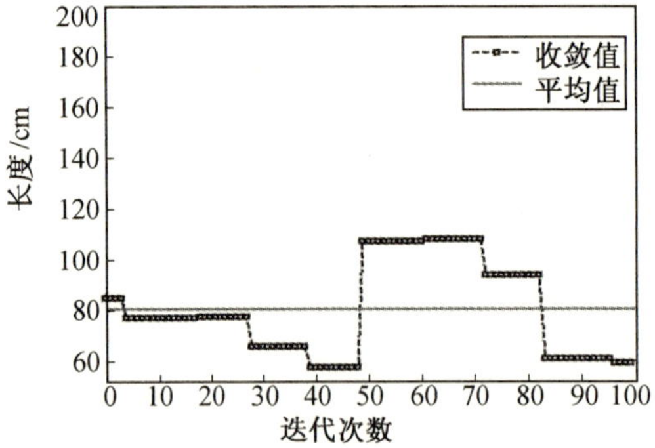

图 6.19 PSO 算法的收敛结果

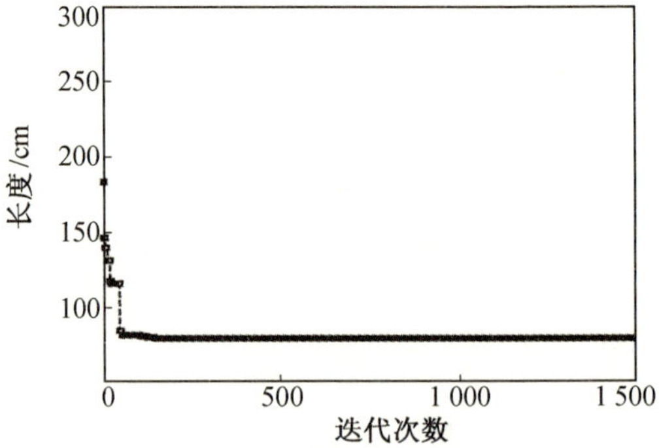

图 6.20 PSO 算法的运行结果

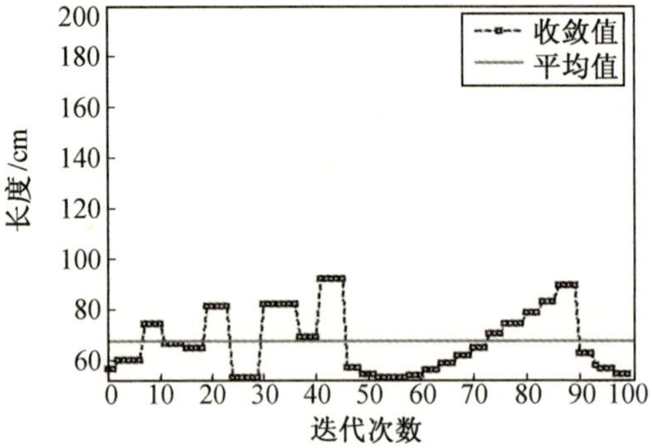

图 6.21 HPSO 算法的收敛结果

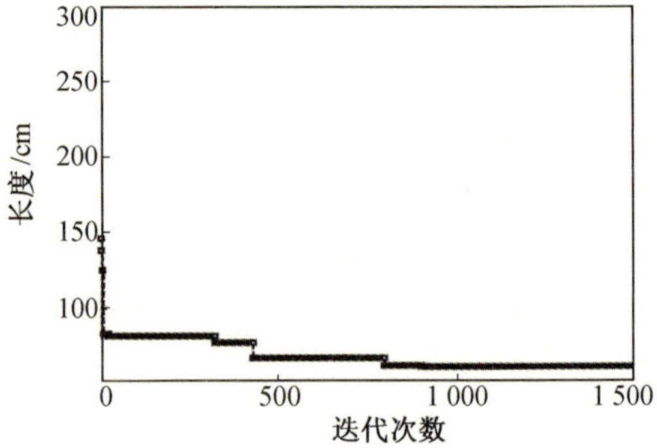

图 6.22 HPSO 算法的运行结果

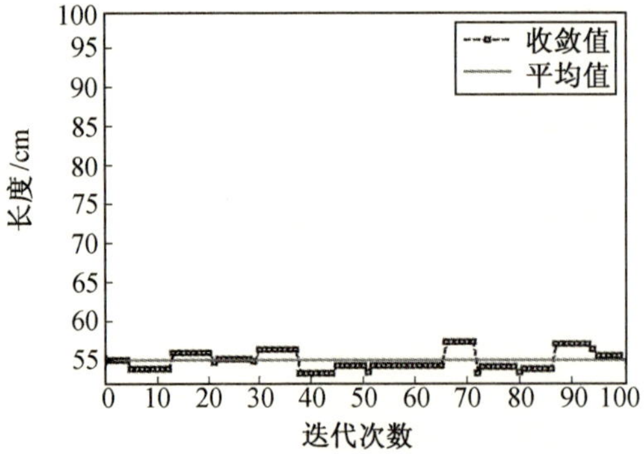

图 6.23 M - PSO 算法的收敛结果

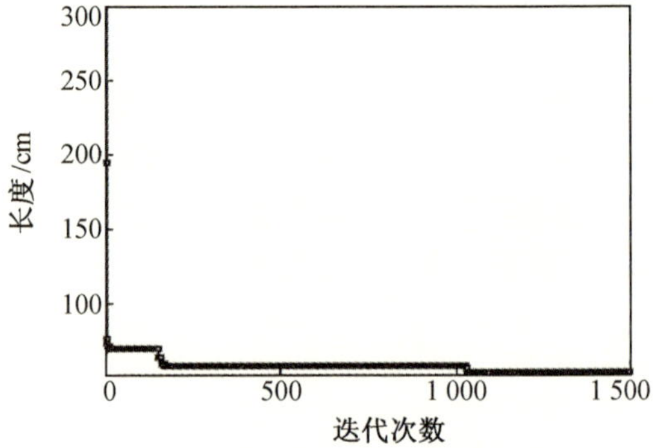

图 6.24 M - PSO 算法的运行结果

6.3.4.2　算法参数选择

w、c_1 和 c_2 是粒子群算法中重要的参数,决定了算法的基本性能。根据文献[204]与[206]中对于粒子群参数选择理论分析的范围,M - PSO 均匀取值,其他运行条件同图 6.24 对应的实验保持一致,收敛结果如图 6.25 ~ 6.49 所示。

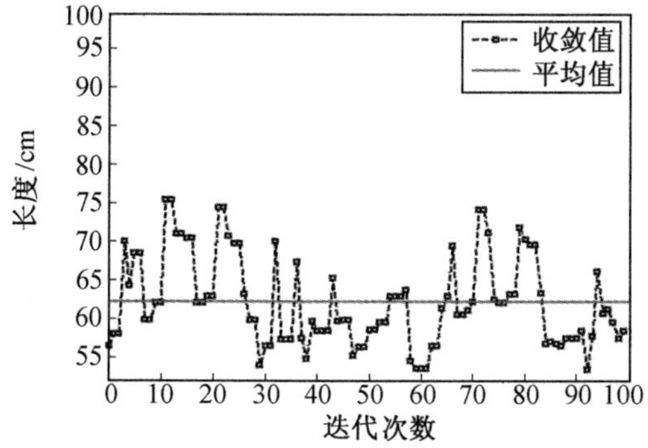

图 6.25　参数实验($w = 0.05, c_1 = c_2 = 2.0$)

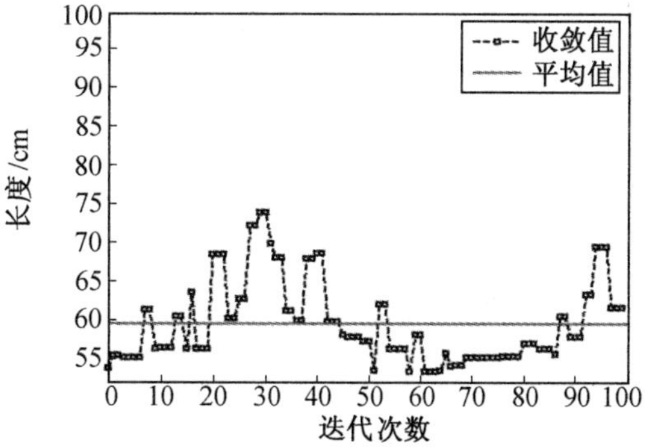

图 6.26　参数实验($w = 0.15, c_1 = c_2 = 2.0$)

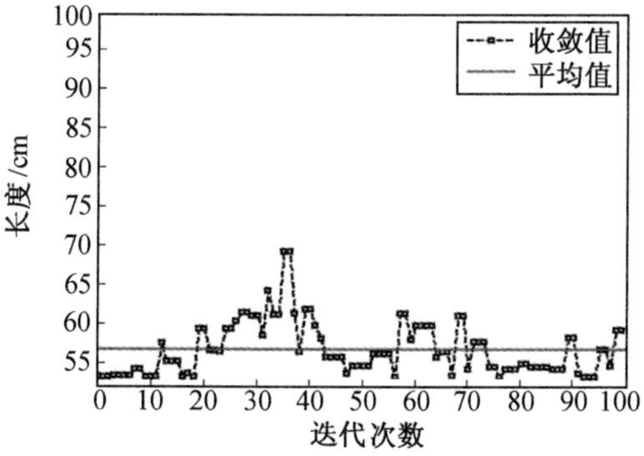

图 6.27　参数实验($w = 0.25, c_1 = c_2 = 2.0$)

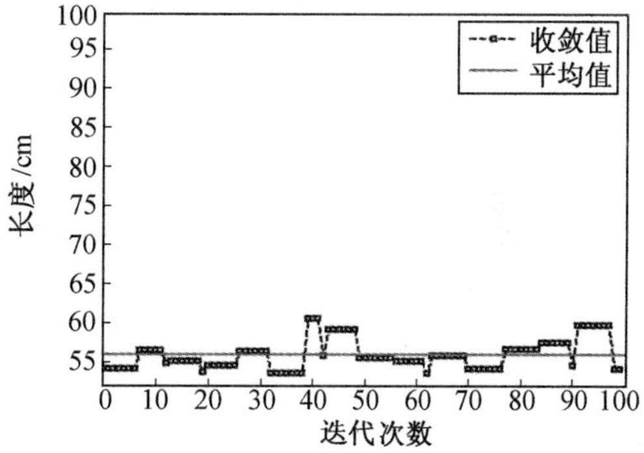

图 6.28　参数实验($w = 0.35, c_1 = c_2 = 2.0$)

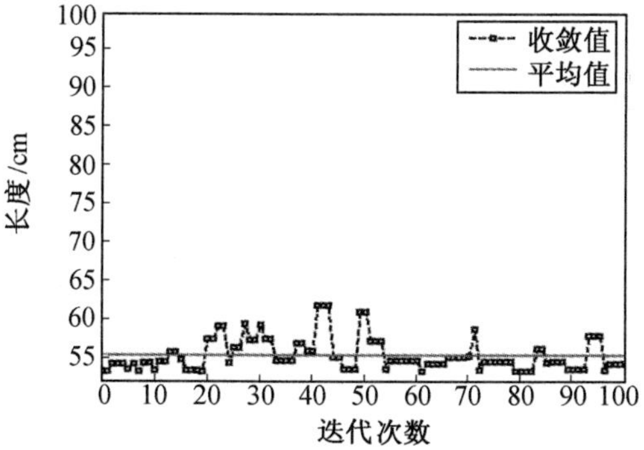

图 6.29　参数实验($w = 0.45, c_1 = c_2 = 2.0$)

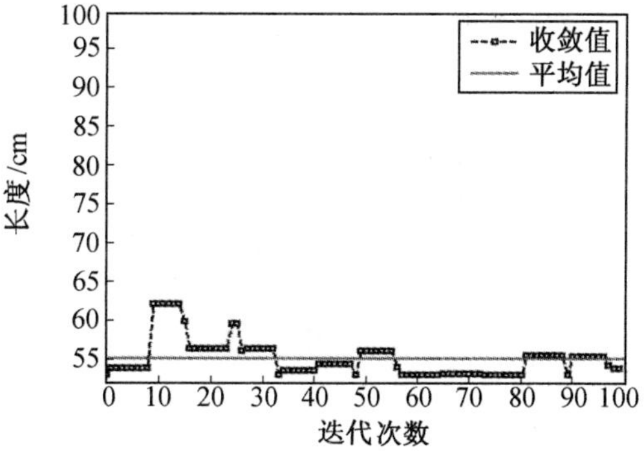

图 6.30　参数实验($w = 0.55, c_1 = c_2 = 2.0$)

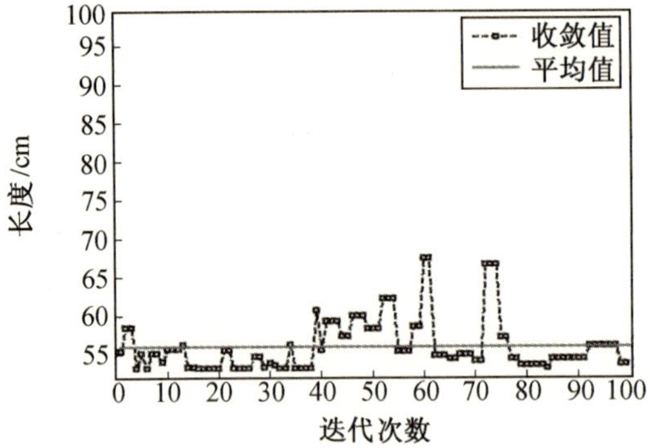

图 6.31　参数实验($w = 0.65, c_1 = c_2 = 2.0$)

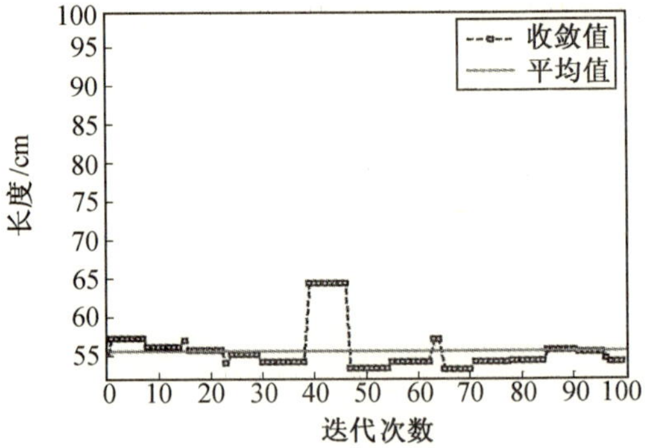

图 6.32　参数实验($w = 0.75, c_1 = c_2 = 2.0$)

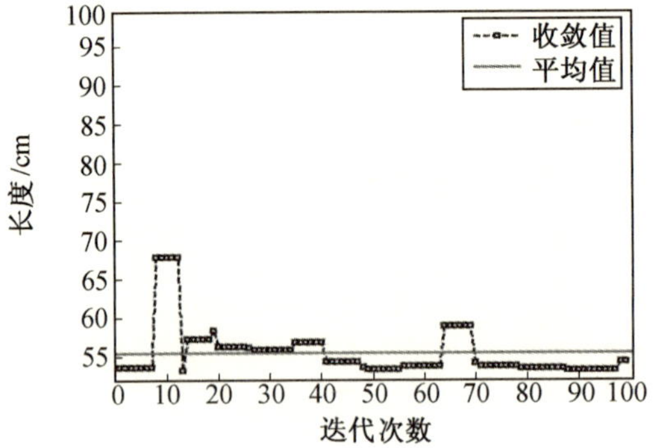

图 6.33　参数实验($w = 0.85, c_1 = c_2 = 2.0$)

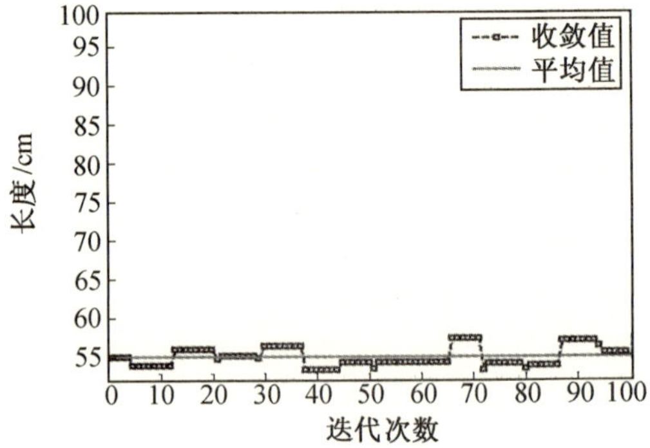

图 6.34　参数实验($w = 0.95, c_1 = c_2 = 2.0$)

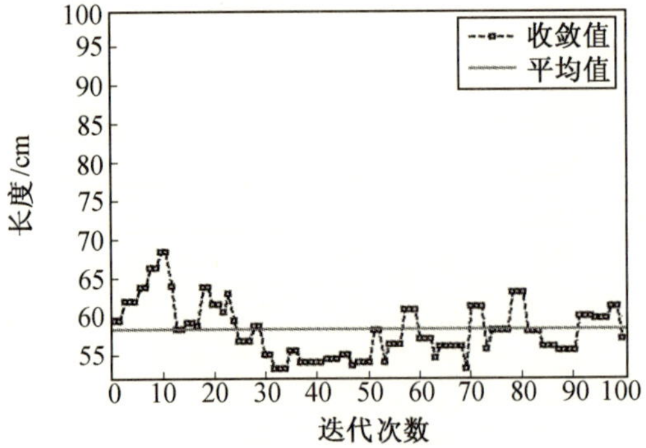

图 6.35　参数实验($w = 0.95, c_1 = c_2 = 0.5$)

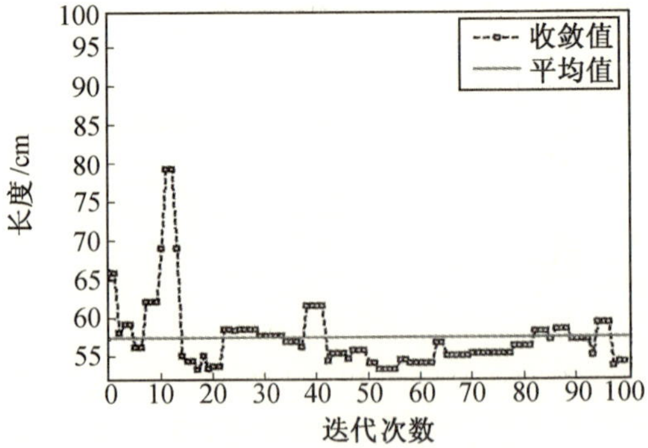

图 6.36　参数实验($w = 0.95, c_1 = c_2 = 0.6$)

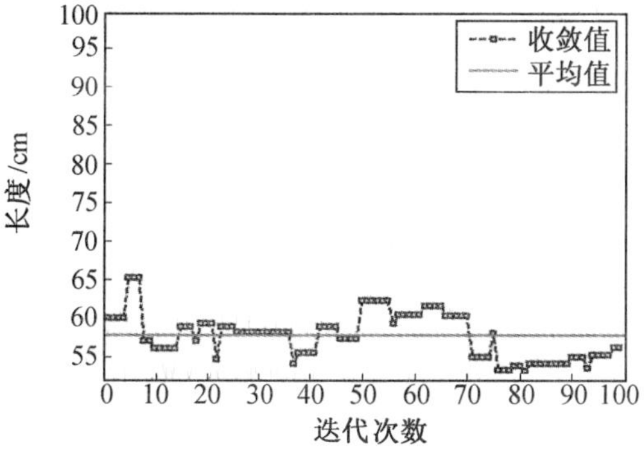

图 6.37　参数实验($w = 0.95, c_1 = c_2 = 0.7$)

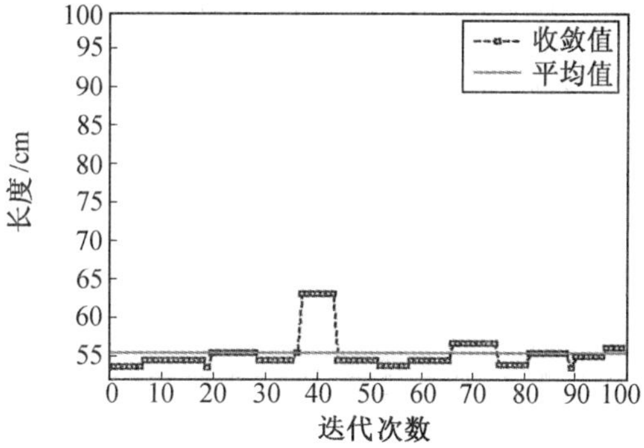

图 6.38　参数实验($w = 0.95, c_1 = c_2 = 0.8$)

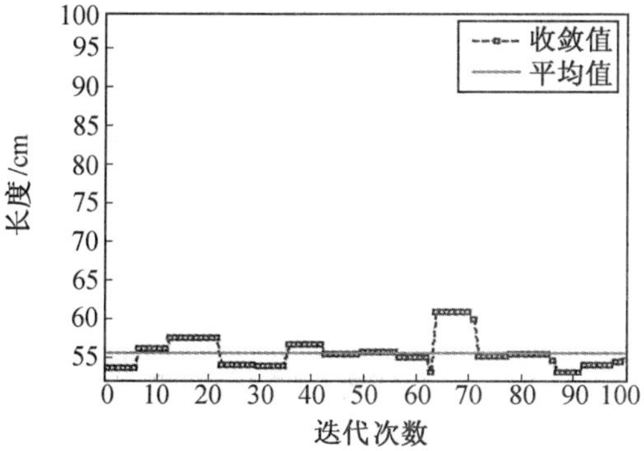

图 6.39　参数实验($w = 0.95, c_1 = c_2 = 0.9$)

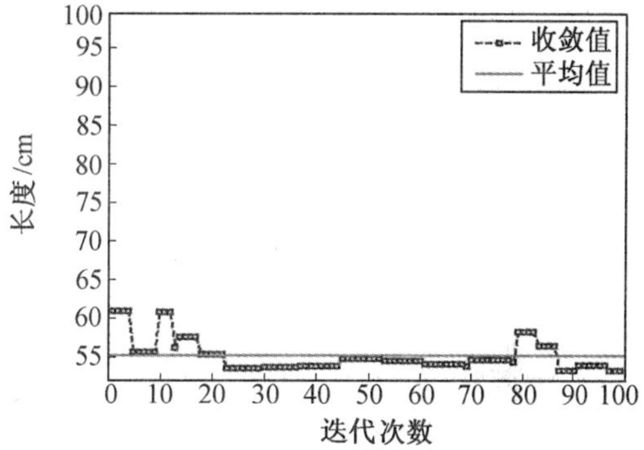

图 6.40　参数实验($w = 0.95, c_1 = c_2 = 1.0$)

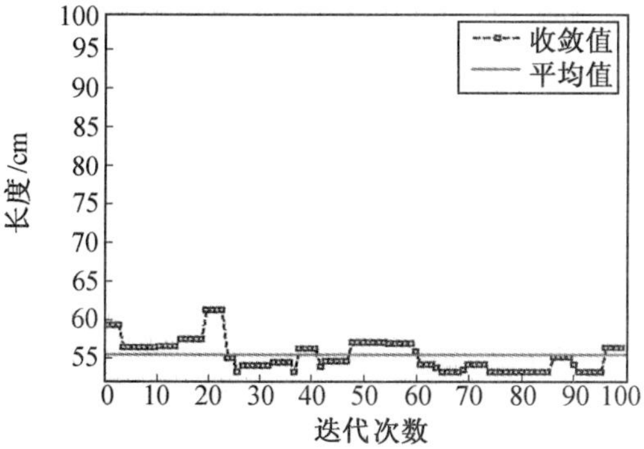

图 6.41　参数实验($w = 0.95, c_1 = c_2 = 1.1$)

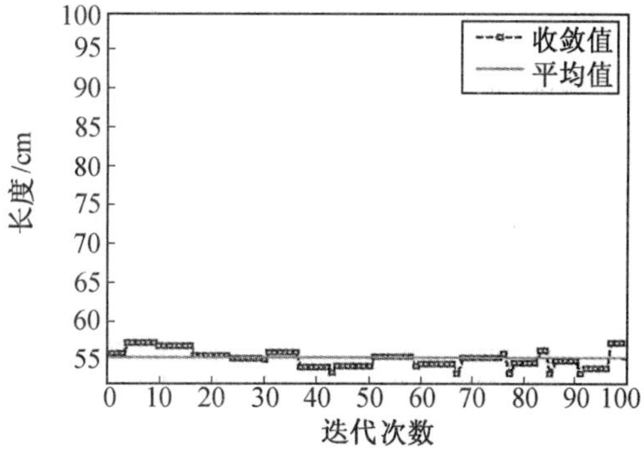

图 6.42　参数实验($w = 0.95, c_1 = c_2 = 1.2$)

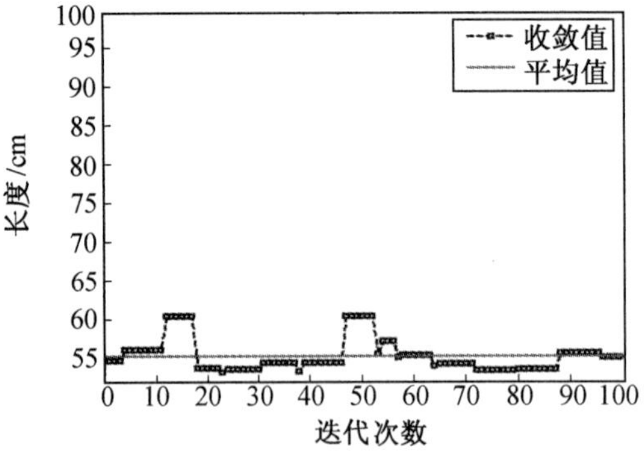

图 6.43　参数实验($w = 0.95, c_1 = c_2 = 1.3$)

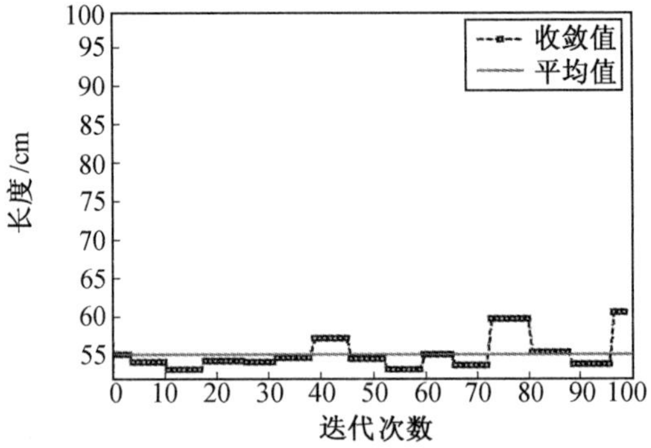

图 6.44　参数实验($w = 0.95, c_1 = c_2 = 1.4$)

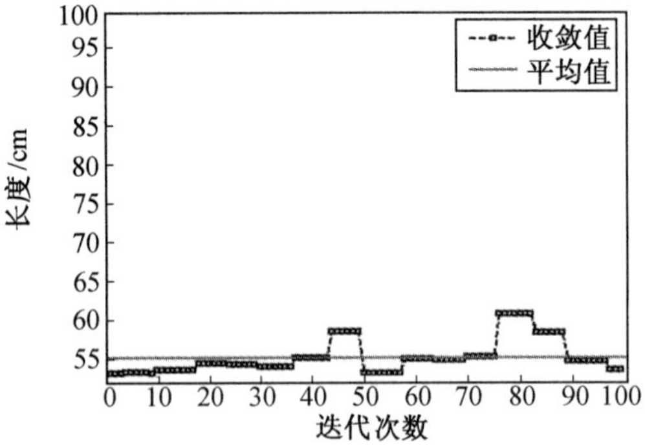

图 6.45　参数实验($w = 0.95, c_1 = c_2 = 1.5$)

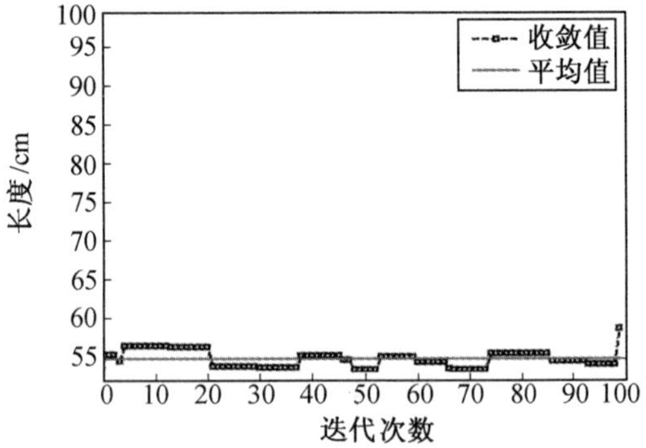

图 6.46　参数实验($w = 0.95, c_1 = c_2 = 1.6$)

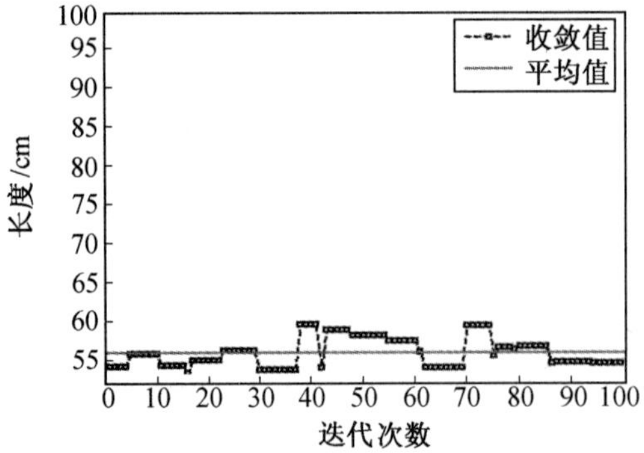

图 6.47　参数实验($w = 0.95, c_1 = c_2 = 1.7$)

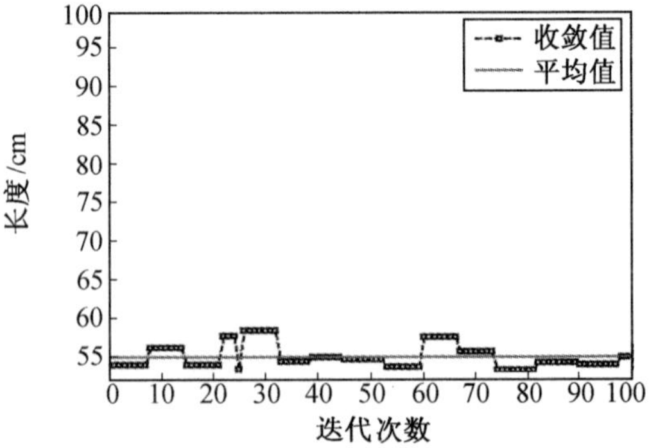

图 6.48　参数实验($w = 0.95, c_1 = c_2 = 1.8$)

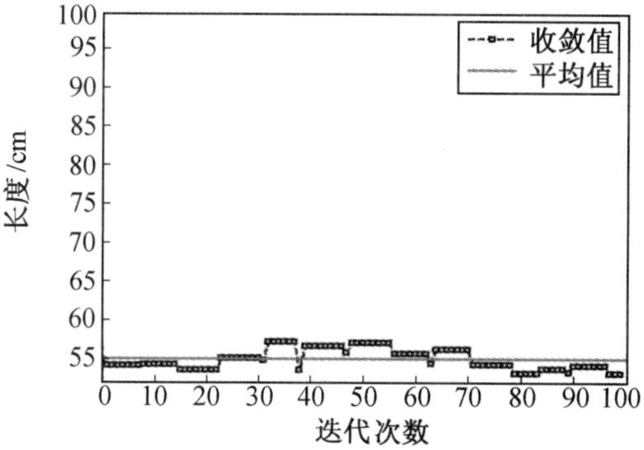

图 6.49　参数实验($w = 0.95, c_1 = c_2 = 1.9$)

由于 M - PSO 算法的本质是一种随机算法,不能通过一次最好的实验结果来说明算法的性能。为此,每个参数都独立运行 100 次并记录每次收敛结果。因为算法的随机性,本书给出了 100 次收敛结果的平均值作为对比指标。通过以上各种参数收敛结果图,可以看出 M - PSO 算法对于变化的 w 和 c_1、c_2,除在个别参数上收敛结果的平均值稍大外,绝大多数参数收敛结果平均值很接近。这主要因为 M - PSO 算法引入了人口迁移的特性,使算法演化的全过程都有效地保障了粒子的多样性,继而减弱了算法对参数 w 和 c_1、c_2 的依赖。

由此可以得出,M - PSO 算法对于参数的变化具有较强的鲁棒性。

6.3.4.3　种群数量的影响

本书令粒子数量分别为 8、16 和 32,其他运行条件同图 6.24 对应实验保持一致,其运行结果的对比情况如图 6.50 所示。

根据文献[205,206],在绝大多数情况下,增加粒子的数量可以减少算法的迭代数,算法的成功率也会随之增加。这是由于更多的粒子种群的多样性会增加,使采样更完全。但是更多的粒子要求更多的函数评价。因为实际应用中优化代价通常受目标函数的评价控制,函数评价的期望数被保留作为主要算法的性能标准。因此,最好的结果通常取中等数量的粒子。本书实验采用 8、16 和 32 个粒子数,结果表明,所得结果相差并不明显,这是因为 M - PSO 算法要求对解空间进行划分,而且每个子空间都要有粒子,所以粒子的数量不会太少;又由于在本书算法中已经采用了加强粒子群多样性的措施,使得靠增加粒子群的数量来增加粒子群多样性的效果不明显。

6.3.4.4　迁移率的影响

M - PSO 算法中种群迁移受概率 β 控制。下面的实验中令 β 分别等于 0.2、0.5 和 0.85,其他运行条件同图 6.24 对应的实验一致,运行对比情况如图 6.51 所示。

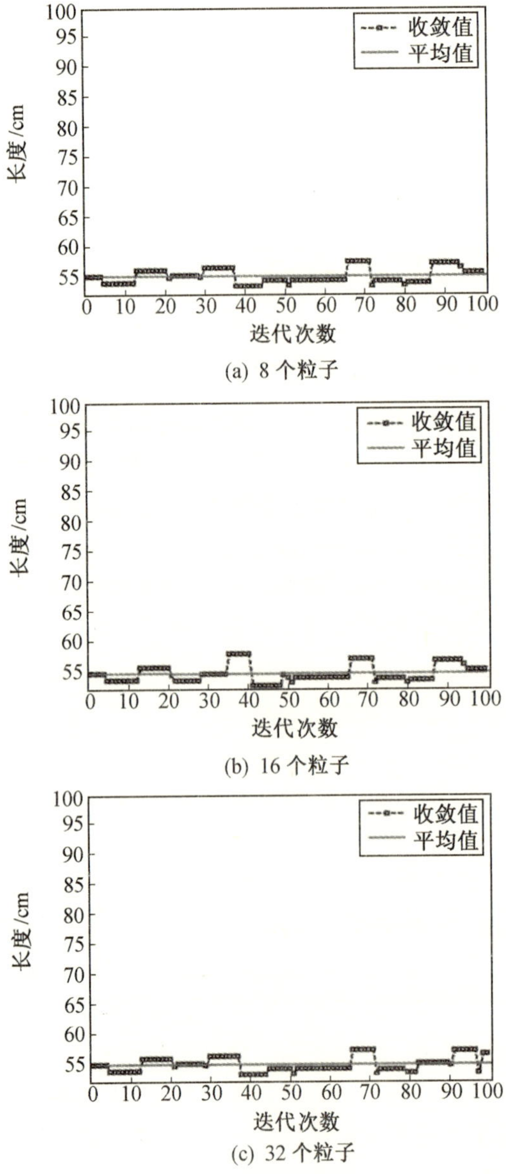

图 6.50　粒子数量对运行效果的影响

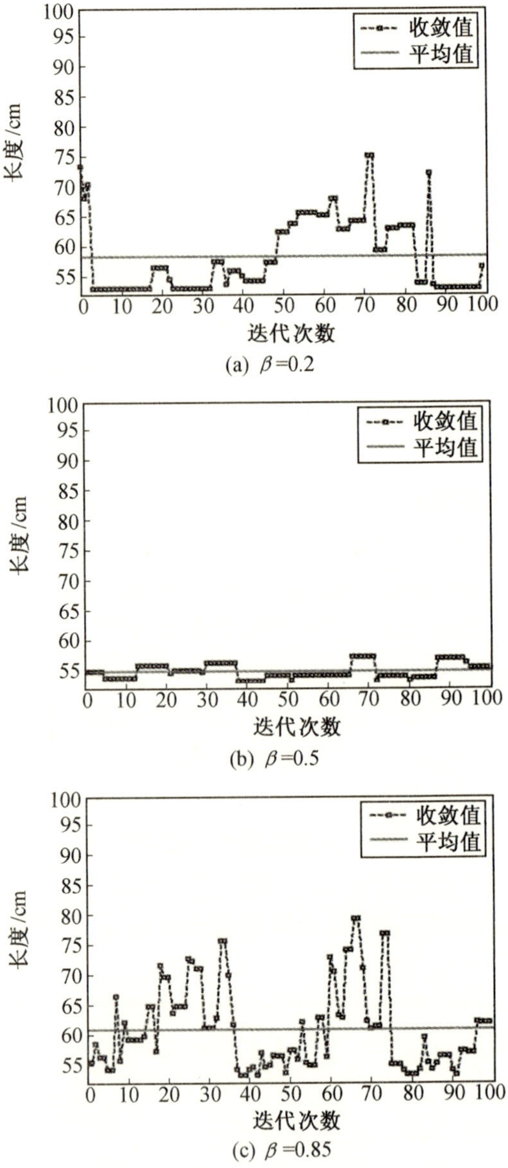

图 6.51　β 值对运行效果的影响

从图 6.51 中可以看出，β 越小，粒子迁移的发生率越小，即种群更多地靠式(6.20)、(6.22) 进行转移，粒子多样性降低，容易陷入早熟；β 越大，粒子迁移的发生率越大，当 β 的值过高时，种群的粒子更多地靠迁移来搜索，粒子多样性虽然得到保障，但粒子搜索过程过于盲目,精确搜索的能力大大削弱,优化速度很慢,在有限的迭代次数的前提下,也容易受早熟的影响。基于以上考虑,通过试验发现,取 $\beta = 0.4 \sim 0.7$。

6.3.5 应用示例

采用一个带有外壳套筒的机械设备模型,如图6.52所示,根据模型空间形状尺寸,预处理阶段生成圆柱形的可行解空间。图6.53采用成本评价标准得到的管线自动敷设结果;图6.54所示是通过运行评价标准得到的管线自动敷设结果。从图中可以看到,管线在复杂的空间内有效地找到了满足6.1节约束规则的管线敷设轨迹。

图6.52 管路敷设模型

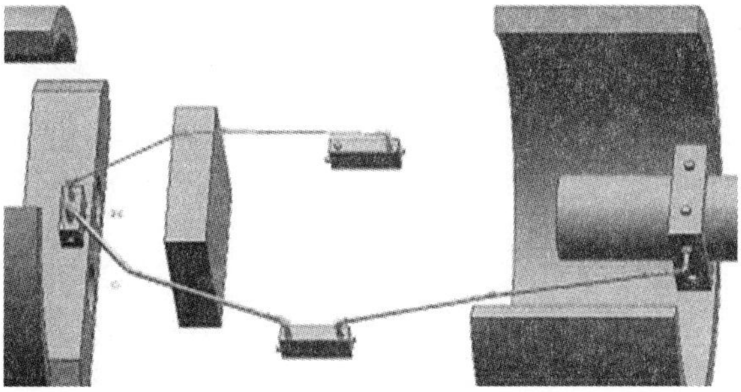

图6.53 基于成本评价管路敷设结果

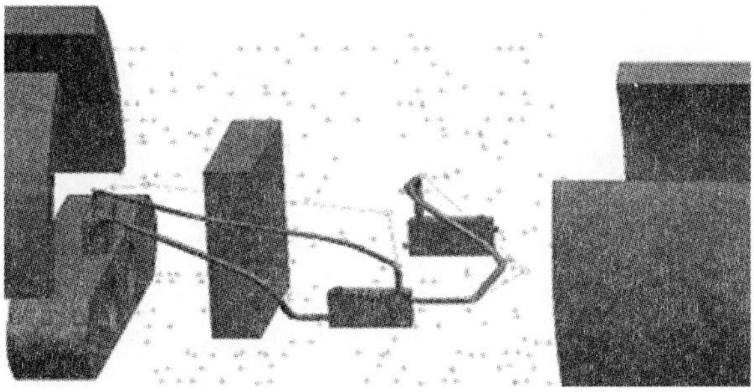

图6.54 基于运行评价管路敷设结果

第 7 章　机电产品数字化装配实例系统

提高装配速度和装配质量是缩短飞航导弹研制周期、降低成本和增强批量生产能力的重要手段。本章在前文提出的理论和算法研究的基础上，在 Unigraphics NX 环境中，利用 UG/Open 结合 C++，利用 VC6.0 集成开发环境，实现了装配规划分析子系统和管线自动敷设设计子系统。前者包含了序列规划、装配路径规划、装配工具操作空间验证、装配人体手臂建模与操作空间检验、装配体物性分析以及装配过程演示；管线自动敷设设计子系统包含了管线自动敷设设计、管线手动修改、管线约束检查、管线属性分析、管线标准连接件库、管线实体拆分等几部分功能模块。本章介绍机电产品数字化装配实例系统的结构和功能。

7.1　装配规划分析子系统

在前文提出的优先关系图、装配序列评价、基于蚁群算法的装配序列规划等理论基础上，装配分析子系统主要包括序列规划、装配路径规划、装配工具操作空间验证、装配人体手臂建模与操作空间检验、装配体物性分析以及装配过程演示等几部分功能模块，其结构如图 7.1 所示。

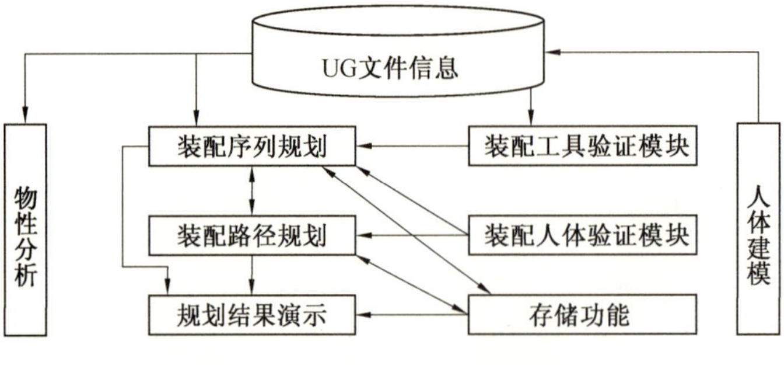

图 7.1　装配规划分析系统结构

7.1.1　装配序列规划

装配序列规划模块是 APAS 的功能核心，它是考查装配体设计合理性的一个重要步骤。装配工具、人体操作空间的检验在一定的装配顺序下才更具实用性。在进行规划前，可以定义紧固件、优化规则以及输入优先约束，记录工具空间验证的数据（潜在干涉信息）。然后系统生成优先关系图，并调用序列规划算法进行序列规划。最后将紧固件分组插入到相应位置，得到完整的装配序列。之后可以进一步调用路径规划、工具验证、人体验证、装配序列演示等功能。装配序列规划模块如图 7.2 所示。

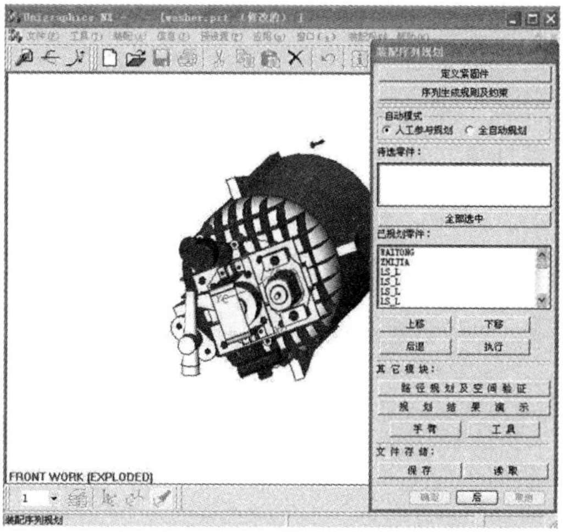

图 7.2　装配序列规划模块

7.1.2　装配路径规划

装配路径规划是在装配序列规划的基础上，根据已规划的装配序列，自动规划零件的拆卸路径。在路径规划过程开始之前可以调用工具验证，在此检验装配序列的工具可操作性，通过自动路径规划，使零件脱离装配体、自动避障达到指定的目标位置；或者由用户通过界面手动移动零件进行规划。在规划过程中，可调用人体验证零件在移动过程中的人体可达性，对路径、序列进行进一步检验。路径规划的结果以及该过程中调用的工具、人体验证步骤，可记录下来用于演示。装配路径规划模块如图 7.3 所示。

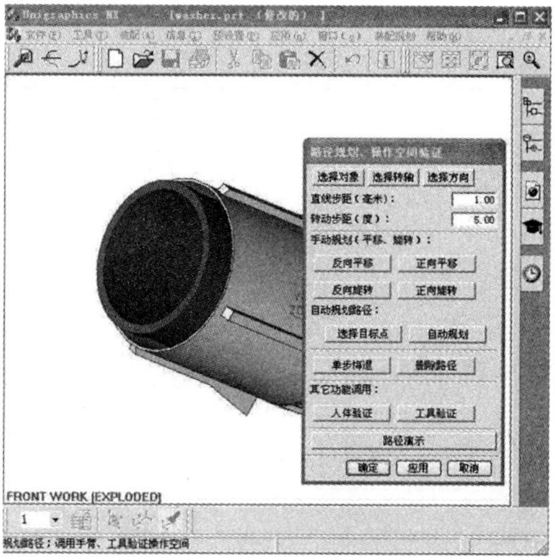

图 7.3　装配路径规划模块

7.1.3 装配工具操作空间验证

装配工具验证模块在装配环境下进行虚拟装配工具的操作空间检验,给出相应的操作空间信息(如给出扳手的最大无干涉转动范围、高亮显示干涉零件等)。在工具库中存储了改锥、单头双头扳手、套筒等常用装配工具的 UG 模型。此外软件提供了自定义工具的引入方法,用户可自行设计合适的工具用以操作空间检验。将工具通过软件引入待考查的装配模型,经过配合定位、模仿实际操作调整姿态(平移、倾斜等),确定最终检查姿态后,进行静态、动态干涉检验。在图 3.2 ~3.4 以及图 4.21 中给出了部分工具验证的界面,此处不再重复列出。

7.1.4 人体手臂建模与操作空间检验

参数化建模根据国标(GB10000—88)进行人体手臂的参数化建模,由用户输入手臂各部分参数(手型、上臂长、前臂长,其余参数均由这几个参数设定),进行合理性检验后由软件自动为手臂、手指等进行建模,并把各部分进行装配,以备操作空间验证时调用。手臂操作空间检验模块在待装配体中引入手臂模型,驱动多自由度虚拟手臂的各种运动,例如移动、转动、弯臂、抓取零件等。通过抓取某个零件同时检查手臂同其他零件的干涉情况,可以判断零件的可达性、装配序列的合理性以及产品设计的合理性等。装配人体验证模块如图 7.4 所示。

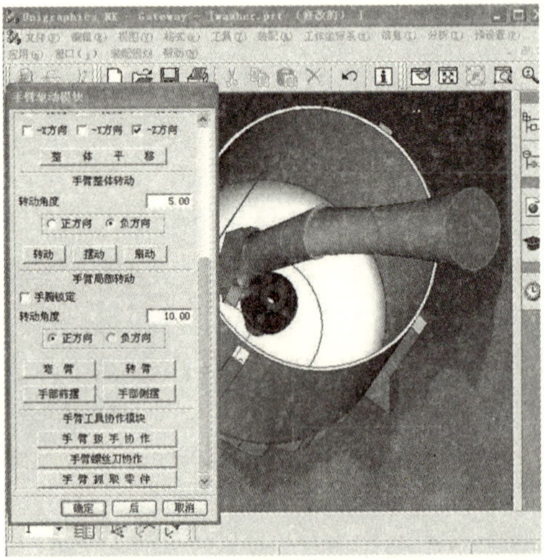

图 7.4 装配人体验证模块

7.1.5　装配过程演示

装配演示模块用来对规划好的装配序列、装配路径进行演示。一方面可以对规划过程进行观察,另外可以起到指导装配生产的作用。演示模块的界面如图 7.5 所示。

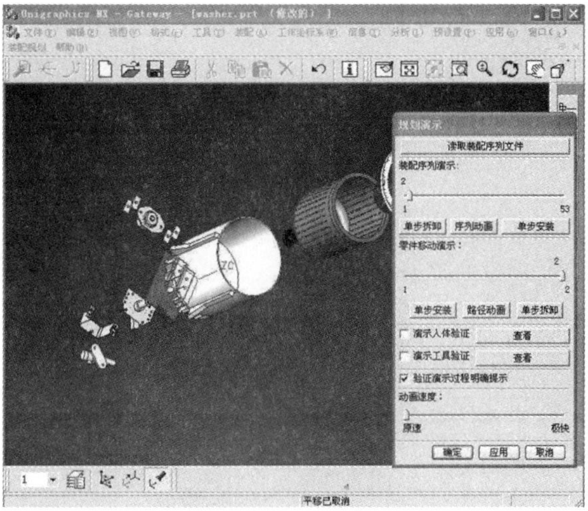

图 7.5　装配过程演示模块

7.1.6　装配物性分析

在导弹设计中,对弹体的力学特征计算是导弹设计的重要步骤,是全弹载荷分析、强度分析、弹道计算等工作开展的基础。物性分析模块的主要功能是在弹体模型中设定参考坐标系、旋转轴线,在此基础上计算装配体及其零部件的质量、质心以及转动惯量等。对于装配零部件的质量、密度等信息,可以进行人工赋值,以改变其默认的属性。相对于本书内容,该模块可以较为独立地使用,因此不作详细介绍,省略了该部分的界面。

7.2　管线敷设设计系统

7.2.1　管线敷设规划

本章在前文提出的混沌栅格预处理模型、管线自动敷设评价方法、M-PSO 算法以及复杂管线敷设算法的基础上,在 Unigraphics NX 环境中,利用 UG/Open 结合 C++,在 VC6.0 集成开发环境下,实现了三维管线自动敷设设计系统(Automatic Pipe-routing Design System,APDS)。该系统以管线自动敷设设计为核心,还包括了管线手动修改、管线约束检查、管线属性分析、管线标准连接件库、管线实体拆分等几部分功能模块。本章介绍该系统的结构和功能。

三维管线敷设设计系统主要包括管线自动敷设设计、管线手动修改、管线约束检查、管线属性分析、管线标准连接件库、管线实体拆分等几部分功能模块,其结构如图 7.6 所示。

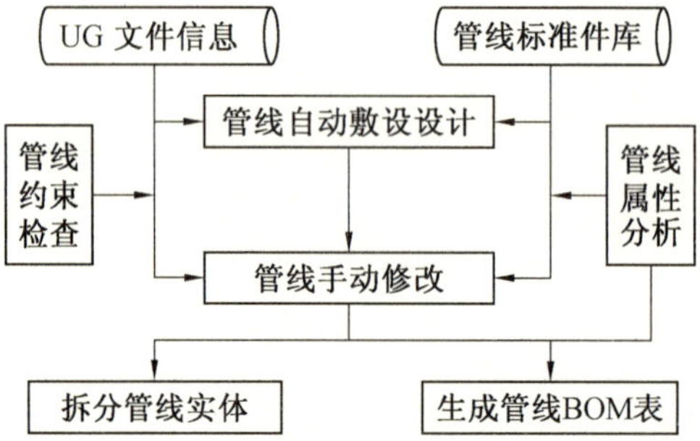

图 7.6 三维管线敷设设计系统功能模块

7.2.2 管线自动敷设设计

管线自动敷设设计模块(Automatic Pipe-routing Design Module,APDM)是 APDS 的功能核心。在三维空间中敷设管线,除了增加敷设的复杂度外,人工指定管线的控制节点变得非常困难。在三维管线敷设空间中,有参考位置的点更容易被选中,对于没有参考位置的点很难被指定到理想的位置。而且设计人员在敷设时往往带有主观性,无法准确地进行敷设。因此管线自动敷设设计是考查三维管线敷设设计实施性与合理性的一个重要步骤。只有经过管线自动敷设设计才使得管线手动修改、管线约束检查、管线属性分析、管线标准连接件库、管线实体拆分等几部分功能模块更具实用性和针对性。

在进行自动敷设设计前,可以通过人机交互方式选择自动敷设模式,确定约束规则以及敷设空间的信息,并可选择控制点个数(如果不选默认在 8 个以内),记录解空间验证的数据(潜在干涉信息和约束条件)。然后系统生成可达性矩阵,并调用相应模式下的自动敷设设计算法进行设计规划。最后输出相应的结果,并根据管线属性,设置管线实体信息。管线自动敷设设计模块结构如图 7.7 所示,管线自动敷设界面如图 7.8 所示。

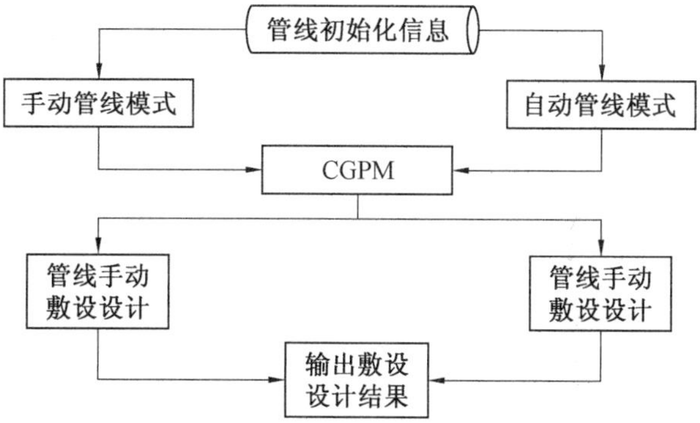

图 7.7　管线自动敷设设计模块结构

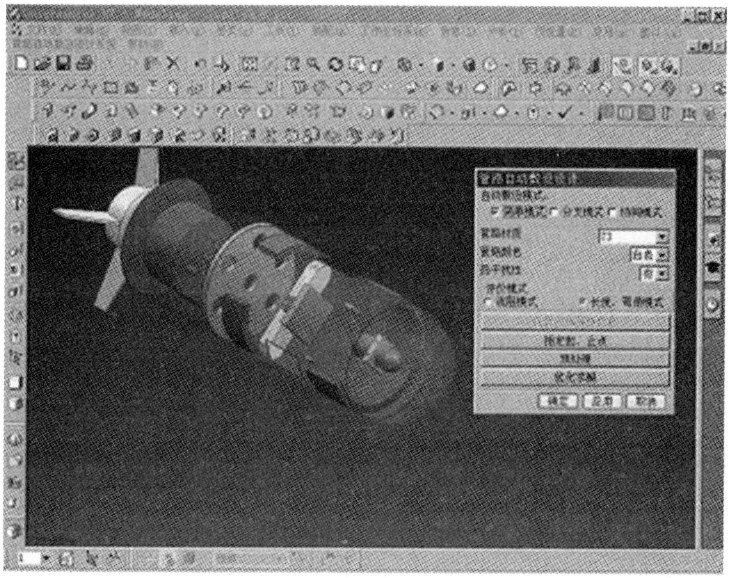

图 7.8　管线自动敷设界面

7.2.3　手动修改管线设计

手动修改管线设计(Manual Modified Pipe-routing Design,MMPD)是设计人员对管线自动敷设设计必要的补充加工,由于经过了管线自动敷设设计阶段,手动修改管线有了参考设计,使手动修改变得较容易。手动修改管线设计模块主要包括控制节点生成及编辑、路径生成及编辑以及实体生成及编辑模块。管线敷设手动修改模块结构如图 7.9 所示,管线敷设手动修改界面如图 7.10 所示。

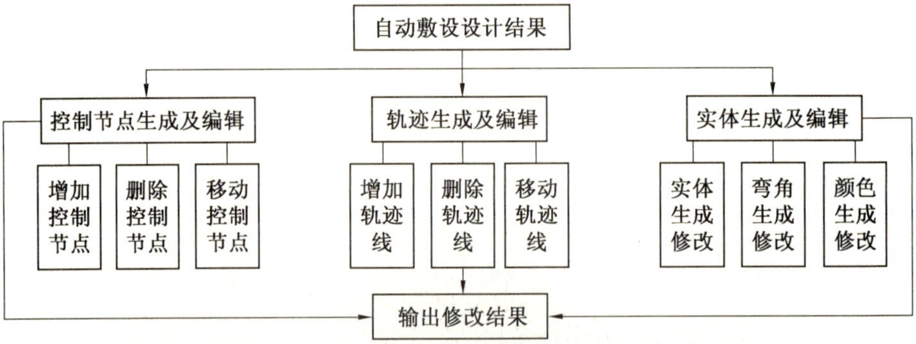

图 7.9　管线敷设手动修改模块结构

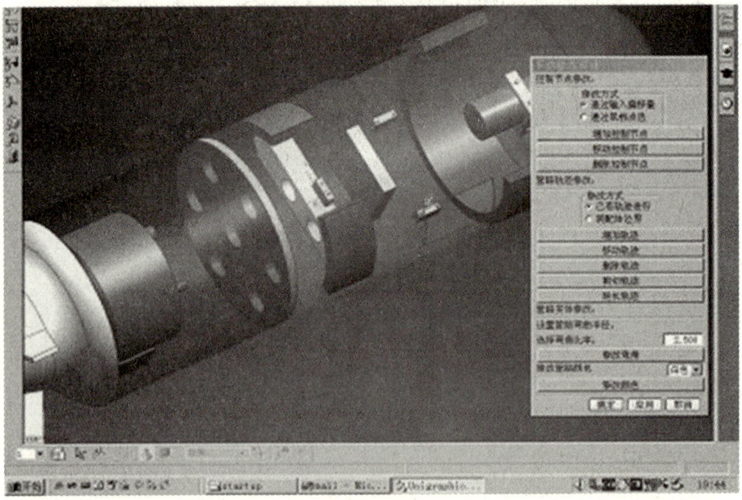

图 7.10　管线敷设手动修改界面

7.2.4　管线约束检查模块

在机械设备管线敷设过程中，管线敷设需要满足一定的约束条件，如管线的长度约束、弯曲半径约束等。针对单根及多根管线（主要是手动修改情况下），约束检查模块提供了基于敷设约束条件的检查功能，方便用户对不满足约束的管线进行修正（图 7.11、7.12）。

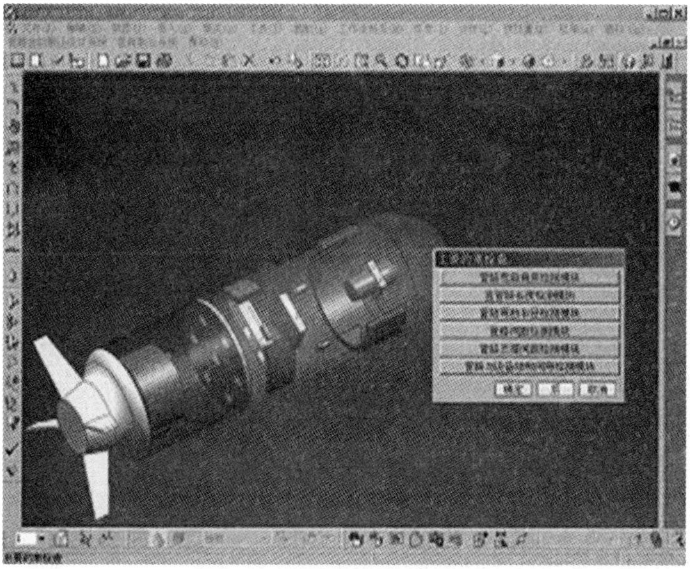

图 7.11　管线约束检查界面

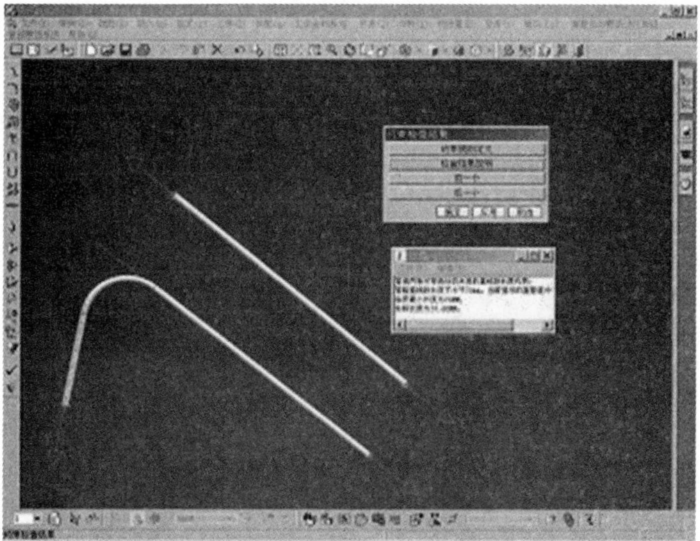

图 7.12　管线约束检查实例

7.2.5 管线属性分析模块

管线属性分析模块主要完成管线信息的提取和 BOM 表的创建。用户选择欲查看的管线,通过管线属性分析模块,系统应返回"管线文件名、管线标识、管线端口、管线长度、管线质量、管线流阻"等信息;同时对管线端口应返回"管线标准件的文件名、标准件标识、标准件端口"信息。并将管线的各种信息生成 BOM 表。

7.2.6 管线拆分模块

管线铺设的各段管材实体应分属不同的零件,因此应从铺设结果中提取出来。提取各段管材实体时,应为各段管材赋予文件名、导管唯一标识、端口标识,并记录与该管材连接的管线标准连接件的文件名、标准连接件标识及管材端口与标准连接件端口的对应关系。

管线及其标准连接件应可通过制造拆分组成子装配体,即通过用户选择需要的管材零件、管线标准连接件并输入文件名后生成管线子装配。

7.2.7 管线标准连接件库

该模块是管线标准连接件模型库。根据需要的模型库可以进行扩展。标准连接件库建立遵循以下标准:HB5535、HB5536、HB5539、HB5546、HB5547、HB4-1、HB4-2、HB4-3、HB4-4、HB4-7、HB4-17、HB4-26、HB4-35、HB4-44、HB4-45 和 HB4-52(见图 7.13)。

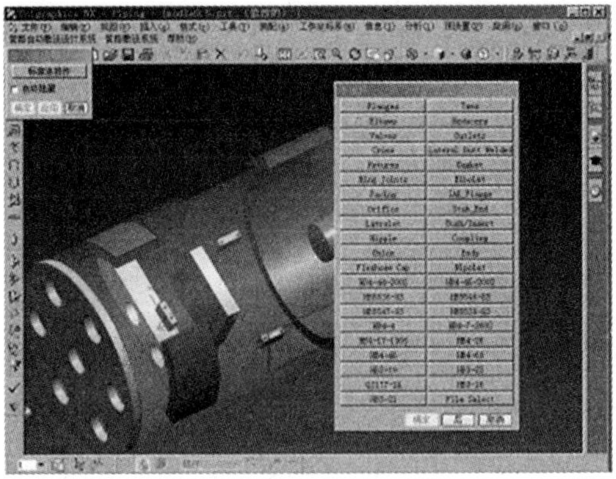

图 7.13 标准连接件库界面

附　录

附录 1　紧固件处理流程图

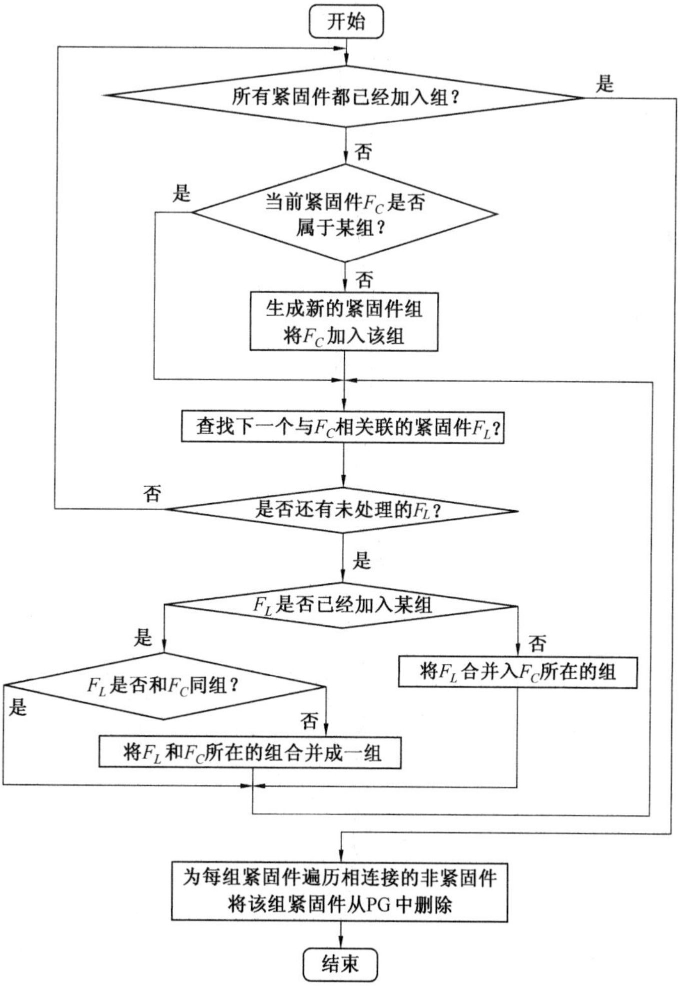

附录 2 装配重定位的计算流程

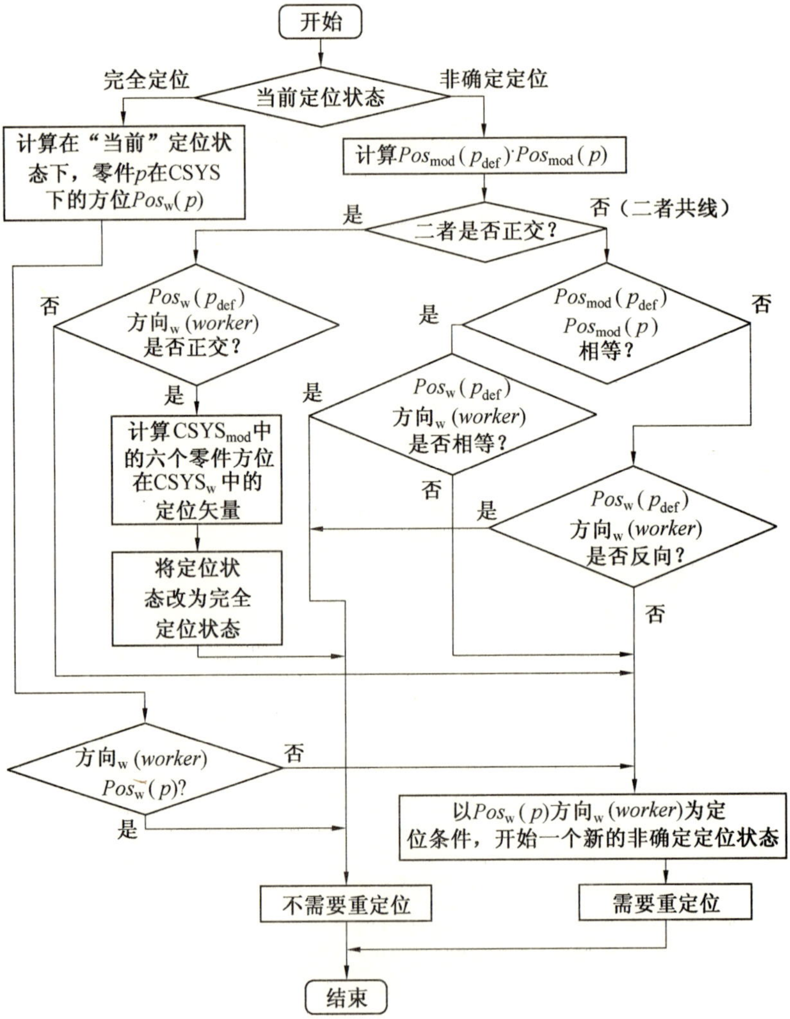

参考文献

[1] 刘飞，杨丹，王时龙. CIMS 制造自动化[M]. 北京:机械工业出版社，1997.

[2] 宋天虎. 先进制造技术的发展与未来[J]. 中国机械工程，1998，9(4):9-13.

[3] 严隽琪. 制造系统信息集成技术[M]. 上海:上海交通大学出版社,2001.

[4] 颜永年. 先进制造技术[M]. 北京：化学工业出版社,2002.

[5] 魏长青,杨汝清,张伟军. DFRA 与产品结构优化[J]. 制造业自动化,2001，22(11)：27-29.

[6] 牛新文,丁汉，熊有伦. 计算机辅助装配顺序规划研究综述[J]. 中国机械工程,2001，12(12)：1440-1443.

[7] 秦刚,刘秋生. 机器人装配系统发展的现状、"瓶颈"与趋势[C]// 全国智能机器人学术交流会暨第六届青年机器人学术研讨会论文汇编. 庐山：1996.

[8] Famous-Eureka Project EU 72(1987). Preliminary study report on European collaboration in the field of flexible automated assembly systems [R]. London：Department of Trade and Industry，1987.

[9] 何健廉,陈加栋,马海波. 柔性装配系统的设计与实现[M]. 北京:清华大学出版社，2000.

[10] 张佩勤,王连荣. 自动装配与柔性装配技术[M]. 北京:机械工业出版社,1998.

[11] 魏长青,杨汝清,张伟军. 面向机器人装配设计与规划的集成框架[J]. 机器人,2001，23(3):246-249.

[12] CALTON T L. Advancing design—for—assembly—the next generation in assembly planning[C]// Proceedings of the 1999 IEEE International Symposiumon Assembly and Task Planning. Porto，Portugal:IEEE Conference Publications，1999.

[13] BOURJAULT A. Contribution to a methodological approach of automated assembly：automatic generation of assembly sequence [D]. Besancon：Universite de Franche-Comte，1984.

[14] 蒋琴仙. 虚拟装配技术的研究[J]. 机械设计与制造工程，2000，29(6):46-47.

[15] GRANDL R. Virtual process week in the experimental vehicle build at BMW AG[J]. Robotics and Computer Integrated Manufacturing，2001，17 (1-2):65-71.

[16] GEORGE C，DIMITRIS M，DIMITRIS F，et al. A virtualreality-based experimentation environment for the verification of human-related factors in assembly processes [J]. Ro-

botics and Computer Integrated Manufacturing, 2000, 16(4):267-276.

[17] MOLINEROS J, SHARMA R. Computer vision for guiding manual assembly[C]//Proceedings of the 4th IEEE International Symposium on Assembly and Task Planning Soft Research Park. Fukuoka: 2001.

[18] HUANG Y F, LEE C S G. Precedence knowledge in feature mating operation assembly planning[C]//Proceedings of the 1989 International Conference on Robotics and Automation. Arizona, Scottsdule,1989.

[19] MORTENSON M E. Geometric modeling [M]. New York: John Wiley and Sons,1985.

[20] JOSE J, BRICENO, KISHORE POCHIRAJU. Automatic disassembly plan generation from CAD assembly models[J]. Michigan: Proceedings of the 2007 IEEE International Symposium on Assembly and Manufacturing, Ann Arbor, 2007:64–69.

[21] DELCHAMBRE A. Computer-aided assembly planning[M]. London: Chapman & Hall, 1992.

[22] WARRATS J J, BONSCHANCHER N, BRONSVOORT W F. A semiautomatic sequence planner[C]// In Proceedings of IEEE International Conference on Robotics and Automation. Nice: Robotics and Automations Society,1992.

[23] 田立中.装配序列规划中的关键技术研究[D].哈尔滨:哈尔滨工业大学, 2002.

[24] POPPLESTONE R J, AMBLER A P, BELLOS I. An interpreter for a language for describing assemblies[J]. Artificial Intelligence, 1980, 14 (1):79-107.

[25] TAYLOR R H, SUMMERS P D, MEYER J M. AML: A manufacturing language[J]. The International Journal of Robtics Research, 1982, 1(3):42-58.

[26] LIEBERMAN L I, WESLEY M A. AUTOPASS: An automatic programming system for computer controlled mechanical assembly [J]. IBM Journal of Research and Development, 1977, 21(4):321-333.

[27] 张旭堂,刘文剑,金天国.机械产品非线性装配顺序规划研究[J].计算机集成制造系统, 2004, 10(1):88-95.

[28] LAZZERINI B, MARCELLONI F. A genetic algorithm for generating optimal assembly plans[J]. Artificial Intelligence in Engineering, 2000, 14 (4):319-329.

[29] SRIKANTH S, JOSHUA U T. Towards a Unified Representation of Mechanical Assemblies[J]. Engineering with Computers, 1990, 6 (2):103-112.

[30] LEE K, ANDREWS G. Inference of the positions of components in an assembly: Part 2 [J]. Computer-aided design,1985, 17 (1):20-24.

[31] DELHAMBRE A. Computer-aided assembly planning [M]. London: Chapman & Hall, 1992.

[32] 潘雪增.并行工程原理及应用[M].北京:清华大学出版社,1997.
[33] WILSON R H. Minimizing user queries in interactive assembly planning[J]. IEEE Transactions on Robotics and Automation, 1995,11(2):308-311.
[34] DE FAZIO T L, WHITNEY D E. Simplified generation of all mechanical assembly sequence [J]. IEEE Journal of Robotics and Automation, 1995, RA-3(6):640-658.
[35] WOLTER J D. On the automatic generation of plans for mechanical assembly[D]. University of Michigan, 1988.
[36] DEFAZIO T L, WHITNEY D E. Simplified generation of all mechanical assembly sequences[J]. IEEE Transaction on Robotic and Automation, 1987, 3(6):640-658.
[37] MELLO L H D, SANDERSON A C. Representation of mechanical assembly sequences [J]. IEEE Transaction on Robotic and Automation, 1991, 7(2):211-227.
[38] MELLO L H D, SANDERSON A C. A correct and complete algorithm for the generation of mechanical assembly sequences [J]. IEEE Transactions on Robotics and Automation, 1991,7(2):228-240.
[39] 白芳妮,李磊.基于图分解的装配序列生成算法研究[J].机械科学与技术, 2000, 19(6):1035-1037.
[40] SCHWEIKARD A, WILSON R H. Assembly sequences for polyhedra[J]. Algorithmica, 1995, 13 (6):539-552.
[41] WILSON R, LATOMBE J C. Geometric reasoning about mechanical assembly[J]. Artifical Intelligence,1995, 71(2):371-396.
[42] HUANG Y F, LEE C S G. An Automatic assembly planning system[C]// IEEE International Conference on Robotics and Automation—ICRA. Cincinnati,OH:Robotics and Automation Society,IEEE Conference Publications, 1990.
[43] HUANG Y F, LEE C S G. A Framework of knowledge-based assembly planning[C]// IEEE International Conference on Robotics and Automation—ICRA. Sacramento,CA: Robotics and Automation Society,IEEE Conference Publications, 1991.
[44] TONSHOFF H K, MENZEL E, PARK H S. A knowledge-based system for automated assembly planning[J]. Annals of the CIRP, 1995, (28):19-24.
[45] HEEMSKERK C J M REIJERS L N, KALS H J J. A concept for computer aided process planning for flexible assembly[J]. CIRP Annals-Manufacturing Technology, 1990, 39 (1):25–28.
[46] 周西苓.装配序列规划专家系统[J].模式识别与人工智能,1998, 11(1):1-6.
[47] CHANG K H, WEE W G. A knowledge-based planning system for mechanical assembly using robots[J]. IEEE Expert, 1988, 3(1):18-30.

[48] 张越. 机器人化装配过程中的规则与判断支持[J]. 机器人,1993, 15(3):12-16.
[49] 何箐. 装配知识库设计、实现及装配规划方法的研究[D]. 北京:清华大学, 1990.
[50] 彭商贤. 柔性装配系统设计的研究[J]. 中国机械工程,1996, 7(3):34-38.
[51] MELLO L S H, SANDERSON A C. AND/OR graph representation of assembly plans [J]. IEEE Trans on Robotics and Automation,1990, 2(2):188-199.
[52] BALDWIN F, ABELL T E, LUI M C, et al. An integrated computer aid for generating and evaluating assembly sequences for mechanical products[J]. IEEE Trans on Robotics and Automation, 1991, 7(1):78-94.
[53] DELCHAMBRE A. An automatic, systematic and user-friendly computer-aided planner for robotized assembly[C]// IEEE International Conference on Robotics and Automation—ICRA. Sacramento,CA:Robotics and Automation Society, IEEE Conference Publications, 1991.
[54] MELLO L S H, ARTHUR S C. Two criteria for the selection of assembly plans: maximizing the flexibility of sequencing the assembly tasks and minimizing the assembly time through parallel execution of assembly tasks[J]. Trans on Robotics and Automation, 1991, 7(5):626-633.
[55] MOSEMANN H, TOHRDANZ F, WAHL F M. A sophisticated assembly planning system for flexible robot-based manufacturing[C]//Int. Conf. Manufact. Automat. Hong Kong, 1997.
[56] 王东云. 机器人自动装配的神经网络规划方法[J]. 机械科学与技术, 1997, 16(5): 925-927.
[57] CASELLI S, ZANICHELLI F. On assembly sequence planning using petri Nets[C]// proceedings of the IEEE International Symposium on Assembly and Task Planning. Pittsburgh,PA:IEEE Conference Publications, 1995.
[58] MOORE K E, GUNGOR A, GUPTA S M. Dissassembly Petri Net generation in the presence of XOR precedence relationships[C]//IEEE International Conference on Systems, Man and Cybernetics. San Diego, California: IEEE Systems, Man and Cybernetics Society, 1998.
[59] 杨文源,彭湃然. 基于知识网的机器人装配规划[J]. 机器人,1994, 16(6):357-361.
[60] 马良. 旅行推销员问题的算法综述[J]. 数学的实践与认识,2000, 30(2):156-165.
[61] 徐宁,李春光,张健,等. 几种现代优化算法的比较研究[J]. 系统工程与电子技术, 2002, 24(12):100-103.
[62] TAILLARD E D, GAMBARDELLA L M, MICHEL G, et al. Adaptive memory programming-A unified view of metaheuristics[J]. European Journal of Operational Research,

2001, 135 (1):1-16.
[63] 周明,孙树栋. 遗传算法原理及其应用[M]. 北京:国防工业出版社,1996.
[64] 康立山,谢云,罗祖华. 非数值并行算法——模拟退火算法[M]. 北京:科学出版社, 2000.
[65] LAZZERINI B, MARCELLONI F. A genetic algorithm for generating optimal assembly plans[J]. Artificial Intelligence in Engineering,2000, 14 (4):319-329.
[66] 丁慧敏,李蓓智,周亚琴. 基于遗传算法的装配序列规划[J]. 东北大学学报, 2001, 27(6):10-13.
[67] 廖小云,陈湘凤. 基于遗传算法的自动装配顺序规划[J]. 重庆大学学报, 2000, 23 (5):17-20.
[68] HONG D S, CHO H S. Generation of robotic assembly sequences using a simulated annealing[C]// Intelligent Robots and Systems: Proceedings of the IEEE/RSJ International Conference on Intelligent Robots and Systems. Kyongju:Robotics and Automation Society,Kyongju,1999.
[69] KIM J U, KIM Y D. Simulated annealing and genetic algorithms for scheduling products with multi-level product structure[J]. Computers & Operations Research, 1996, 23 (9):857-868.
[70] 李磊,白芳妮,魏生民,等. 基于模糊理论的装配序列综合评价[J]. 机械科学与技术, 2001, 20(1):134-136.
[71] PARK J H, KWON D G, CHUNG M J. A framework for the evaluation and selection of assembly plans[C]// Proceedings IECON'91 International Conference on Industrial Electronics, Control and Instrumentation. Kobe: IEEE Industrial Electronics Society, 1991.
[72] GOTTIPOLU R B, GHOSH K. A simplified and efficient representation for evaluation and selection of assembly sequences[J]. Computers in Industry, 2003, 50 (3):251-264.
[73] SUZUKI S, HABIB M K. How to describe the mobile robot's sensor-based bechavior [J]. Robotics and Autonomous Systems, 1991,7(2-3):227-237.
[74] NOBORIO H. Robot path-planning in connection with sensing, control corporation[J]. Advanced Robotics,1995, 7(5):409-412.
[75] KRISHNAN S S, SANDERSON C. Path planning algorithms for assembly sequence planning[C]// International Symposium on Intelligent Robots. Bangalore, 1991.
[76] KUO T C. Disassembly sequence and cost analysis for electromechanical products[J]. Robotics and Computer Integrated Manufacturing, 2000, 16 (1):43-54.

[77] SU Q. Applying case-based reasoning in assembly sequence planning [J]. International Journal of Production Research,2007,45(1): 29-47.

[78] ZHOU PING YIN, HAN DING,HAN XIONG LI, et al. A connector-based hierarchical approach to assembly sequence planning for mechanical assemblies[J]. Computer-Aided Design, 2003, 35(1):37-56.

[79] MOSEMANN H, WAHI F M. Automatic decomposition of planned assembly sequences into skill primitives[J]. IEEE Transactions on Robotics and Automation, 2001,17(5): 709-718.

[80] SCHWARTZ J T. Fast probabilistic algorithms for verification of polynomial identities [J]. Journal of the ACM (JACM),1980,27(4):701-717.

[81] 张铃,张钹. 解时间规划问题的新方法-Ⅰ[J]. 模式识别与人工智能,1989, 2(4):1-10.

[82] 张铃,张钹. 解时间规划问题的新方法-Ⅱ[J]. 模式识别与人工智能,1990, 3(2):1-13.

[83] UDUPA S M. Collision detection and avoidance in computer controlled manipulators [D]. California: California Institute of Technology Pasadena, 1977.

[84] 王宏,张钹. 基于地图的室外移动机器人路径规划与导航系统[J]. 机器人, 1994, 16(1):24-28.

[85] 艾海舟,张钹. 基于拓扑的路径规划问题的图形解法[J]. 机器人,1990, 12(5):20-24.

[86] 丁汉,李大生,熊有伦. 基于微机的机器人离线轨迹规划系统[J]. 机器人,1990, 12(2):14-18.

[87] LOZANO PEREZ T. Spatial planning: a configuration space approach[J]. IEEE Transitons on Computers, 1983, C-32(2):108-120.

[88] CHANG C, CHUNG M J, Bien A. Collision-free motion planning for two articulated robot arms using minimun distance function[J]. Robotica, 1990, 8 (2):137-144.

[89] KHATIB O. Real-time obstacle avoidance for manipulators and mobile robots[J]. The International Journal of Robotics Research,1986,5(1):90-98.

[90] WARREN C W. Global path planning using artificial potential field[C]// Proc. of IEEE Int Conf on Robotics and Automation. Scottsdale, AZ:IEEE Robotics and Automation Society,1989.

[91] CHUANG J H, AHUJA N. Path planing using the newtonian potential[C]// Proc. of IEEE Int Conf on Robotics and Automation. Sacramento, CA ,1991.

[92] 周培德. 计算几何[M]. 北京:清华大学出版社,2000.

[93] KHATI O. Real time obstacle avoidance for manipulators and mobile robot[J]. International Journal of Robotics Research, 1986,5(1):90-98.

[94] LOZANO P T, WESLEY M A. An algorithm for planning collision-free paths among polyhedral obstacles[J]. Communications of the ACM, 1979, 22(10):560-570.

[95] 吴晓涛,孙增析.用遗传算法进行路径规划[J].清华大学学报(自然科学版), 1995, 35(5):14-19.

[96] 吴晓涛,孙增析,邓志东.基于网络结构的并行路径规划算法[J].清华大学学报(自然科学版),1996, 36(5):67-71.

[97] 孙茂相,王艳红.动态补偿的水下机器人路径规划[J].机器人,1993, 15(2):8-12.

[98] 耿兆丰,吴永敢.基于势场的运动路径规划[J].机器人,1992, 14(5):38-43.

[99] IEEE robotics and automation society, ARIMOTO S. Proposal of tangent graph and extended tangent graph for path planning of mobile Robots[C]// Processing of IEEE Int of Robotics and Automation. Sacramento, CA: IEEE Robotics and Automation Society, 1991.

[100] LIU Y H, Arimoto S. Computation of the tangent graph of polygonal obstacles by moving-line[J]. IEEE Transactions on Robotics and Automation, 1994,10(6):823-830.

[101] WARREN C W. A vector based approach to robot path planning[C]// Processing of IEEE Int of Robotics and Automation. Sacramento, CA:IEEE Robotics and Automation Society, 1991.

[102] GUIBAS L, STOLFI J. Primitives for the manipulation of general subdvisions and the computation of voronoi Diagrams[J]. ACM Transaction on Graphics, 1985, 4(2):74-123.

[103] BROOKS R A, LAZANO-PEREZ T. A subdivision algorithm in C-space for find-path with rotation[J]. IEEE Trans on SMC,1985, SMC-15(2):224-233.

[104] BROOKS R A. Solving the find-path problem by good represention of free space[J]. IEEE Trans on SMC, 1983, SMC-13(3):190-197.

[105] BOSCHIAN V, PRUSKI A. Grid modeling of robot cells: A memory-efficient approach [J]. Journal of Intelligent and Robotics Systems, 1993, 8 (2):201-223.

[106] LAZANO P T. Automatic planning of manipulator transfer movements[J]. IEEE Trans on SMC, 1981, C-11(10):681-698.

[107] HOU E, ZHENG D. Mobile robot path planning based on hierarchical hexagonal decomposition and artificial potential field[J]. Journal of Robotics System, 1994, 11 (7):605-614.

[108] ZHU D, LATOMBE J C. Constraint reformulation in hierarchical path planner[C]//

processing of IEEE Int of Robotics and Automation. Cincinnati,OH:IEEE Robotics and automation society, 1990.

[109] 恽为民.基于遗传算法的机器人路径规划方法[D].上海:上海交通大学,1997.

[110] 仲欣,吕恬生.基于遗传算法的汽车式移动机器人路径规划方法[J].上海交通大学学报,1999, 33(7):885-888.

[111] 马晨宇,李伟.基于传感信息的姿态空间建模方法[J].机器人,1996, 18(增刊):1-6.

[112] NEWMAM W S, BRANICKY M S. Real-time configuration space transforms for obstacle avoidance[J]. International Journal of Robotics Research, 1991, 10(6):650-667.

[113] GUIBAS L, RAMSHAW L, Stolfi J. A kinetic framework for computational geometry [C]// 24th annual symposium on foundations of computer Science. Tucson, AZ:IEEE Computer Society Technical Committee on the Mathematical Foundations of Computing (TCMF), 1983.

[114] PAL P K, KAR A. Sonar-based mobile robot navigation through supervised learning on a neural net[J]. Autonomous Robots,1996,3(4):355-374.

[115] KONDO K, KIMURA F. Collision avoidance by free space enumeration based on heuristic graph search[J]. Advanced Robotics, 1991, 5(3):293-308.

[116] 陈志英,樊江,魏文庆,等.发动机外部管路系统的计算机辅助敷设研究[J].推进技术,1999, 20(6):58-61.

[117] 陈志英,马枚.三维复杂管路的计算机辅助敷管系统总体设计[J].航空发动机,1999, (1):50-54.

[118] PARK H, LEE S H, CUTKOJKY M R. Computational support for concurrent engineering of cable harness[C]// CDR Technical Report in Computers in Engineering Conference. San Francisco,CA, 1992.

[119] GOLDWASSER M. Complexity Measures for Assembly Sequences[D]. Stanford,CA: Stanford University, 1997.

[120] 徐宁,李春光,张健,等.几种现代优化算法的比较研究[J].系统工程与电子技术,2002, 24(12):100-103.

[121] 徐至平,徐宗本.计算机数学——计算复杂性理论与NPC、NP难问题的求解[M].北京:科学出版社,2001.

[122] 肖常记,肖沁,黄维翰.最优H回路问题的若干解法[J].武汉交通科技大学学报,1997, 21(6):632-639.

[123] HENDERSON D. Assessing the finite-time performance of local search algorithms[D]. blacksburg,VA:Virginia Polytechnic Institute and State University,2001.

[124] VOUDOURIS C, TSANG E. Guided local search and its application to the traveling salesman problem[J]. European Journal of Opeartional Reserch, 1999, 113(2):469-499.

[125] FU HSINPIN, SU CHAOTON. A comparison of search techniques for minimizing assembly time in printed wiring assembly[J]. Int. J. Production Economics, 2000, 63(1):83-98.

[126] POLGAR M, FRIED T, LOHNER T, et al. Comparison of algorithms used for evaluation of ellipsometric measurements random search, genetic algorithms, simulated annealing and hill climbing graph-searches[J]. Surface Science, 2000, 457(1-2):157-177.

[127] OZDEMIR H T. Graph based evolutionary algorithms for transportation problems[D]. New York: Syracuse University, 2001.

[128] BAKER B M, AYECHEW M A. A genetic algorithm for the vehicle routing problem[J]. Computers & Operations Research, 2003, 30(5):787-800.

[129] MOON C, KIM J, CHOI G, et al. An efficient genetic algorithm for the traveling salesman problem with precedence constraints[J]. European Journal of Operational Research,2002, 140(3):606-617.

[130] GLOVER F, HANAFI S. Tabu search and finite convergence[J]. Discrete Applied Mathematics, 2002, 119(1-2):3-36.

[131] MACHADO J M, SHIYOU Y, HO S L, et al. A common Tabu search algorithm for the global[J]. Comput. Methods Appl. Mech. Engrg. ,2001, 190(26-27):3501-3510.

[132] CHELOUAH R, SIARRY P. Tabu search applied to global optimization[J]. European Journal of Operational Research,2000, 123(2):256-270.

[133] 张纪会,徐心和. 一种新的进化算法——蚁群算法[J]. 系统工程理论与实践,1999, 19 (3):84-88.

[134] 忻斌健,汪镭,吴启迪. 蚁群算法的研究现状和应用及蚂蚁智能体的硬件实现[J]. 同济大学学报,2002, 30(1):82-87.

[135] 张国钢,耿英三,王建华. 基于蚁群并行算法的电气接线路径优化及仿真[J]. 系统仿真学报,2003, 15(8):1091-1094.

[136] DORIGO M, GAMBARDELLA L M. Ant colony system: a cooperative learning approach to the traveling salesman problem[J]. IEEE Trans. Evolut. Comput, 1997, 1(1):53-66.

[137] 丛明煜,王丽萍. 现代启发式算法理论研究[J]. 高技术通讯,2003,13(5):105-110.

[138] KONDO K, KIMURA F. Collision avoidance by free space enumeration based on heuristic graph search[J]. Advanced Robotics, 1991, 5(3):293-308.

[139] BOURJAULT A, LAMBERT J L. Design of an automated hard disk unit assembly system[C]// Proceedings of the 18th International symposium on Industrial Roboots (ISIR). Lausanne, Switzerland, 1988.

[140] VAGIN V N, KLIMOV E E, LEBEDEVA J F. On a formal approach to modelling mechanical assembly arrangement in CAD/CAM[J]. Computers and Artifical Intelligence, 1984, 3(3):273-278.

[141] JENTSCH W, KADEN F. Automatic generation of assembly sequences, Artificial Intelligence and information - control systems of robots[M]. The Netherlands: Elsevier Science Publishers, 1984.

[142] HOMEN DE MELLO L S, SANDERSON A C. A correct and complete algorithm for the generation of mechanical assembly sequences[C]// Proceedings of the 1989 IEEE international Conference on Robitics and Automation. Scottsdale, Arizona: IEEE Robotics and Automation Society, 1989.

[143] 韩水华,卢正鼎,陈传波. 基于几何推理的装配序列自动规划研究[J]. 计算机辅助设计与图形学学报,2000, 12(7):528-532.

[144] 陈淑敏. 集合论与数理逻辑初步[M]. 哈尔滨:黑龙江科学技术出版社,1984.

[145] 王朝瑞. 图论[M]. 北京:北京理工大学出版社,1987.

[146] 肖位枢. 图论及其算法[M]. 北京:航空工业出版社,1993.

[147] 刘宏兵,邬长安. Warshall 算法正确性的矩阵分析[J]. 大学数学, 2005, 21(1):117-119.

[148] 赵玉兰,车淑兰. 求二元关系传递闭包的新方法[J]. 内蒙古大学学报(自然科学版),2000, 31(5):542-543.

[149] 戴一奇,胡冠章. 图论与代数结构[M]. 北京:清华大学出版社,1995.

[150] 袁忠义. Petri 网原理与应用[M]. 北京:电子工业出版社,2005.

[151] 姚珺. 虚拟装配理论与方法研究[D]. 北京:北京理工大学,2002.

[152] DINI G, FAILLI F, Lazzerini B, et al. Generation of optimized assembly sequences using genetic algorithms[J]. Ann CIRP, 1999(48):17-20.

[153] 蔡自兴,徐光祐. 人工智能及其应用[M]. 2 版. 北京:清华大学出版社,1996.

[154] 林尧瑞,马少平. 人工智能导论[M]. 北京:清华大学出版社,1989.

[155] MELLO L H D, SANDERSON A C. A correct and complete algorithm for the generation of mechanical assembly sequences[C]// Proceedings of the 1989 IEEE international Conference on Robitics and Automation. Scottsdale, Arizona: IEEE Robotics and Automation Society, 1989.

[156] BALUCH I H. 计算机辅助装配规划的智能及交互方法研究[D]. 北京:清华大学,1995.

[157] 梁斌,邱述斌.装配规划中基于割集的装配顺序生成方法[J].中国机械工程,1995,6(1):27-29.

[158] 韩水华.基于几何推理的装配序列自动规划研究[J].计算机辅助设计与图形学学报,2000, 12(7):528-532.

[159] 戴一奇,胡冠章.图论与代数结构[M].北京:清华大学出版社,1995.

[160] 刘家壮,王建方.网络最优化[M].武汉:华中工学院出版社,1987.

[161] E 米涅卡.网络和图的最优化算法[M].李家滢,赵关旗,译.北京:中国铁道出版社, 1984.

[162] STüTZLE T, HOOS H H. MAX - MIN ant system[J]. Future Generation Computer Systems,2000, 16(9):889-914.

[163] GUTJAHR W J. ACO algorithms with guaranteed convergence to the optimal solution [J]. Information Processing Letters,2002, 82 (3):145-153.

[164] 邢文训,谢金星.现代优化计算方法[M].北京:清华大学出版社,2000.

[165] 严蔚敏,吴伟民.数据结构[M].北京:清华大学出版社,1992.

[166] 熊有伦,丁汉.机器人无碰撞运动的规划[J].模式识别与人工智能,1989, (6):15-21.

[167] 王伟,储林波,马玉林.一种改进的机器人路径规划算法[J].哈尔滨工业大学学报,1998,30(2):97-98.

[168] 邢文训,谢金星.现代优化计算方法[M].北京:清华大学出版社,2000.

[169] 蔡自兴,徐光祐.人工智能及其应用[M].2 版.北京:清华大学出版社,1996.

[170] 林尧瑞,马少平.人工智能导论[M].北京:清华大学出版社,1989.

[171] VENUVINOD P K. Automated analysis of 3-D polyhedral assemblies: assembly directions and sequences[J]. Journal of Manufacturing systems,1992, 12(3):246-252.

[172] DAVIDOR Y. Genetic algorithms and robotics: a heuristic strategy for optimization[M]. Singapore:World Scientific Publishing Company, 1991.

[173] YUN W M, XI Y G. Optimum Motion Planning for Robots Using Genetic Algorithm [J]. Journal of Robotic Systems, 1996,18(4): 373-393.

[174] PEARCE M, ARKIN R , RAM A. The learning of reactive control parameters through genetic algorithms[C]// IEEE/RSJ Int. Conf. Intelligent Robotics and Systems. Raleigh, NC:Robotics and Automation Society, 1992.

[175] ZAHO M, AUSARI N, HOU E S H. Mobile manipulator path planning by a genetic algorithm[J]. Journal of Robot Systems, 1994, 11(3):143-153.

[176] UEYAMA T, FUKUDA T, ARAI F. Structure configuration using genetic algorithm for cellular robotic system[C]// Proc. Int. Conf. Intelligent Robots and Systems. Ra-

leigh, NC:IEEE Robotics and Automation Society,1992.

[177] SHIBATA T, FUKUDA T. Coordinate behavior by genetic algorithm and fuzzy in evolutionary multi-agent system[C]// IEEE Conference Robotics and Automation. Atlanta, GA:IEEE Robotics and Automation Society,1993.

[178] 孙增圻等. 智能控制理论与技术[M]. 北京：清华大学出版社,1997.

[179] GOLDBERG D E. Genetic algorithms in search, optimization and machine learning [M]. Boston,MA: Addison-Wesley Professional, 1989.

[180] CHANG C, CHUNG M J, BIEN A. Collision-free motion planning for two articulated robot arms using minimun distance function[J]. Robotica,1990, 8(2):137-144.

[181] 姜思杰. 基于GA和TS的最小平衡算法的研究及其在FMS中的应用[D]. 哈尔滨：哈尔滨工业大学,1998.

[182] KRISHNAKUMAR P, PATNAIK B A. Massively parallel genetic algorithm: implementation and first analysis[C]// Proc of the Fourth Intern. Conf. On Genetic Algorithms. Belew, B. K. , Booker, L. B. , Eds, San Mateo,CA: Morgan kaufmann, 1991.

[183] 席裕庚,柴天佑,恽为民. 遗传算法综述[J]. 控制理论与应用,1996, 13(6): 696-708.

[184] 席裕庚,柴天佑,恽为民. 简单遗传算法的运行机理研究[C]. 第三届中国自动化学术讨论会议,珠海(出版者不详), 1993.

[185] MELLO L S H, DESAI R S. Assembly Planning for Large Truss Structures in Space [C]// IEEE International Conference on Systems Engineering. Pittsburgh, PA:IEEE System, Man and Cybernetics Society and IEEE Reliability Society,1990.

[186] MARIAN R M, LUONG L H S, Abkary K. Assembly sequence planning and optimization using genetic algorithms: Part I. Automatic generation of feasible assemblysequences [J]. Applied Soft Computing,2003, 2(3):223-253.

[187] LEE S, YI C. Assemblability evaluation based on tolerance propagation[C]// IEEE : international conference on robotics and automation - ICRA. IEEE Conference Publications, 1995.

[188] BOSHIAN V, PRUSKI A. Grid Modelling of Robot Cell: A memory-efficient approach [J]. Journal of Intelligent and Robotics Systems, 1993, 8(2):201-219.

[189] HOWDEN W E. The sofa problem[J]. The Computer Journal,1968, 11(3): 299-301.

[190] KIM D G, CORNE D, ROSS P. Industrial plant pipe-route optimization with Genetic Algorithms[C]//Proceedings of the fourth International Conference on Evolutionary Computation, Parallel Problem Solving from Nature IV. Berlin: 1996.

[191] May R. Simple mathematical models with very complicated dynamics[J]. Nature,

1976, 261:459-467.

[192] SNEYERS R. Climate chaotic instability: statistical determination and theoretical background[J]. Environmetrics,1997, 8(5):517-532.

[193] KYRTSOU C. Evidence for neglected linearity in noisy chaotic models[J]. International Journal of Bifurcation and Chaos,2005, 15(10):3391-3394.

[194] KENNEDY J, EBERHART R C. Particle swarm optimization[C]//In: Proc. of the IEEE Int'l Conf. on Neural Networks. Perth Australia: IEEE Press, 1995.

[195] PARSOPOULOS K E, VRAHATIS M N. On the computation of all global minimizers through particle swarm optimization[J]. IEEE Trans. on Evolutionary Computation, 2004, 8(3):211-224.

[196] PANT M, RADHA T, SINGH V P. A simple diversity guidedparticle swarm optimization[C]// The IEEE Congress on Evo-lutionary Computation. Singapore: IEEE Press, 2007.

[197] CLERC M. Discrete particle swarm optimization, illustrated by the Traveling Salesman Problem[C]// New Optimization Techniques in Engineering. Heidelberg: 2004.

[198] CHATTERJEE A, Siarry P. Nonlinear inertia weight variation for dynamic adaptation in particle swarm optimization[J]. Computers and Operations Research, 2006, 33(3): 859-871.

[199] XIE X F, ZHANG W J, YANG Z L. A dissipative particle swarm optimization[C]// In: Proc. of the IEEE Int'l Conf. on Evolutionary Computation. Honolulu: IEEE Inc. 2002.

[200] MONSON K C, SEPPI D K. Adaptive diversity in PSO[C]// Proceedings of the 8th annual conference on Geneticand evolutionary computation. Seattle Washington: The International Society for Genetic and Evolutionary Computation,2006.

[201] RAMESHKUMAR K, SURESH R K, MOHANASUNDARAM K M. Discreteparticle swarm optimization (DPSO) algorithm for permutationflowshop scheduling to minimize makspan[C]. Changsha: Circuits and Systems Society, Proc. ICNC2005. LNCS.

[202] SEO J H, IM C H, HEO C G, et al. Multimodal Function optimization based on particle swarm optimization[J]. IEEE Transactions on Magnetics, 2006, 42(4):1095-1098.

[203] YANG Q Y, SUN J, ZHANG J Y, et al. A hy-brid discrete particle swarm algorithm for open-shop problems[C]//Proceedings of the6th International Conference on Simu lated Evolution and Learning (SEAL2006). LNCS. Hefei, China,2006.

[204] RATNAWEERA A, HALGAMUGE S K, WATSON H C. Self-Organizing hierarchical particle swarm optimizer with time-varying acceleration coefficients[J]. IEEE Trans. on

Evolutionary Computation,2004, 8(3):240-255.

[205] CLERC M, KENNEDY J. The particle swarm-Explosion,stability,and convergence in a multidimensional complex space[J]. IEEE Trans. on Evolutionary Computation, 2002, 6(1):58-73.

[206] TRELEA I C. The particle swarm optimization algorithm:Convergence analysis and parameter selection[J]. Information Processing Letters, 2003, 85(6):317-325.

[207] 赫然,王永吉,王青,等. 一种改进的自适应逃逸微粒群算法及实验分析[J]. 软件学报, 2005, 16(12):2036-2044.

[208] 李宁,邹彤,孙德宝. 车辆路径问题的粒子群算法研究[J]. 系统工程学报, 2004, 19(6):596-600.

[209] 熊伟丽,徐保国,孙俊. 改进 QDPSO 算法在 BP 网络训练中的应用[J]. 系统仿真学报,2005, 17(9):2078-2081.

[210] 熊盛武,刘麟,王琼,等. 改进的多目标粒子群算法[J]. 武汉大学学报(理学版), 2005, 51(3):308-312.

[211] 冯奇峰,李言. 改进粒子群优化算法在工程优化问题中的应用研究[J]. 仪器仪表学报,2005, 26(9):984-990.

[212] 付国江,王少梅,刘舒燕,等. 含边界变异的粒子群算法[J]. 武汉理工大学学报, 2005, 27(9):101-114.

[213] 丁华,王秀坤,孙焘. 基于粒子群算法的井眼轨迹优化研究[J]. 大连理工大学学报,2005, 45(3):450-452.

[214] 秦元庆,孙德宝,李宁,等. 基于粒子群算法的移动机器人路径规划[J]. 机器人, 2004, 26(3):222-225.

[215] 孙波,陈卫东,席裕庚. 基于粒子群优化算法的移动机器人全局路径规划[J]. 控制与决策,2005, 20(9):1052-1060.

[216] 袁晓辉,王乘,袁艳斌,等. 一种求解机组组合问题的新型改进粒子群方法[J]. 电力系统自动化,2005, 25(1):34-38.

[217] SHI X H, LIANG Y C, LEE H P,et al. An improved GA and a novel PSO-GA-based hybrid algorithm[J]. Information Processing Letters, 2005, (93):255-261.

术语索引

M

P

Q

R

S

T

W

X

Y

Z